高职高专园林工程技术专业规划教材

园林绿地施工与养护

主　编　傅海英

副主编　陈丽媛　曹　冰

中国建材工业出版社

图书在版编目(CIP)数据

园林绿地施工与养护/傅海英主编．—北京：中国建材工业出版社，2014.11（2019.8 重印）
高职高专园林工程技术专业规划教材
ISBN 978-7-5160-0872-0

Ⅰ.①园… Ⅱ.①傅… Ⅲ.①园林-绿化地-工程施工-高等职业教育-教材②园林-绿化地-植物保护-高等职业教育-教材 Ⅳ.①TU986

中国版本图书馆 CIP 数据核字(2014)第 150693 号

内 容 简 介

本书分为园林绿地的施工和园林绿地的养护两个大项目，其中园林绿地的施工又包括行道树栽植、庭荫树栽植、观花灌木栽植、绿篱栽植、垂直绿化施工、花卉及地被的栽植、草坪建植、水生植物栽植、大树移植等任务；园林绿地养护包括园林树木土肥水管理、园林树木整形修剪、园林植物病虫害防治、园林树木树体保护及灾害预防、草坪的养护、草本花卉及地被的养护、垂直绿化的养护、水生花卉的养护及古树名木的养护等任务。每一任务分别包括知识点、技能点、任务实施、相关知识、归纳总结、技能训练等环节。此外，还设置了实践操作练习和理论复习题，可促进学生更加深刻地完成该门课程的学习。

本书可作为高职高专园林工程技术、园林工程等相关专业的教学用书，还可作为园林及园林绿化工作者的参考用书。

园林绿地施工与养护
傅海英　主编

出版发行：中国建材工业出版社
地　　址：北京市海淀区三里河路 1 号
邮　　编：100044
经　　销：全国各地新华书店
印　　刷：北京雁林吉兆印刷有限公司
开　　本：787mm×1092mm　1/16
印　　张：16　　彩色：0.5 印张
字　　数：392 千字
版　　次：2014 年 11 月第 1 版
印　　次：2019 年 8 月第 2 次
定　　价：48.80 元

本社网址：www.jccbs.com.cn　　微信公众号：zgjcgycbs

本书如出现印装质量问题，由我社营销部负责调换。联系电话：(010)88386906

本书编委会

主　编：傅海英（辽宁林业职业技术学院）

副主编：陈丽媛（辽宁林业职业技术学院）

曹　冰（辽宁林业职业技术学院）

参　编：李岩岩（辽宁林业职业技术学院）

宋　丹（辽宁林业职业技术学院）

沈　楠（辽宁林业职业技术学院）

FOREWORD

前 言

园林绿地施工与养护是在新建和改建的各类园林绿地中进行园林植物（包括乔灌木、花卉、草坪、水生植物和地被植物等）的栽植工程施工以及养护管理，即“栽、养、管”几方面的作业过程。该课程是园林工程技术专业、园林技术专业的一门实践性很强的应用型专业课程，是从事城市园林绿化、园林工程管理等园林工作的技术和管理人员必须掌握相关原理和技术的一门课程。本教材编写本着理论知识“必需与够用”和专业知识的“实用性与针对性相结合”的原则。

本书按照项目一体化要求，课程编写标准为以项目为载体，任务为驱动，能力为目标，课程内容分解落实到项目任务，强化学生实践、操作能力，以完成工作任务所需要的岗位技能为要求，开展相关知识的传授和技能的实际训练，通过实训和示范，达到教学做一体化，使学生理解基本概念、理论，能运用相关知识、理论，具备完成某一项目的基本操作能力。在完成工作任务过程中，培养学生的吃苦耐劳、善于动手、实事求是的良好职业素养，为提高自己的岗位职业能力奠定良好的基础。本书分为园林绿地的施工和园林绿地的养护两个大项目，每个项目又包含九个工作任务，涵盖了园林绿地中绿化植物的栽植与养护管理所应具备的知识和技能。每一任务分别包括知识点、技能点、任务实施、相关知识、归纳总结、技能训练等环节。此外，还设置了实践操作练习和理论复习题，可促进学生更加深刻地完成该门课程的学习。本书充分体现以学生为主体，以就业为导向的教育思想；图文并茂、图表结合，提高了学习直观性；可操作性强，具有很强的教学适用性。

本书由傅海英任主编，全书编写分工如下：傅海英编写全书的提纲，并承担了课程导入，项目一中任务1、任务2、任务3、任务4、任务7和项目二中的任务3的编写，并负责最终的统稿工作。李岩岩编写了项目二中任务1，陈丽媛编写了项目二中任务2、任务5，曹冰编写了项目一中任务5和项目二中任务4、任务7，宋丹编写项目一中任务6、任务8及项目二中的任务6和任务8，沈楠编写了项目一中任务9和项目二中任务9。

本书在编写过程中得到了辽宁林业职业技术学院各级领导的大力支持，同时也参考了其他文献资料和著作，在此向他们和相关作者表示诚挚的谢意。

由于时间仓促和编者水平有限，不足之处在所难免，敬请专家、同行和读者批评指正。

编者

2014年5月

CONTENTS

目 录

001 园林绿地施工与养护课程项目概述

006 项目一 园林绿地的施工

006 任务 1 行道树的栽植
018 任务 2 庭荫树的栽植
026 任务 3 观花灌木的栽植
030 任务 4 绿篱的栽植
034 任务 5 垂直绿化的施工
044 任务 6 花卉及地被的栽植施工
051 任务 7 草坪的建植
066 任务 8 水生植物的栽植施工
071 任务 9 大树移植施工

083 项目二 园林绿地的养护

083 任务 1 园林树木土肥水管理
101 任务 2 园林树木整形修剪
118 任务 3 园林植物病虫害的防治
118 子任务 1 叶部病害防治
125 子任务 2 枝干病害防治
130 子任务 3 食叶害虫防治
139 子任务 4 蛀干害虫的防治
148 子任务 5 吸汁害虫防治
155 任务 4 园林树木树体保护及灾害预防

170 任务 5 草坪的养护
189 任务 6 草本花卉及地被的养护
196 任务 7 垂直绿化的养护
204 任务 8 水生花卉的养护
207 任务 9 古树名木的养护管理

216 **附录**

216 附录 A
234 附录 B
238 附录 C

245 **参考文献**

园林绿地施工与养护课程项目概述

园林绿地施工与养护，是指在新建和改建的各类园林绿地中进行园林植物（包括乔灌木、花卉、草坪、水生植物和地被植物等）的栽植工程施工以及养护管理，即“栽、养、管”几方面的作业过程。广义的园林绿地施工与养护还包括园林绿地中其他有关的工程建设施工与维修，如对现有地形整理、改造与利用的土方工程，给排水、灌溉设施安装、绿地护栏设施工程，花坛设施工程，园路工程，水景工程，建筑小品工程等。

园林绿地施工与养护主要是研究园林植物栽培与养护原理和技术的一门应用性学科，属于植物栽培学的一个分支，但又不是纯粹的植物栽培学，它是以生理学理论为基础，结合城市科学、环境科学、工程学以及美学等发展起来的新学科。

园林绿地建设的好坏，除了按照自然规律、艺术规律和经济、科学地做好园林绿地系统规划和绿化种植设计外，更重要的一环就是进行科学合理的绿化工程施工和持续不断的养护管理。只有做到设计、施工、养护三者的统一与协调，才能实现设计者的意图，达到建设绿地的目的，充分发挥园林绿地的综合功能和生态效应。绿化工程与城乡建设和环境建设的其他工程（如建筑工程、市政工程、环境工程、环卫工程等）关系密切，有着各种联系和共同的特性，都要求严格的施工程序和技术规范。此外，绿化工程因为是以有生命的植物材料为主要对象，其建设、施工受到一定季节、时令的约束，所以要求不失时机、突击完成。同时，养护管理程序和技术规范也十分复杂和严格，要求始终经常不断地进行，才能达到应用的社会效益、环境效益、景观效益和经济效益。

一、园林绿地施工

园林绿地施工指在各类园林绿地中进行园林植物的栽植，包括从起苗、运输、定植到栽后管理这四大环节中的所有工序，一般的工序和环节包括栽植前的准备、放线、定点、挖穴、换土、起苗、包装、运苗、假植、修剪、栽植、栽后管理与现场清理等。

（一）园林树木栽植工程前的准备

绿化施工单位在接受施工任务后，工程开工之前，必须做好绿化施工的一切准备工作，以确保工程高质量地按期完成。

1. 了解设计意图与工程概况

施工单位应了解设计意图，向设计人员了解设计思想，所要达到的预期目的或意境以及施工完成后近期所要达到的效果，并通过设计单位和工程主管部门了解工程概况。

（1）了解设计意图

施工单位拿到设计单位全部设计资料后应仔细阅读，弄清图纸上的所有内容，并听取设计技术交底和主管部门绿化效果的要求。

（2）了解植树与其他有关工程的范围、工程量和进度

包括了解植树、铺种草坪、建花坛以及土方、道路、给排水、山石、园林设施等工程的范围、工程量和工程进度。

（3）了解施工期限

包括了解工程总的进度、开始和竣工日期。应特别强调植树工程进度的安排必须以不同树种的最适栽植日期为前提，其他工程项目应围绕植树工程来进行。

（4）了解工程投资及设计概算

包括了解主管部门批准的工程投资额和设计预算的定额依据，以备编制施工预算和计划。

（5）施工现场地上与地下情况

向有关部门了解地上构筑物处理要求、地下管线分布现状以及设计单位与管线管理部门的配合情况等。

（6）定点放线的依据

了解施工现场及附近水准点，以及测量平面位置的导线点，以便作为定点放线的依据，如不具备上述条件，则需要和设计单位协商，确定一些永久性的构筑物，作为定点放线的依据。

（7）工程材料的来源

了解各项工程材料的来源渠道，其中主要是苗木的出圃地点、时间及质量。

（8）机械和车辆的条件

了解施工所需用的机械和车辆的来源。

2. 踏勘现场

在了解设计意图和工程概况之后，负责施工的主要人员必须亲自到现场进行细致的踏勘与调查。主要了解以下内容：

（1）各种地上物的去留及需要保护的地物，要拆迁的应如何办理有关手续与处理办法。

（2）现场内外交通、水源、电源情况，现场内外能否通行机械车辆等。

（3）施工期间生活设施的安排。

（4）施工地段的土壤调查，以确定是否换土，估算客土量及其来源等。

3. 制订施工方案

施工方案是根据工程规划设计所制订的施工计划，又叫“施工组织设计”或“组织施工计划”。

（1）施工方案的主要内容

①工程概况。工程名称、施工地点；设计意图；工程的意义、原则要求以及指导思想；工程的特点及有利和不利条件；工程的内容、范围、工程项目、任务量、投资预算等。

②施工的组织机构。参加施工的单位、部门及负责人；需要设立的职能部门及其职责范围和负责人；明确施工队伍，确定任务范围，任命组织领导人员，并明确有关的制度和要求；确定劳动力的来源及人数。

③施工进度。分单项进度与总进度，确定其起止日期。

④劳动力计划。根据任务工程量及劳动定额，计算出每道工序所需用的劳动力和总劳动力，并确定劳动力的来源、使用时间及具体的劳动组织形式。

⑤材料和工具供应计划。根据工程进程的需要，提出苗木、工具、材料的供应计划，包括用量、规格、型号、使用期限等。

⑥机械运输计划。根据工程需要，提出所需用的机械、车辆，并说明所需机械、车辆的型号，日用台班数及具体使用日期。

⑦施工预算。以设计预算为主要依据，根据实际工程情况、质量要求和届时的市场价格，编制合理的施工预算。

⑧技术和质量管理措施。制定操作细则，施工中除遵守统一的技术操作规程外，应提出本项工程的一些特殊要求及规定；确定质量标准及具体的成活率指标；进行技术交底，提出技术培训的方法；制定质量检查和验收的办法。

⑨绘制施工现场平面图。对于比较大型的复杂工程，为了了解施工现场的全貌，便于对施工的指挥，在编制施工方案时，应绘制施工现场平面图。

⑩安全生产制度。建立、健全保障安全生产的组织；制定安全操作规程；制定安全生产的检查和管理办法。

（2）编制施工方案的方法

施工方案由施工单位的领导部门负责制订，也可以委托生产业务部门负责制订。由负责制订的部门，召集有关单位，对施工现场进行详细的调查了解，称“现场勘测”。根据工程任务和现场情况，研究出一个基本的方案，然后由经验丰富的专人执笔，负责编写初稿。编制完成后，应广泛征求群众意见，反复修改，定稿、报批后执行。

（3）栽植工程的主要技术项目的确定

为确保工程质量，在制订施工方案的时候，应对栽植工程的主要项目确定具体的技术措施和质量要求。

①定点和放线。确定具体的定点、放线方法（包括平面和高程），保证栽植位置准确无误，符合设计要求。

②挖坑。根据苗木规格，确定树坑的具体规格（直径×深度）。

③换土。根据现场踏勘时调查的土质情况，确定是否需要换土。如需换土，应计算出客土量，确定客土的来源及换土的方法（成片换还是单坑换），还要确定渣土的处理去向，如果现场土质较好，只是混杂物较多，可以去渣添土，尽量减少客土量，保留一部分碎破瓦片有利于土壤通气。

④掘苗。确定具体树种的掘苗、包装方法，哪些树种带土球及土球规格、包装要

求；哪些树种可裸根掘苗及应保留根系的规格等。

⑤运苗。确定运苗方法，如用什么车辆和机械，行车路线，遮盖材料、方法及押运人，长途运输要提出具体要求。

⑥假植。确定假植地点、方法、时间、养护管理措施等。

⑦种植。确定不同树种和不同地段的种植顺序，是否施肥（如需施肥，应确定肥料种类、施肥方法及施肥量），苗木根部消毒的要求与方法。

⑧修剪。确定各种苗木的修剪方法（乔木应先修剪后种植，绿篱应先种植后修剪）、修剪的高度和形式及要求等。

⑨树木支撑。确定是否需要立支柱，以及立支柱的形式、材料和方法等。

⑩灌水。确定灌水的方式、方法、时间、灌水次数和灌水量，封堰或中耕的要求。

⑪清理。清理现场应做到文明施工，工完场净。

⑫其他有关技术措施。如灌水后发生倾斜要扶正，遮阴、喷雾、防治病虫害等的方法和要求。

4. 施工现场的准备

施工现场的准备是植树工程准备工作的重要内容，这项工作的进度和质量对完成绿化施工任务影响较大，必须加以重视，但现场准备的工作量随施工场地的不同而有很大差别，应因地制宜，区别对待。

5. 技术培训

开工之前，应该安排一定的时间，对参加施工的全体人员（或骨干）进行一次技术培训，学习本地区植树工程的有关技术规程和规范，贯彻落实施工方案，并结合重点项目进行技术练兵。

（二）栽植地的整理与改良

栽植地的整理与改良包括地形、地势的整理和土壤改良，是栽植过程中的重要环节。

（三）苗木的选择

苗木的质量好坏直接影响栽植成活和绿化效果，所以在施工中必须十分重视对苗木的选择。在确保树种符合设计要求的前提下，还应注意对苗木质量的要求、苗木冠形和规格的要求。

（四）苗木的处理和运输

苗木的处理和运输包括苗木的起掘、修剪、包装、处理、保护和运输等环节。

（五）栽植穴的确定与要求

栽植穴的确定首先需要定点、放线，按照要求的规格进行挖穴。

（六）栽植修剪

园林树木的栽植修剪包含种植前和种植后修剪两个阶段。种植前的修剪可以从苗圃地开始，有些树过高或树冠过大，在挖掘之前就要进行适当的修剪，以减少树体的重量，以利于挖掘、搬运和装车。有些树则在挖掘放倒后、装车前进行适当的修剪，有些树则在运到施工现场卸车后种植前再进行修剪。

（七）定植

定植是指按设计要求将苗木栽植到位不再移动，其操作程序分配苗和栽苗。

（八）栽后养护管理

主要包括树木支撑、浇水、围护、复剪、清理施工现场等。

二、园林绿地养护管理

园林绿地养护管理的任务就是要通过细致的培育措施，给树木生长发育创造一个适宜的条件，避免或减轻各种不利因素对树木生长的伤害，确保园林树木各种有益效能的稳定发挥。对于一个绿化工程来说，营造在短时间内就可以完成，而管理却是一个长期的任务。俗话说“三分造，七分管”就是这个道理。园林绿地的养护管理包括土、肥、水的管理，自然灾害防治，病虫害防治，整形修剪和树体养护等。这些管理措施是相辅相成的，其综合结果对树木的生长发育有着较大的影响。

（一）养护工作月历

园林树木的养护是一项季节性很强的工作，要根据树木的生长发育规律、生物学特性及当地的气候条件有条不紊的进行。要有计划性、针对性，不误时机地建立本地区的养护工作月历。

（二）土、肥、水的管理

树木土、肥、水管理的根本任务就是要创造优越的环境条件，满足树木生长发育对水、肥、气、热的需求，充分发挥树木的功能效益。土、肥、水管理的关键是从土壤管理入手，通过松土、除草、施肥、灌溉和排水等措施，改良土壤的理化性质，创造水、肥、气、热协调共存环境，提高土壤的肥力水平。

（三）整形修剪

整形修剪是园林树木抚育管理的重要措施之一。通过修剪，能够调节和均衡树势，且使树木的生长健壮、树形整齐、树姿美观，还能提高新移植树木的成活率。

（四）病虫害防治

在园林绿化中，要达到绿化和美化环境的效果，只注重种植和造景是远远不够的，还要注重园林植物的有效管理，进行园林植物病虫害的有效防治。要求能掌握园林植物病虫害防治的基本理论知识，能熟练地识别当地园林植物主要害虫种类、诊断园林植物常见病害，掌握当地园林植物主要病虫害的发生规律，会选用适宜的防治方法控制园林植物病虫害。

（五）自然灾害的预防

对于各种自然灾害的防治，都要贯彻“预防为主，综合防治”的方针，在规划设计中就要考虑各种可能的自然灾害，合理地选择树种并进行科学的配置，在树木栽培养护的过程中，要采取综合措施促进树木的健康生长，增强抗灾能力。

项目一　园林绿地的施工

【内容提要】

园林绿地种植施工前要做好相应的管理及准备工作，其中主要工作是认真熟悉施工图纸，掌握工程投资及预算和工程投入的成本，同时摸清施工地段的土壤状况，包括它的物理及化学性质。对所在地土壤进行调查，有针对性地提出改良措施，为种植工程及后续的养护做好技术准备。

园林绿地施工工程包括乔木、灌木、草本的栽植。栽植程序包括从起苗、运输、定植到栽后管理这四大环节中的所有工序，一般的工序和环节包括栽植前的准备、放线、定点、挖穴、换土、起苗、包装、运苗、假植、修剪、栽植、栽后管理与现场清理等。

本项目根据绿化要求主要阐述了行道树的栽植、庭荫树的栽植、花灌木的栽植、绿篱的栽植、垂直绿化植物的施工、花卉及地被植物的种植施工、草坪的建植施工、水生花卉的栽植施工、大树移植施工共九个工作任务。

任务1　行道树的栽植

【知识点】

1. 了解园林树木栽植成活原理；
2. 了解行道树种植要求；
3. 能选择园林树木栽植的适宜季节；
4. 掌握园林树木种植前苗木准备、土壤准备的相关知识；
5. 掌握树木种植的技术标准、相关规程。

【技能点】

1. 能独立分析种植环境，根据种植方案进行行道树栽植前的修剪；

2. 能根据种植方案完成行道树的各种植环节；

3. 会行道树栽植后成活期的养护管理技术。

相关知识

1. 行道树的选择

行道树是城市绿化的重要组成部分，是城市绿化的骨干树种，起到组织交通、美化街景、遮阴送凉的作用，提高绿化视线，使得整个城市笼罩在绿荫之下，显得生机盎然，色调柔和。城市行道树既能减轻噪声，减少烟尘，吸滞尘埃，增加空气湿度，又能降低气温。但是行道树生长的环境——街道两旁条件较差，土层瘠薄。由于建筑物林立，日照时间短，人为破坏严重，土层坚硬，建筑垃圾多，架空线与地下管线纵横，汽车排放的有害气体多，灰尘大。所以，树种选择时应谨慎，考虑因素要全面。

一般行道树应该具备以下 6 个条件：①主干通直，有一定的枝下高，冠幅大，枝叶浓密，树形优美，花果色彩丰富，抗污染能力强。②能适应城市土壤，对钙化、碱化土壤具有较高的适应性，耐干旱、瘠薄、酸碱环境不适宜、管道密布的浅土层。③萌芽力强，耐修剪，修剪之后恢复能力强，枝条在修剪之后自我更新复壮的能力强。④树木生长快，寿命长，发芽早，落叶迟的落叶树种或常绿树种，能体现地方风格，具有乡土适应性的乡土树种。⑤抗污染能力强（在污染区域应作为首要条件），抗逆性和抗病虫害能力要强。⑥无毒、无臭，对人无刺激，尤其是果实成熟后，落果时不会对行人造成影响。

2. 园林树木的栽植原理

园林树木栽植实际上就是移栽，它是将树木从一个地点移植到另一个地点，并使其继续生长的操作过程。然而树木移栽是否成功，不仅要看栽植后树木能否成活，而且要看以后树木生长发育的能力及长势情况。栽植的概念不能简单地理解为植物的种植，实际上应包括起苗（树）、运苗和种植三个基本环节。起苗是将苗木（树木）从生长地连根掘起；运苗是将挖（掘）出的苗木运到计划栽植的地点；种植是按要求将植株放入事先挖好的坑（或穴）中，使树木的根系与土壤密接。种植又分定植、假植。定植是按造景要求，将树木种植在预定位置，以后再不移走的方法；假植是起（挖）的苗（树）木，不能及时运走，或运到新的地方后不能及时栽植而将植株的根系埋入湿润土壤的操作过程。

乔灌木树种的移栽，不论是裸根栽植，还是带土球栽植，为了保证树木成活必须掌握树木生长规律及其生理变化，了解树木栽植的成活原理。树木栽植中，植株受到的干扰首先表现在树体内部的生理与生化变化，总的代谢水平和对不利环境抗性下降。这种变化开始不易觉察，直至植株发生萎蔫甚至死亡则已发展到极其严重的程度。

树木栽植过程中，植株挖出以后，根系（特别是吸收根）遭到严重破坏，根幅与根量缩小，树木根系全部（裸根苗）或部分（带土苗）脱离了原有协调的土壤环境，根系主动吸水的能力大大降低。在运输中的裸根植株甚至根本吸收不到水分，而地上部却因气孔调节十分有限，还会蒸腾和蒸发失水。在树木栽植以后，即使土壤能够供应充足的水分，但因在新的环境下，根系与土壤的密切关系遭到破坏，减少了根系对水分的吸收。此外根系损伤后，虽然在适宜的条件下具有一定的再生能力，但要发出较多的新根还需经历一定的时间，若不采取措施，迅速建立根系与土壤的密切关系，以及枝叶与根系的新平衡，树木极易发生水分亏损，甚至导致死亡。因此，树木栽植成活的原理是保持和恢复树体以水分为主的代谢平衡。

这种新的平衡关系建立的快慢与树种习性、年龄时期、物候状况以及影响生根和蒸腾为主的外界因子都有密切的关系，同时也不可忽视栽植人员的技术和责任心。一般来说，发根能力和再生能力强的树种容易成活；幼年期、青年期的树木及处于休眠期的树木容易栽活；有充足的土壤水分和适宜的气候条件的成活率高。严格的、科学的栽植技术和高度的责任心可以避免许多不利因素的影响而大大提高栽植的成活率。此外，根据当地气候和土壤条件的季节变化，以及栽植树种的特性与状况，进行综合考虑，确定适宜的栽植季节。

3. 栽植季节

园林树木栽植原则上应在其最适宜的时期进行，它是根据各种树木的不同生长特性和栽植地区的特定气候条件而定。一般来说，落叶树种多在秋季落叶后或在春季萌芽前进行，因为此期树体处于休眠状态，生理代谢活动滞缓，水分蒸腾较少且体内贮藏营养丰富，受伤根系易于恢复，移植成活率高。常绿树种栽植，在南方冬暖地区多秋植，或于新梢停止生长期进行；冬季严寒地区，易因秋季干旱造成“抽条”而不能顺利越冬，故以新梢萌发前春植为宜；春旱严重地区可行雨季栽植。

（1）春季栽植

在冬季严寒及春雨连绵的地方，春季栽植最为理想。这时气温回升，雨水较多，空气湿度大，土壤水分条件好，地温转暖，有利于根系的主动吸水，从而保持水分的平衡。

春天栽植应立足一个“早”字。只要没有冻害，便于施工，应及早开始。其中最好的时期是在新芽开始萌动之前两周或数周。此时幼根开始活动，地上部分仍然处于休眠状态，先生根后发芽，树木容易恢复生长。尤其是落叶树种，必须在新芽开始膨大或新叶开放之前栽植，若延至新叶开放之后，常易枯萎或死亡，即使能够成活也是由休眠芽再生新芽，当年生长多数不良。如果常绿树种植偏晚，萌芽后栽植的成活率反而要比同样情况下栽植的落叶树种高。虽然常绿树在新梢生长开始以后还可以栽植，但远不如萌动之前栽植好。

（2）夏季栽植

夏季栽植最不保险。因为这时候，树木生长最旺，枝叶蒸腾量很大，根系需吸收大量的水分；而土壤的蒸发作用很强，容易缺水，易使新栽树木在数周内遭受旱害，但如果冬春雨水很少，夏季又恰逢雨季的地方，如华北、西北及西南等春季干旱的地区，应掌握有利时机进行栽植（实为雨季栽植），可获得较高的成活率。

（3）秋季栽植

秋季气温逐渐下降，土壤水分状况稳定，许多地区都可以进行栽植。特别是春季严重干旱和风沙大或春季较短的地区，秋季栽植比较适宜，但若在易发生冻害和兽害的地区不宜采用秋植。从树木生理来说，由落叶转入休眠，地上部的水分蒸散以达很低的程度而根系在土壤中的活动仍在进行，甚至还有一次生长的小高峰，栽植以后根系的伤口容易愈合，甚至当年可发出少量新根，翌年春天发芽早，在干旱到来之前可完全恢复生长，增强对不利环境的抗性。

以前，许多人认为落叶树种秋植比常绿树种好。近年来的实践证明，部分常绿树在精心护理下一年四季都可以栽植，甚至秋天和晚春栽植的成功率比同期栽植的落叶树还高。在夏季干旱的地区，常绿树根系的生长基本停止或生长量很小，随着夏末秋初降雨的到来，根系开始再次生长，有利于成活，更适于采用秋植，但在秋季多风、干燥或冬季寒冷的情况下，春植比秋植好。

（4）冬季栽植

在比较温暖，冬天土壤不结冻或结冻时间短，天气不太干燥的地区，可以进行冬季栽植。在北方或高海拔地区，土壤封冻，天气寒冷，一般不宜冬天栽植。但是，在冬季严寒的华北北部、东北大部，土壤冻结较深，也可采用带冻土球的方法栽植。在国外，如日本北部及加拿大等国家，也常用冻土球法移栽树木。

一般说来，冬季栽植主要适合于落叶树种，它们的根系冬季休眠时期很短，栽后仍能愈合生根，有利于第二年的萌芽和生长。

4. 苗木的准备

1）苗木的选择

关于栽植的树种及其年龄与规格，应根据设计要求选定。栽植施工之前，对苗木的来源、繁殖方式与质量状况进行认真的调查。

（1）苗木质量。苗木质量的好坏直接影响栽植的质量、成活率、养护成本及绿化效果。因此要选择植株健壮、根系发达无病虫害的苗木。

（2）苗龄与规格。树木的年龄对栽植成活率的高低有很大影响，并与成活后植株的适应性和抗逆性有关。

幼龄苗木，植株较小，根系分布范围小，起挖时根系损伤率低，栽植过程（起掘、运输和栽植）也较简便，并可节约施工费用。由于幼龄苗木容易保留较多的须根，起挖过程对树体地上与地下部分的平衡破坏较小。因此，幼龄植株栽后受伤根系再生力强，恢复期短，成活率高，地上枝干经修剪留下的枝芽也容易恢复生长。幼龄苗木整体上营养生长旺盛，对栽植地环境的适应能力较强，但由于植株小，易遭受人畜的损伤，尤其在城市环境中，更易受到人为活动的损伤，甚至造成死亡而缺株，影响日后的景观，绿化效果发挥也较差。

壮老龄树木，根系分布深广，吸收根远离树干，起挖时伤根率较高，若措施不当，栽植成活率低。为提高栽植成活率，对起、运、栽及养护技术要求较高，必须带土球移植，施工养护费用也贵。但壮老龄树木，树体高大，姿形优美，栽植成活后能很快发挥绿化效益，在重点工程特殊需要时，可以适当选用，但必须采取大树移栽的特殊措施。

根据城市绿化的需要和环境条件的特点，一般绿化工程多需用较大规格的幼青年苗木，移栽较易成活，绿化效果发挥也较快，为提高成活率，尤其应该选用苗圃多次移植的大苗。园林植树工程选用的苗木规格，落叶乔木最小胸径为 3cm，行道树和人流活动频繁的地方还应更大些，常绿乔木最小也应选树高 1.5m 以上的苗木。

（3）苗木来源

栽植的苗木一般有三种来源，即当地培育、外地购进及从园林绿地和野外搜集。当地苗圃培育的苗木，种源及历史清楚，不论什么树种，一般对栽植地气候与土壤条件都有较强的适应能力，可随起苗随栽植。这不仅可以避免长途运输对苗木的损害和降低运输费用，而且可以避免病虫害的传播。当本地培育的苗木供不应求不得不从外地购进时，必须在栽植前数月从相似气候区内订购。在提货之前应该对欲购树木的种源、起源、年龄、移植次数、生长及健康状况等进行详细的调查。要把好起苗、包装的质量关，按照规定进行苗木检疫，防止将严重病虫害带入当地；在运输装卸过程中，要注意洒水保湿，防止机械损伤和尽可能地缩短运输时间。

①苗圃培育的苗木。这类苗木一般质量高，来源广，园林应用最多，但在应用中要特别注意树种或品种的真伪。

②野外搜集或绿地中调出的树木。从野外搜集或原已定植但现密度过大需要调整，或因基建需要进行改植的树木一般都是成年大树，移栽到新的地点后，可很快提供阴凉和获得较好的观赏效果。但这些树木的根系长而稀，须根少而杂乱，特别是从树林中搜集的树木，根系狭窄，树冠受相邻植株的庇护，不但发育不丰满，而且移植到空旷地后受全光和干风的影响，常易发生枝枯和日灼。因此对于这类树木，应根据其具体情况采取得力措施，做好移栽前的准备工作。

③容器培育的苗木。近年来容器苗定植已在庭院、花园、公园和某些企事业单位应用。这些容器苗木都是在销售或露地定植之前的一定时期，将苗木栽植在竹筐、瓦缸、木箱或金属及尼龙网等容器内培育而成的，经容器栽培的苗木，可带容器运输到现场后从容器中脱出，也可先从容器脱出后运输，只要进行适当的水分管理，不要另行包装就可以获得很好的移栽效果。

2）裸根苗的起挖

起挖是园林树木栽植过程中的重要技术环节，也是影响栽植成活率的首要因素，必须加以认真对待。苗木的挖掘与处理应尽可能多地保护根系，特别是较小的侧根与较细的支根。这类根吸收水分与营养的能力最强，其数量的明显减少，会造成栽植后树木生长的严重障碍，降低树木恢复的速度。

（1）挖掘前的准备

挖掘前的准备工作包括挖掘对象的确定，包装材料及工具器械的准备等。首先要按计划选择并标记中选的苗木，其数量应留有余地，以弥补可能出现的损耗；其次是拢冠，即对于分枝较低，枝条长而比较柔软的苗木或丛径较大的灌木，应先用粗草绳将较粗的枝条向树干绑缚，再用草绳打几道横箍，分层捆住树冠的枝叶，然后用草绳自下而上将各横箍连结起来，使枝叶收拢，以便操作与运输，以减少树枝的损伤与折裂。对于分枝较高，树干裸露，皮薄而光滑的树木，因其对光照与温度的反应敏感，若栽植后方向改变易发生日灼和冻害，故在挖掘时应在主干较高处的北面用油漆标出“N”字样，以便按原来的方向栽植。

（2）裸根起挖

绝大部分落叶树种可裸根起挖。挖掘开始时，先以树干中心为圆心，以胸径的8～12倍为直径划圆，于圆外绕树起苗，垂直挖至一定深度，切断侧根，然后于一侧向内深挖，适当摇动树干查找深层粗根的方位，并将其切断，如遇难以切断的粗根，应把四周土壤掏空后，用手锯锯断，切忌强按树干和硬切粗根，造成根系劈裂。根系全部切断后，放倒苗木，轻轻拍打外围土块，对已劈裂的根应进行修剪。如不能及时运走，应在原穴用湿土将根覆盖好，进行短期假植。如较长时间不能运走，应集中假植；干旱季节还应设法保持覆土的湿度。

根系的完整和受损程度是决定挖掘质量的关键，树木的良好有效根系，是指在地表附近形成的由主根、侧根和须根所构成的根系集体。一般情况下，经移植养根的树木挖掘过程中所能携带的有效根系，水平分布幅度通常为主干直径的6～12倍；垂直分布深度，约为主干直径的4～6倍，一般多在60～80cm，浅根系树种多在30～40cm。起苗前如天气干燥，应提前2～3天对起苗地灌水，使土质变软、便于操作，多带根系；根系充分吸水后，也便于贮运，利于成活。而野生和直播实生树的有效根系分布范围，距主干较远，故在计划挖掘前，应提前1～2年挖沟盘根，以培养可挖掘携带的有效根系，提高移栽成活率。树木起出后要注意保持根部湿润，避免因日晒风吹而失水干枯，并做到及时装运、及时种植。运距较远时，根系应打浆保护。

3）苗木的装运

树木挖好后，应执行“随挖、随运、随栽”的原则，即尽量在最短的时间内将其运至目的地栽植。在运输的过程中防止树体，特别是根系过度失水，保护根、干免受机械损伤，尤其在长途运输中更应注意保护。如果有大量的苗木同时出圃，在装运之前，应对苗木的种类、数量与规格进行核对，仔细检查苗木质量，淘汰不合要求的苗木，补齐所需的数量，并要附上标签。标签上注明树种、年龄、产地等。车厢内应先垫上草袋等物，以防车板磨损苗木，较大的苗木装车时应根系向前，树梢向后，顺序码放，不要压得太紧，做到上不超高（地面车轮到苗高处不许超过4m），梢端不拖地（必要时垫蒲包用绳吊起），根部应用苫布盖严，并用绳捆好。

树苗应有专人跟车押运，经常注意苫布是否被风吹开，短途运苗，中途最好不停留；长途运苗，裸露根系易被吹干，应注意洒水，休息时车应停在阴凉处。苗木运到后应及时卸车，并要轻拿轻放。卸裸根苗时不应抽取，更不许整车推下。经长途运输的裸根苗木，根系较干时应浸水1～2天。

4）苗木的假植

假植是在定植之前，按要求将苗木的根系埋入湿润的土壤中，以防风吹日晒失水，保持根系生活力，促进根系恢复与生长的方法。树木运到栽种地点后，因受场地、人工、时间等主客观因素而不能及时定植者，则须先行假植。假植地点，应选择靠近栽植地点、排水良好、阴凉背风处。假植的方法是：开一条横沟，其深度和宽度可根据树木的高度来决定，一般为40～60cm。将树木逐株单行挨紧斜排在沟内，倾斜角度可掌握在30°～45°，使树梢向南倾斜，然后逐层覆土，将根部埋实；掩土完毕后，浇水保湿。假植期间须经常注意检查，及时给树体补湿，发现积水要及时排除。假植的裸根树木在挖取种植前，如发现根部过干，应浸泡一次泥浆水后再植，以提高成活。

5. 栽植地的准备

(1) 地形地势的整理

地形整理指从土地的平面上，将绿化地区与其他用地划分开，根据绿化设计图纸的要求整理出一定的地形，此项工作可与清除地上障碍物相结合。混凝土地面一定要刨除，否则影响树木的成活和生长。地形整理应做好土方调度，先挖后垫，以节省投资。

地势的整理指绿地的排水问题。具体的绿化地块里，一般都不需要埋设排水管道，绿地的排水是依靠地面坡度，从地面自行径流排到道路旁的下水道或排水明沟。所以将绿地界限划清后，要根据本地区排水的大趋向，将绿化地块适当填高，再整理成一定坡度，使其与本地区排水趋向一致。一般城市街道绿化的地形整理要比公园简单些，主要是与四周道路和广场的标高合理衔接，使其排水畅通。洼地填土或是去掉大量渣土堆积物后回填土壤时，需要注意对新填土壤分层夯实，并适当增加填土量，否则一经下雨或经自行下沉，会形成低洼坑地，而不能自行径流排水。如地面下沉后再回填土壤，则树木被深埋，易造成死亡。

(2) 地面土壤的整理

地形地势整理完毕之后，为了给植物创造良好的生长基地，必须在种植植物的范围内，对土壤进行整理。整地分为全面整地和局部整地，栽植灌木特别是用灌木栽植成一定模纹的地面，或播种及铺设草坪的地段，应实施全面整地。全面整地应清除土壤中的建筑垃圾、石块等，进行全面翻耕。播种、铺设草坪和栽植灌木地段翻耕深度15～30cm，并将土块敲碎，而后平整。

(3) 地面土壤改良

土壤改良是采用物理的、化学的和生物的措施，改善土壤物理性质，提高土壤肥力的方法。

施工进场后首项作业就是清除垃圾，包括建筑垃圾和生活垃圾。对不适合园林植物生长的灰土、渣土、没有结构和肥力的生土，尽量清除，换成适合植物生长的园田土。过黏、过分沙性土壤应用客土法进行改良。筛土、换土的深度要求：草坪、花卉、地被，30～40cm；乔、灌木结合挖掘树坑，50～60cm。

任务实施

1. 栽植时间

根据绿化要求确定栽植时间为春季。

2. 栽植地的准备

(1) 地形准备

依据设计图纸进行种植现场的地形处理，是提高栽植成活率的重要措施。必须使栽植地与周边道路、设施等的标高合理衔接，排水降渍良好，并清理有碍树木栽植和植后树体生长的建筑垃圾和其他杂物。

（2）土壤准备

栽植前对土壤进行测试分析，明确栽植地点的土壤特性是否符合栽植树种的要求、是否需要采用适当的改良措施。土壤质地改良大多通过施用有机质，也可通过“沙压黏”或“黏压沙”的办法。此外也可采用换土法。

3. 定点放线，树穴开挖

1）定点放线

依据施工图进行定点测量放线，是关系到设计景观效果表达的基础。行道树的定点放线，在已完成路基、路牙的施工现场，即已有明确的标定物条件下采用支距法进行路树定点。一般是按设计断面定点，在有路牙的道路上以路牙为依据，没有路牙的则应找出准确的道路中心线，并以之为定点的依据，然后用钢尺定出行位，大约每10株钉一木桩（注意不要钉在刨坑的位置之内）作为行位控制标记，然后用白灰点标出单株位置。若道路和栽植树为一弧线，如道路交叉口，放线时则应从弧线的开始至末尾以路牙或中心线为准在实地画弧，在弧上按株距定点。

由于道路绿化与市政、交通、沿途单位、居民等关系密切，植树位置除依据规划设计部门的配合协议外，定点后还应请设计人员验点。

在城市道路绿化设计中，要处理好绿化种植和各种市政道路管线设施之间的关系。下面是市政地下各种管线和地上架空电线，以及各种公用设施和道路绿化种植之间的关系数据，可以作为道路绿化的种植参考（表1-1、表1-2）。

表1-1　绿化中树木与市政地下管线的最小水平距离　（m）

地下管线名称	乔木	灌木
电力电缆	1.2～1.5	1.5～1.0
通信电缆	1.2～1.5	1.5～1.0
给水管	1.0	
排水管	1.0～1.5	
排水沟	1.0	0.5
消防龙头	1.2	1.0
煤气管道（低中压）	1.2～2.0	1.0～2.0
热力管线	2.0	2.0

表1-2　绿化行道树与市政地上架空电线的最小间距　（m）

电线电压	树冠至电线的最小水平距离	树冠至电线的最小垂直距离
1kV以下	1.0	1.0
1～20kV	3.0	3.0
35～110kV	4.0	4.0
150～220kV	5.0	5.0

2）树穴开挖

（1）主要工具：锹和十字镐

树穴的大小和深浅应根据树木规格和土层厚薄、坡度大小、地下水位高低及土壤墒情而定。实践证明，大坑有利树体根系生长和发育，一般坑的直径与深度比根的幅度与深度或土球大 20～40cm，甚至一倍。如种植胸径为 5～6cm 的乔木，土质又比较好，可挖直径约 80cm、深约 60cm 的坑穴。但缺水的沙土地区，大坑不利保墒，宜小坑栽植；黏重土壤的透水性较差，大坑反易造成根部积水，除非有条件加挖引水暗沟，一般也以小坑栽植为宜。定植坑穴的挖掘，上口与下口应保持大小一致，切忌呈锅底状，以免根系扩展受碍。坑的规格参照表 1-3。

表 1-3　裸根乔木挖种植穴规格　(cm)

乔木胸径	3～4	4～5	5～6	6～8	8～10
种植穴直径	60～70	70～80	80～90	90～100	100～110
种植穴深度	40～50	50～60	60～70	70～80	80～90

(2) 操作方法

以定点标记为圆心，以规定的坑径为直径，先在地上画圆，沿圆的四周向内向下直挖，掘到规定的深度，然后将坑底刨松后，铲平。栽植裸根苗木的坑底刨松后，要堆一个小土丘以使栽树时树根舒展。如果是原有耕作土，上层熟土放在一侧，下层生土放另一侧，为栽植时分别备用。

刨完后仍应将定点用的木桩放在坑内，以备散苗时核对。作业时要注意地下各种管线的安全。

(3) 挖树坑作业的技术要求

①位置、高程准确，树坑规格准确。新填土方处刨坑，应将坑底夯实。在斜坡挖坑，应先铲一个小平台，然后在平台上挖坑，坑的深度以坡的下口计算。

②绿地内自然式栽植的树木，如发现地下障碍物，严重妨碍操作时可与设计人员协商，适当移动位置，而行列树则不能移位，可在株距上调整。

③耕作层明显的场地，挖出的表土与底土分开堆于坑边，还土时将表土先填入坑底，而底土做开堰用。如土质不好应把好土与次土分开堆置。行道树刨坑时堆土应与道路平行，不要把土堆在树行间，以免栽树时影响测量。

④遇路肩、河堤等三合灰土时，应加大规格，并将渣土清除，置换好土。

⑤刨坑时如发现电缆、管道等，应停止操作，及时找有关部门解决。

4. 苗木验收

绿化苗木进场后要及时验收，并做好苗木进场记录。进场苗木必须符合设计要求，包括树种、规格、根系长度、土球大小等，如发现苗木不符合设计要求不允许进场。严禁带病、虫、草害苗木进场。

5. 栽植前修剪

园林树木栽植前修剪的目的，主要是为了提高成活率和注意培养树形，同时减少自然伤害。因此在不影响树形美观的前提下应对树冠按设计要求进行适当修剪。一般剪除病虫枝、枯死枝、细弱枝、徒长枝、衰老枝等。对于根系修剪，裸根树木栽植前应对根系进行适当的修剪，主要剪去断根、劈裂根、病虫根、过长的根。

一般落叶乔木的移植修剪都应注意以下几点：

（1）凡属具有中央领导干、主轴明显的树种（如银杏、杨树类），应尽量保护主轴的顶芽，保证中央领导干直立生长，不可抹头。银杏主枝具先端优势，可进行轻短截，以疏枝为主。

（2）主轴不明显的树种（如槐、柳类、栾树），通过修剪控制与主枝竞争的侧枝，对侧枝进行重短截。为统一分枝点，使树冠整齐一致，可统一抹头栽植。

（3）对于分枝点高度的要求：行道树一般应保持在2.8m以上的分枝高度；同一条道路上相邻树木分枝点高度应基本一致；绿地景观树木的分枝点一般为树高的1/3～1/2。

（4）一些常用乔木移植修剪具体要求：

①疏枝为主，短截为辅，如银杏。

②疏枝短截并重，如杨树、槐树、栾树、白蜡、臭椿、元宝枫。

③短截为主，如合欢、悬铃木。

6. 栽植

（1）散苗

将树苗按设计图要求、散放于定植坑边称“散苗”。

操作要求如下：爱护苗木轻拿轻放，不得损伤树根、根皮和枝干。散苗速度与栽苗速度相适应，边散边栽，散毕栽完，尽量减少树根暴露时间。假植沟内剩余的苗木，要随时用土埋严树根。行道树散苗时应事先量好高度，保证邻近苗木规格大体一致。对有特殊要求的苗木，应按规定对号入座，不要搞乱。

（2）准备坑穴，放入苗木

先检查坑的大小是否与树木根深和根幅相适应。坑过浅要加深，并在坑底垫10～20cm的疏松土壤，踩实。对坑穴做适当填挖调整后，按树木原生长的方向放入坑穴内。同时尽量保证邻近苗木规格基本一致。

（3）回填土壤，踩实

树木放好后保证根系舒展，防止窝根，可逐渐回填土壤。填土时应尽量铲土扩穴。如果树小，可一人扶树，多人铲土；如果树大，可用绳索、支杆拉撑。填土时最好用湿润疏松肥沃的细碎土壤，特别是直接与根接触的土壤，一定要细碎、湿润，不要太干也不要太湿。太干浇水，太湿加干土。切忌粗干土块挤压，以免伤根和留下空洞。第一批土壤应牢牢地填在根基上。当土壤回填至根系约1/2时，可轻轻抖动树木，让土粒“筛”入根间，排除空洞（气袋），使根系与土壤密接。填土时应先填根层的下面，逐渐由下至上，由外至内压实，不要损伤根系。如果土壤太黏，不要踩得太紧，否则通气不良，影响根系的正常呼吸。栽植完成以后要尽量使树木感到好像生长在原来的地方一样。

栽植前如果发现裸根树木失水过多，应将植株根系放入水中浸泡10～20h，充分吸水后栽植。对于小规格乔灌木，无论失水与否，都可在起苗后或栽植前蘸泥浆后栽植，即用过磷酸钙2份，黄泥15份，加水80份，充分搅拌后，将树木根系浸入泥浆中，使每条根均匀粘上黄泥后栽植，可保护根系，促进成活，但要注意泥浆不能太稠，否则容易起壳脱落，损伤须根。

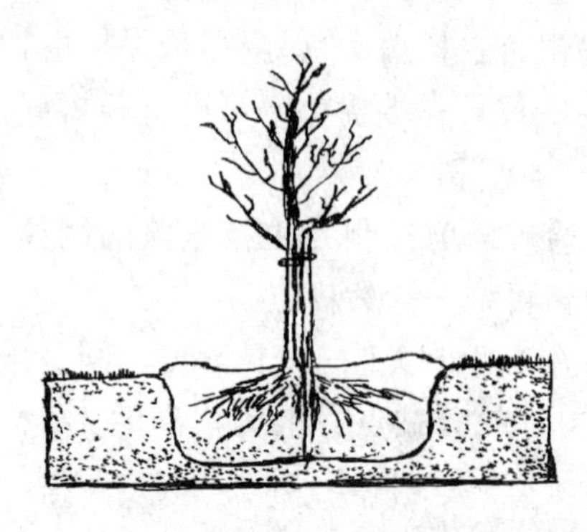
图 1-1　落叶树的栽植深度

栽植深度应以新土下沉后，树木基部原来的土痕印与地平面相平为准。栽植过浅，根系经风吹日晒，容易干燥失水，抗旱性差；栽植过深，树木生长不旺，甚至造成根系窒息，几年内就会死亡（图 1-1）。

7. 树木支撑

一般栽植胸径 5cm 以上树木时，特别是在栽植季节有大风的地区，植后应立支架固定，以防冠动根摇，影响根系恢复生长。常用通直的木棍、竹竿做支柱，长度视苗高而异，以能支撑树的 1/3～1/2 处即可。一般用长 1.7m，粗 5～6cm 的支柱。但要注意支架不能打在土球或骨干根系上。树木支撑的形式多种多样，也因树木规格、栽植时间、栽植环境等有所不同。目前常采用的有四角桩、三角桩、单桩等。三角桩或四角桩的固定作用最好，且有良好的装饰效果，在人流量较大的市区绿地中多用。

8. 围堰灌水

树木定植后，在植树坑（穴）的外缘用细土培起 15～20cm 高的土埂称“开堰”。用脚将灌水埂踩实，以防浇水时跑水、漏水等。新植树木应在当日浇透第一遍水，水量不宜过大，主要目的是通过灌水使土壤缝隙填实，保证树根与土壤紧密结合。在第一次灌水后应检查一次，发现树身倒歪应及时扶正，树堰被冲刷损坏处及时修整。然后再浇第二次水，水量仍以压土填缝为主要目的。二次水距头次水时间为 3～5d，浇水后仍应扶直整堰。第三次水距第二次 7～10d，此次水一定要灌透、灌足，即水分渗透到全坑土壤和坑周围土壤内，水浸透后应及时扶直。然后封堰，即将围堰土埂平整覆盖在植株根际周围。保持土壤水分，并保护树根，防止风吹摇动，以利成活。如图 1-2 所示。

图 1-2　开堰浇水

9. 其他栽后的养护管理工作项目

对受伤枝条和栽前修剪不够理想枝条的复剪；病虫害的防治；巡查、维护、看管，防止人为损坏；场地清理，做到场光地净、文明施工。

【思考与练习】

1. 树木栽植成活的原理。
2. 某城市道路绿化规定树种为银杏，要求制订栽植银杏的种植方案。
3. 本地区常见的行道树种类有哪些？选择苗木应该注意哪些问题？
4. 行道树种植施工过程是怎样的？每一个环节需要注意的事项有哪些？

【技能训练】　行道树的栽植

1. 实训目的

通过实训，使学生掌握行道树种植施工的基本过程、程序和放样种植的技巧，能顺利完成对应树木的种植施工过程。同时培养学生吃苦耐劳、团结协作的敬业精神。

2. 实训材料

植物材料：胸径 6cm 的国槐。

工具：测量仪器、花杆、卷尺、修枝剪、铁锹、镐、手锯、支架、水桶、铁丝等。

3. 实训内容

（1）制订种植方案：依据设计要求，明确行道树的种类，种植要求及植物环境改良，根据具体地段，选择植物并完成种植过程。

（2）苗木的准备

①选苗：苗木的高度、树形应符合设计要求，生长势强，无病虫害的经过多次移植的大苗。

②起苗：裸根起苗，根福范围为胸径的 8～12 倍。要求干形完整，根系发达。

③运苗：运输过程中应注意减少水分蒸发，护干护冠。

（3）放线定点：在指定施工场地根据施工图纸进行种植样线的布设，种植穴位置的圈定，用石灰做好标记。种植行之间的距离为 4m，株距为 3m。

（4）挖穴：采用方形穴，穴宽 80m，深度 60m，挖出表土放置在穴的一边，待放苗后，先填表土，后填心土。

（5）配苗：按照位置散苗于穴边，对苗木根、冠进行适当修剪。

（6）栽植：放苗入穴前，在穴底施入一定量有机肥，然后覆一层土踩实，再放苗入穴。放苗时还应注意苗木观赏面的朝向，使最佳一面朝向行人或主要道路。保证根系舒展，不窝根，然后回填土，先填表土再填心土，分层踩实。回土至坑深度 1/2 时，轻轻抬起苗木使根系充分舒展，然后再覆土，踏实。覆土厚度比原土痕高出 3～5cm。

（7）围堰灌水：在根颈处筑围水堰，围堰高度为 10～20cm，浇水要透，过 3～5d 后浇第二次水，7～10d 后再浇第三次水。

（8）支撑树干：支撑点为树高的 1/2 处，三杆式。

（9）清理场地：施工结束后应及时清理场地，归还工具。

4. 实训要求

（1）实训前要复习园林树木栽植的基本知识，查找树木栽植的相关标准和规范。

（2）实训中要按照施工方案进行操作。

（3）实训过程中要注意安全，爱护工具。

（4）实训中各组同学要团结合作，吃苦耐劳。

5. 实训报告

实训报告应包括行道树种植施工方案的内容，以及施工过程中应注意的事项。

6. 结果评价

训练任务	行道树栽植				
评价类别	评价项目	评价子项目	自我评价 20%	小组评价 20%	教师评价 60%
过程性评价 60%	专业能力 45%	方案制订 15%			
		施工过程 30%			
	素质能力 15%	工作态度 7%			
		团队合作 8%			
结果评价 40%	方案科学性、可行性 15%				
	实训报告 10%				
	成活率 15%				
评分合计					
班级：	姓名：		第　　组	总得分：	

任务 2　庭荫树的栽植

【知识点】

1. 了解庭荫树的选择要求；
2. 掌握带土球苗木的起苗、包装及运输的相关知识；
3. 掌握非正常季节栽植园林树木保证成活的措施；
4. 掌握树木种植的技术标准、相关规程。

【技能点】

1. 能独立分析种植环境，根据种植方案进行庭荫树栽植前的修剪；
2. 能根据园林种植设计施工的要求，顺利完成庭荫树的种植施工；
3. 会庭荫树栽植后成活期的养护管理技术。

相关知识

1. 庭荫树的选择

庭荫树是在公园内栽植高大、雄伟、树冠如伞的孤立木或丛植树，以组织园景或供游人在树下休息纳凉的树木，树体高大遮阴效果显著的乔木树种。庭荫树由于具有良好的树冠形态和遮阴效果，因而在绿化设计或施工过程中得到广泛应用，在生态园林或生态效益提高的今天，庭荫树的绿化效果备受人们的关注。

庭荫树由于树种选择要求特殊，其栽植位置一般在绿地中央、草坪中央、建筑物侧面、道路转弯处、建筑物西南侧及水池和山石旁、开阔绿地的中心位置。所以，在园林绿地设计和建设过程中要注重庭荫树的布局，尤其是庭荫树与建筑物的协调，种植点与建筑物的相对关系等。庭荫树的选择需要根据绿化功能需要，观赏价值的发挥以及遮阴效果等多个因素选择恰当的庭荫树。

庭荫树选择应符合以下 4 个条件：（1）树体高大，主干通直，树冠开展，枝叶浓密，树形美丽；（2）生长快速，稳定，寿命长，抗逆性好；（3）抗病虫害能力强，抗逆性好，能抵抗酸碱环境；（4）栽植地点空旷，全年平均空气温度相对较小，宜选用喜阳耐旱的常绿阔叶树木或落叶阔叶树，而选择针叶树作为庭荫树相对较少，但是雪松、杉类、柏类等树种也常常选用为庭荫树。

2. 苗木的准备

（1）带土球苗木的规格要求

乔木土球为苗木胸径（落叶）或地径（常绿）的 8～10 倍，土球厚度应为土球直径的 4/5 以上，土球底部直径为球直径的 1/3，形似苹果状。

（2）掘苗前的准备工作

号苗。同裸根掘苗。

控制土球湿度。一般规律是土壤干燥，挖掘出的土球坚固、不易散。若苗木生长处的土壤过于干燥，应提前几天浇水，反之土质过湿则应设法排水，待比较干燥后进行掘苗作业。

捆拢树冠。对于侧枝低矮的常绿树（如雪松、油松、桧柏等），为方便操作，应先用草绳将树冠捆拢起来，但应注意松紧适度，不要损伤枝条。捆拢树冠可与号苗结合进行。

将准备好的掘苗工具，如铁锹、镐、蒲包、草绳（提前洇湿）、编织布等包装材料提前运抵现场。

（3）带土球掘苗程序及技术要求

①质量要求

土球规格要符合规范要求，土球完好，外表平整光滑，形似红星苹果，包装严紧，草绳紧实不松脱。土球底部要封严，不能漏土。

②挖掘土球

挖掘土球时，首先以树干为中心画一个圆圈，标明土球直径的尺寸，一般应较规定稍大一些，作为掘苗的根据。然后将圈内表土挖去一层，深度以不伤地表的苗根为度。再沿所画圆圈外缘向下垂直挖沟，沟宽以便于操作为宜，一般作业沟为 60～80cm。随挖、随修整土球表面，操作时千万不可踩土球，一直挖掘到规定的深度。球面修整完好以后，再慢慢从底部向内挖，称“掏底”。直径小于 50cm 的土球可以直接掏空，将土球抱到坑外打包装；而大于 50cm 的土球，则应将土球底部中心保留一部分，支撑土球以便在坑内进行打包装。

（4）土球包装

土球挖掘完毕以后，用蒲包等物包严，外面用草绳捆扎牢固，称为“打包”。打包之前应用水将蒲包、草绳浸泡潮湿，以增强它们的强力。

①土球直径在 50cm 以下的可出坑（在坑外）打包。

方法是先将一个大小合适的蒲包浸湿摆在坑边，双手捧出土球，轻轻放入蒲包正中，然后用湿草绳将包捆紧，捆草绳时应以树干为起点从上向下，兜底后，从下向上纵向捆绕。绳间距应小于8cm。

②土质松散以及规格较大的土球，应在坑内打包。

方法是用蒲包包裹土球，从中腰捆几道草绳使蒲包固定后，然后按规定缠绕纵向草绳。纵向草绳捆扎方法：先用浸湿的草绳在树干基部固定后，然后沿土球垂直方向稍成斜角（约30°）向下缠绕草绳，兜底后再向上方树干方向缠绕，在土球棱角处轻砸草绳，使草绳缠绕得更牢固，每道草绳间隔8cm左右，直至把整个土球缠绕完（图1-3）。

图1-3 土球包装

直径超过50cm的土球，纵向草绳收尾后，为保护土球，还要用草绳在土球中腰横绕几遍，然后将腰绳和纵向草绳穿连起来捆紧。

凡在坑内打包的土球，在捆好腰绳后将树苗顺势推倒，用蒲包、草绳将土球底部包严。土球封底后立即抬出坑外，集中待运。

3. 带土球苗木的运输与假植

苗木的运输与假植也是影响植树成活的重要环节，实践证明"随掘、随运、随栽、随灌水"，可以减少土球在空气中暴露的时间，对树木成活大有益处。

（1）装车前的检验

运苗装车前须仔细核对苗木的品种、规格、数量、质量等。待运苗的质量要求是：常绿树主干不得弯曲，主干上无蛀干害虫，主轴明显的树必须有领导干。树冠匀称茂密，不烧膛。土球完整，包装紧实，草绳不松脱。

（2）带土球苗的装车技术要求

苗高1.5m以下的带土球苗木可以立装，高大的苗木必须放倒，土球靠车厢前部，树梢向后并用木架将树头架稳，支架和树干接合部加垫蒲包。土球直径大于60cm的苗木只装一层，土球小于60cm的土球苗可以码放2～3层，土球之间必须排码紧密以防摇摆。土球上不准站人和放置重物。较大土球，防止滚动，两侧应加以固定（图1-4）。

图1-4 土球苗吊装

（3）卸车

卸车时要保证土球安全，不得提拉土球苗树干，小土球苗应双手抱起，轻轻放下。较大的土球苗卸车时，可借用长木板从车厢上将土球顺势慢慢滑下，土球搬运只准抬起，不准滚动。

（4）假植

土球苗木运到施工现场如不能在一两天之内及时栽完，应选择不影响施工的地方，将土球苗木码放整齐，土球四周培土，保持土球湿润、不失水。假植时间较长者，可遮苫布防风、防晒。树冠及土球喷水保湿。雨季假植，要防止被水浸泡散坨。

4. 非正常季节移植树木的应对措施

绿化施工往往和其他工程交错进行，比如有时需要待建筑物、道路、管线工程建成后才能栽植，而这类土建、管道等工程一般无季节性，按工程顺序进行，完工时不一定是植树的适宜季节。此外，对于一些重点工程，为了及时绿化早见绿化效果往往也在非适宜季节植树。

（1）保护根系的技术措施

为了保护移栽苗的根系完整，使移栽后的植株在短期内迅速恢复根系吸收水分和营养的功能，在非正常季节进行树木移植，移栽苗木必须采用带土球移植或箱板移植。在正常季节移植的规范基础上，再放大一个规格，原则上根系保留得越多越好。

（2）抑制蒸发量的技术措施

抑制树木地上部分蒸发量的主要手段有以下几种：

① 枝条修剪

非正常季节的苗木移植前应加大修剪量，以抑制叶面的呼吸和蒸腾作用，落叶树可对侧枝进行截干处理，留部分营养枝和萌生力强的枝条，修剪量可达树冠生物量的1/2以上。常绿阔叶树可采取收缩树冠的方法，截去外围的枝条，适当疏剪树冠内部不必要的弱枝和交叉枝，多留强壮的萌生枝，修剪量可达1/3以上。针叶树以疏枝为主，如松类可对轮生枝进行疏除，但必须尽量保持树形。柏类最好不进行移植修剪。

对易挥发芳香油和树脂的针叶树，应在移植前一周进行修剪，凡10cm以上的大伤口应光滑平整，经消毒，并涂刷保护剂。

珍贵树种的树冠宜作少量疏剪。

带土球灌木或湿润地区带宿土裸根苗木、上年花芽分化的开花灌木不宜作修剪，可仅将枯枝、伤残枝和病虫枝剪除；对嫁接灌木，应将接口以下砧木萌生枝条剪除；当年花芽分化的灌木，应顺其树势适当强剪，可促生新枝，更新老枝。

苗木修剪的质量要求：剪口应平滑，不得劈裂；留芽位置规范；剪（锯）口必须削平并涂刷消毒防腐剂。

② 摘叶

对于枝条再生萌发能力较弱的阔叶树种及针叶类树种，不宜采用大幅度修枝的操作。为减少叶面水分蒸腾量，可在修剪病、枯枝，伤枝及徒长枝的同时，采取摘除部分（针叶树）或大部分（阔叶树）叶子的方法来抑制水分的蒸发。摘叶可采用摘全叶和剪去叶的一部分两种做法。摘全叶时应留下叶柄，保护腋芽。

③ 喷洒药剂

用稀释500～600倍的抑制蒸发剂对移栽树木的叶面实施喷雾，可有效抑制移栽植物在运输途中和移栽初期叶面水分的过度蒸发，提高植物移栽成活率。抑制蒸腾剂分两类：一类属物理性质的有机高分子膜，易破损，3～5天喷一次，下雨后补喷一次。另一类是生物化学性质的，达到抑制水分蒸腾的目的。

④ 喷雾

控制蒸腾作用的另一措施是采取喷淋方式，增加树冠局部湿度，根据空气湿度情况掌握喷雾频率。喷淋可采用高压水枪或手动或机动喷雾器，为避免造成根际积水烂根，要求雾化程度要高，或在移植树冠下临时以薄膜覆盖。

⑤ 遮阴

搭棚遮阴，降低叶表温度，可有效地抑制蒸腾强度，在搭设的井字架上盖上遮阴度为60%～70%的遮阳网，在夕阳（西北）方向应置立向遮阳网，荫棚遮阳网应与树冠有50cm以上的距离空间，以利于棚内的空气流通。一般的花灌木，则可以按一定间距打小木桩，在其上覆盖遮阳网。

⑥ 树干保湿

对移栽树木的树干进行保湿也是必要的。常用的树干保湿方法有两种。

a. 绑膜保湿。用草绳将树干包扎好，将草绳喷湿，然后用塑料薄膜包于草绳之外捆扎在树干上。树干下部靠近地面，让薄膜铺展开，薄膜周边用土压好，此做法对树干和土壤保墒都有好处。为防止夏季薄膜内温度和湿度过高引起树皮霉变受损，可在薄膜上适当扎些小孔透气；也可采用麻布代替塑料薄膜包扎，但其保水性能稍差，必须适当增加树干的喷水次数。

b. 封泥保湿。对于非开放性绿化工程，可以在草绳外部抹上2～3cm厚的泥糊，由于草绳的拉结作用，土层不会脱落。当土层干燥时，喷雾保湿。用封泥的方法投资很少，既可保湿，又能透气，是一种此较经济实惠的保湿手段。

（3）促使移植苗木恢复树势的技术措施

非正常季节的苗木移植气候环境恶劣，首要任务是保证成活，在此基础上则要促使树势尽快恢复，尽早形成绿化景观效果。树势恢复的技术措施如下：

①苗木的选择

在绿化种植施工中，苗木基础条件的优劣对于移栽苗后期的生长发育至关重要。为了使非正常季节种植的苗木能正常生长，必须挑选长势旺盛、植株健壮、根系发达、无病虫害且经过两年以上断根处理的苗木；灌木则选用容器苗。

②土壤的预处理

非正常季节移植的苗木根系遭到机械破坏，急需恢复生机。此时根系周围土壤理化性状是否有利于促生发根至关重要。要求种植土湿润、疏松、透气性和排水性良好。采取相应的客土改良等措施。

③利用生长素刺激生根

移植苗在挖掘时根系受损，为促使萌生新根可利用生长素。具体措施可采用在种植后的苗木土球周围打洞灌药的方法。洞深为土球的1/3，施浓度1000mg/kg的ABT3号生根粉或浓度500mg/kg的NAA（萘乙酸），生根粉用少量酒精将其溶解，然后加清水配成额定浓度进行浇灌。

另一个方法是在移植苗栽植前剥除包装，在土球立面喷浓度1000mg/kg的生根粉，使其渗入土球中。

④加强后期养护管理

俗话说“三分种七分养”，在苗木成活后，必须加强后期养护管理，及时进行根外施肥、抹芽、支撑加固、病虫害防治及地表松土等一系列复壮养护措施，促进新根和新枝的萌发，后期养护应包括进入冬季的防寒措施，使得移栽苗木安全过冬。常用方法有设风障、护干、铺地膜等。

⑤抗寒措施

对那些在本地不耐寒的树种，非正常季节移植的当年应采取适当的防寒措施。

5. 应用容器囤苗技术进行非正常季节移植

苗木非正常季节移植时，应提前作出计划，在苗木休眠期进行容器苗的制作及囤苗工作。囤苗地点应选择排水良好、吊装运输方便的地段。非正常移植季节将已正常生长的容器苗进行栽植，青枝绿叶进入工地。因根系未受到损伤，栽植成活率可达 98%以上。囤苗之前按规范要求对苗木进行移植前修剪，非正常季节移植时不再进行移植修剪，可对树冠进行适当整理。传统做法已经应用的有以下几种，供参考。

（1）硬容器囤苗

常用木桶、木箱、筐、瓦盆等硬质容器，在春季休眠期将修剪整理好的乔木裸根苗栽入容器中，填土，灌水，扶直。为防倒伏，可在树间架横杆，互相扶协。进行正常的养护管理，抽枝展叶后可随时栽植。生长季节从容器中移入绿地，该工艺投入成本较高，水肥管理较费工、费力，但安全可靠，常用于规格较小苗木。

（2）软容器囤苗

相对硬质容器而言，软容器是没有自己固有形状的，是包装别的物体而成形的，如球苗的包装。根据习惯用的材料可分为蒲包草绳包装和无纺布包装。

①蒲包草绳包装囤苗

在休眠期挖掘土球苗，并用蒲包草绳打包，作较长时间的假植，一般 3～6 个月。依据土球苗大小挖适当宽和深的沟，将土球苗排在其中，土球部分全部埋严、灌水，相当于栽植，进行正常养护管理。已经抽枝、展叶、开花的软容器苗在非正常季节栽植时，应从一侧挖掘，露出容器位置，松动周围床土，容器土球可自动与床土分开，注意保护土球不散。以蒲包草绳进行的土球包装可能会腐朽，掘出后必须重新打包。吊运、栽植的技术要求同土球苗移植。

②可溶性无纺布包装囤苗

用于乔木非正常季节移植。和乔木土球苗移植不同的是包装材料有所创新，采用拉力较强的、可在一年左右降解的可溶性无纺布（90℃水中溶解）和用聚丙烯多股小绳，取代传统的蒲包草绳，解决了草绳蒲包腐朽的问题，和周围土壤通透性更好，水肥管理更容易。其中一些根系可能会长到包装外，因为量较少，无碍大局。

任务实施

1. 栽植时间

本次绿化施工时间为夏季，7 月上旬左右。

2. 栽植

（1）放线定点

根据树木配置的疏密程度，先按一定比例相应地在设计图及现场画出方格，作为控制点和线，在现场按相应的方格用支距法分别定出丛植树的诸点位置，用钉桩或白灰标明。

（2）球苗种植坑（穴）挖掘

按规定的平面位置及高程挖坑，坑的大小应根据土球直径和土质情况确定。注意地下各种管线的安全。规格要求一般乔木坑穴应比土球直径放大 40～60cm，坑的深度一般是坑径的 3/4～4/5，坑的上口下底一样大小。土球苗挖树坑操作程序及技术要求同裸根苗。

（3）散苗

较小的土球苗木，指直径 50cm 以下的，用人抬车拉的方式将树苗按图纸要求（设计图或定点木桩）散放于定植坑边。大规格土球应在吊车配合下一次性完成定植。

散苗时应注意轻拿轻放，不得损伤土球。散苗速度与栽苗速度相适应，散毕栽完。对有特殊要求的苗木应按规定对号入座，不要搞错。散苗后要及时用设计图纸详细核对，发现错误立即纠正，以保证植树位置正确。

（4）栽植前修剪

根据设计要求进行修剪，因是夏季温度较高，为保证成活可相对增大修剪量。若是松类树，以疏枝为主，一是剪去每轮中过多主枝，留 3～4 枝主枝；二是剪除上下两层中重叠枝及过密枝；三是剪除下垂枝及内膛斜生枝、枯枝、机械损伤枝等。如果是柏类树一般不进行修剪，发现双头或竞争枝应及时剪除。

（5）带土球苗栽植程序

①调整栽植深度

预先量好土球高度，看与坑的深度是否一致，如有差别应及时挖深或填土，绝不可盲目入坑，造成土球来回搬动。

②调整树体正面和观赏面朝向

土球入坑后，应先在土球底部四周垫少量土，将土球加以固定，注意将树干立直，常绿树树形最好的一面应朝向主要的观赏面。

③去包装、夯实

将包装剪开尽量取出，易腐烂之包装物可脱至坑底，随即填好土至坑的一半，用木棍夯实，再继续填满、夯实，注意夯实不要砸碎土球，随后开堰。土球苗栽植深度应与地面相平或稍高出地面，否则影响根系发育（图 1-5）。

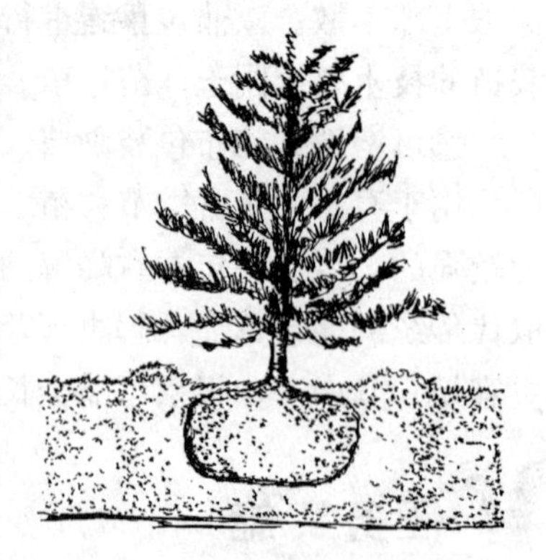

图 1-5　带土球苗的栽植

④栽植后的养护管理工作

基本同上述的裸根苗，在浇灌水时需要注意用水量和速度，尽量不致灌溉水流出堰槽边沿。对大土球苗可以双堰灌水，即土球本身做第一道堰，坑外沿做第二道堰。先立支撑固定后浇外堰，踏实后再浇内堰，为土球补水。

此外还可以向树体上喷水，保证一定的空气湿度，提高树木的成活率。

【思考与练习】

1. 某单位绿化规定树种为山皂角，要求制订栽植山皂角的种植方案。
2. 带土球树栽植需要注意的事项有哪些？
3. 常绿树种与落叶树种在栽植时期上有何不同？

【技能训练】　庭荫树的栽植

1. 实训目的

通过实训，使学生会庭荫树的种植施工基本过程、程序和反季节栽植保证成活的措施，能顺利进行庭荫树的种植施工过程。

2. 实训材料

植物材料：胸径 8cm 的银杏。

工具：测量仪器、卷尺、修枝剪、铁锹、镐、手锯、支架、水桶、铁丝等。

3. 实训内容

(1) 制订种植方案：根据设计要求，明确庭荫树的种类，根据其生态习性和施工地周围环境特点，制订合理详细的种植施工技术方案。

(2) 苗木准备

①选苗：胸径 8cm，树形符合设计要求，生长势强，无病虫害的经过多次移植的银杏大苗。

②起苗：带土球起苗，土球大小为胸径的 8～10 倍。

③运苗：运输过程中应注意减少水分蒸发，护干护冠，保证土球不散。

(3) 放线定点：根据施工图纸进行种植样线的布设，用石灰做好标记。

(4) 挖穴：采用方形穴，穴宽 100cm，深 80cm，要求表土心土分开放置，坑的上下一样宽，忌锅底坑。

(5) 配苗：按照位置散苗于穴边。

(6) 栽植：放苗入穴前，在穴底施入一定量有机肥，然后覆一层土踩实，将土球外面的包装材料剪断，取出。然后再将土球苗放入穴中，注意苗木观赏面的朝向，然后覆土踏实。土球苗栽植深度应与地面相平。

(7) 围堰灌水：在根颈处筑围水堰，围堰高度为 10～20cm，浇水要透。此外，注意向树体上喷水。有条件的也可以搭遮阴棚。

(8) 支撑树干：支撑点为树高的 1/2 处，采用四杆式支撑。

(9) 清理场地：施工结束后应及时清理场地，归还工具。

4. 实训要求

(1) 实训前了解树木栽植的相关标准和规范。

(2) 实训中要按照施工方案进行操作，同时注意安全。

(3) 实训中各组同学要团结合作，吃苦耐劳。

5. 实训报告

实训报告应包括庭荫树种植施工方案的内容以及施工过程中应注意的事项。

6. 结果评价

训练任务	庭荫树栽植				
评价类别	评价项目	评价子项目	自我评价 20%	小组评价 20%	教师评价 60%
过程性评价 60%	专业能力 45%	方案制订 15%			
		施工过程 30%			
	素质能力 15%	工作态度 7%			
		团队合作 8%			
结果评价 40%	方案科学性、可行性 15%				
	实训报告 10%				
	成活率 15%				
评分合计					
班级：	姓名：		第　组	总得分：	

任务3　观花灌木的栽植

【知识点】

1. 掌握花灌木的特点及生态习性；
2. 熟悉花灌木的种植特点；
3. 掌握花灌木种植前苗木准备、土壤准备的相关知识；
4. 掌握树木种植的技术标准、相关规程。

【技能点】

1. 能根据具体的花灌木，在分析树形的基础上，按照设计要求进行正确的整形修剪，提高其观赏价值；

2. 能对花灌木的种植环境进行分析，提出花灌木种植环境改变的措施；

3. 根据园林绿化种植设计的需要，顺利完成种植过程，包括苗木选择、处理和定点施工放样过程；

4. 做好花灌木成活期的养护管理。

相关知识

1. 观花灌木的要求

多数灌木在园林中不但能独立成景，而且可与各种地形及设施物相配合而起烘托、对比、陪衬等作用。例如植于路旁、坡面、道路转角、座椅周旁、岩石旁，或与建筑相配做基础种植用，或配植湖边、岛边形成水中倒影。灌木是观花树的主要类群，要求选择喜光或稍耐庇荫，适应性强，能耐干旱瘠薄的土壤，抗污染，抗病虫害能力强，花大色艳，花香浓郁或花虽小而密集，花期长的植物。同时，考虑灌木的开花物候期，进行花期配置，尽量做到四季有花，花期衔接。

花灌木对于冠形和规格的要求：苗木高度在 1～1.6m，有主干或主枝 3～6 个，根际有分枝，冠形丰满、匀称。

2. 观花灌木的生长习性

观花、观果灌木指那些没有明显的主干、呈丛生状态的树木，一般矮小而丛生的木本植物。多数种类根系在土壤中分布较浅，水平伸展的根系多在 40cm 的土层内。所以园林植物生长所必需的最小种植土层厚度应大于植物主要根系分布深度，栽植灌木时土层厚度一般要达到 30～60cm（表 1-4）。

表 1-4　园林植物主要根系分布深度　（cm）

植被类型	草本花卉	地被植物	小灌木	大灌木	浅根乔木	深根乔木
分布深度	30	35	45	60	90	200

3. 苗木选择、包装、修剪和装运

根据灌木种植设计要求，选择好对应灌木，包括植物名称、苗木生长、苗木指标、苗木形态等。挖掘苗木后视其大小和生长习性进行苗木包扎，同时对其苗冠、根茎进行修剪，使地上部分的形态对称，规范有序，使得树木形态美观。根据苗木挖掘地点与种植施工地点的距离远近，及时组织人力、物力和车辆设备运输苗木，到达种植地后及时卸载苗木，保证苗木不致过度失水。

4. 栽植深度

苗木栽植深度也因树木种类、土壤质地、地下水位和地形地势而异。一般发根（包括不定根）能力强的树种，可适当深栽；反之，可以浅栽。土壤黏重、板结应浅栽；质地轻松可深栽。土壤排水不良或地下水位过高应浅栽；土壤干旱、地下水位低应深栽；坡地可深栽，平地和底洼地应浅栽，甚至须抬高栽植。此外栽植深度还应注意新栽植地的土壤与原生长地的土壤差异。如果树木从原来排水良好的立地移栽到排水不良的立地上，其栽植深度应比原来浅一些。一般栽植深度应与原栽植深度一致。

任务实施

1. 栽植时间

根据绿化要求确定栽植时间为春季。

2. 栽植

（1）放线定点

可用方格法进行放线，确定出栽植范围。

（2）挖坑穴

灌木的裸根起苗范围可按苗木高度的 1/3 左右来确定。苗高及冠幅要符合绿化要求。若土球苗，土球直径为其高的 1/3，厚度为球径的 4/5 左右。坑穴的规格比根福宽 20～30cm，深 10～20cm（表 1-5）。

表 1-5 裸根花灌木类挖种植穴规格 （cm）

灌木高度	种植穴直径	种植穴深度	灌木高度	种植穴直径	种植穴深度
120～150	60	40	180～200	80	60
150～180	70	50			

（3）栽植前修剪

灌木栽植前修剪的目的，一是保成活；二是为成活后造型打好基础。二者如果产生矛盾，应以保成活为主。对花灌木小苗移植一般都采用重短截方式，辅以疏枝的做法。

单干圆头型灌木，如榆叶梅类的应进行短截修剪，修剪时应保持原有树形，主枝分布均匀，主枝短截长度应不超过 1/2，一般应保持树冠内高外低，成半球形。

从生或地表多干型，如黄刺玫、连翘类灌木进行疏枝修剪，多疏剪老枝，促使其更新。原则是做到中高外低，外密内稀，以利通风透光。

带土球或湿润地区带宿土的裸根树木及上年花芽分化已完成的开花灌木，可不作修剪，仅对枯枝、病虫枝予以剪除。分枝明显、新枝着生花芽的小灌木，应顺其树势适当强剪，促生新枝，更新老枝。枝条茂密的大灌木，可适量疏枝。

常用灌木移植修剪具体要求：疏枝为主短截为辅，如黄刺玫、太平花、连翘、玫瑰、金银木；短截为主，如紫薇、月季、蔷薇、白玉棠、木槿、锦带花、榆叶梅、碧桃；只疏不截，如丁香、杜鹃、红花檵木等大苗移植，是为保证移植后当年还能开花而采取的措施。

（4）散苗、配苗

根据种植设计要求，进行散放苗木。首先数量要求对应，其次检查苗木质量，若出现质量问题，及时通知有关部门纠正，并登记说明备案。

（5）放苗入穴

由于树木根系生长时一般都与土壤水平面成一夹角下扎，所以在植物根底部最好先做一锥形土堆，然后按预定方向与位置将根系骑在土堆上，并使根系沿锥形土堆四周自然散开。这样就能保证根系舒展，防止窝根。

（6）回填土

将苗木扶正，覆土踩实。栽植深度比原栽植深度深 3～5cm。

（7）围堰灌水

栽后及时灌定根水，定根水灌后 2～3 天浇第二次水，间隔 7 天左右浇第三次水。

【思考与练习】

根据当地的气候特点，分析一年四季的花灌木的种类状况，并选择其中 2～3 种，分析特点并阐述其种植施工过程。

【技能训练】　灌木的栽植

1. 实训目的

通过实训，使学生会灌木选择技巧，能独立依照灌木特性，完成种植施工过程。包括选苗、土壤处理、地形处理、挖穴和放样过程，同时达到种植技术符合规范要求，效果良好的目的。

2. 实训材料

植物材料：花灌木，如榆叶梅。

工具：测量仪器、卷尺、修枝剪、铁锹、镐、水桶等。

3. 实训内容

(1) 制订种植方案：明确植物种类，种植要求及植物环境改良，根据具体地段，选择植物并完成种植方案的制订过程。

(2) 苗木的准备：

根据灌木种植设计要求，选择好对应灌木，包括植物名称、苗木生长、苗木指标(苗木的高度、冠幅及枝条数量)、苗木形态等。

挖掘苗木后视其大小和生长习性进行苗木包扎，同时对其苗冠、根茎进行修剪，使地上部分的形态对称，规范有序，使得树木形态美观。

根据苗木挖掘地点与种植施工地点的距离远近，及时组织人力、物力和车辆设备运输苗木，到达种植地后及时卸载苗木，保证苗木不致过度失水。

(3) 栽植穴的确定及挖掘：栽植穴的形状为方形或圆形，无论是哪种形式都需要保证穴的上下一边宽，底部要平整，苗木放置后不会产生窝根现象。要求表土、心土分开放置。栽植穴的规格比根幅范围（土球）宽40cm，深20～30cm。

(4) 散苗、配苗：根据种植设计要求，在苗木种植穴按照植物数量散放苗木，以便组织种植施工。

(5) 回土、压实：放苗入穴后，保证根系舒展，不窝根，然后回填土，先填表土再填心土，分层踩实。覆土厚度比原土痕高出3～5cm。

(6) 围堰灌水：在根颈处筑围水堰，围堰高度为5～10cm，完成浇水工作。要求浇水要浇透。

(7) 清理场地：施工结束后应及时清理场地，归还工具。

4. 实训要求

(1) 实训前要复习灌木栽植的基本知识，查找灌木的相关标准和规范。

(2) 实训中要按照种植施工方案进行操作。

(3) 实训过程中要注意安全，爱护工具。

5. 实训报告

实训报告应包括灌木种植施工方案的内容以及施工过程中应注意的事项。

6. 结果评价

训练任务	灌木的栽植				
评价类别	评价项目	评价子项目	自我评价 20%	小组评价 20%	教师评价 60%
过程性评价 60%	专业能力 45%	方案制订 15%			
		施工过程 30%			
	素质能力 15%	工作态度 7%			
		团队合作 8%			
结果评价 40%	方案科学性、可行性 15%				
	实训报告 10%				
	灌木成活率 15%				
评分合计					
班级：	姓名：		第　组	总得分：	

任务4　绿篱的栽植

【知识点】

1. 了解绿篱选择的特点要求；
2. 掌握绿篱的种类，绿篱的栽植形式；
3. 掌握绿篱种植前苗木准备、土壤准备的相关知识；
4. 掌握树木种植的技术标准、相关规程。

【技能点】

1. 能根据绿篱与其他绿化植物的关系，选择正确的绿篱栽植模式；

2. 根据绿篱种植设计的需要，顺利完成绿篱种植过程，包括苗木选择、处理等过程；

3. 做好绿篱成活期的养护管理。

相关知识

1. 绿篱的选择

绿篱是指用灌木或小乔木成行紧密栽植成低矮密集的林带，组成边界、树墙，也指的是密植于路边及各种用地边界处的树丛带，起到防范、保护作用。此外，还具有组织景观和改善环境的作用。

绿篱植物选择需要适合当地、具有较好的观赏价值和改善环境的树种，以灌木树种为常见类型。

绿篱植物选择的基本要求：适应栽植地的气候和土壤条件，是乡土树种或经过长期引种后确定生长良好的能适应当地气候条件的植物；生长速度相对较慢，耐寒、耐旱、耐阴、耐低温也耐高温、抗污染气体能力强；绿篱植物的无性繁殖能力强，易使用扦插、分株、压条等方式进行扩繁；栽植成活率高，管理方便；绿篱的萌芽力、成枝力要强，耐修剪；叶片小而且排列紧密，叶形最好具有较高的观赏性，适应密植，花果观赏期长；绿篱植物一定要具备无毒、无臭、病虫害少等特点。

绿篱苗木的冠形和规格：植株高度大于 50cm，个体高度趋于一致，下部不秃裸露，球形绿篱苗木枝叶茂密，侧枝分布均匀。

2. 绿篱的分类方式

绿篱的分类方式有多种，依据绿篱本身高矮可分为：

矮绿篱。$H<50$cm；多用于小庭院，也可在大的园林空间中组字或构成图案。一般由矮小植物带构成，游人视线可越过绿篱俯视园林中的花草植物。常用的植物有黄杨、紫叶小檗、水蜡、千头柏、六月雪、杜鹃等。

中绿篱。$H=50\sim130$cm；在园林建设中应用最广，栽植最多，多为双行几何曲线栽植。可起到分隔大景区的作用，达到组织游人活动、增加绿色质感，美化景观的目的。造篱材料可选木槿、小叶女贞、火棘、茶树、金叶女贞等。

高绿篱。$H>150$cm；其作用以防噪声、防尘、分隔空间为主，多为等距离栽植的灌木或小乔木。可单行或双行排列栽植。造篱材料可选择桧柏、榆树、锦鸡儿、紫穗槐、构树、大叶女贞等。

3. 绿篱的种植密度

绿篱的种植密度根据使用目的、树种以及苗木规格、种植地带的宽度不同来确定。

一般单行绿篱按 3～5 株/m 密度栽植，宽度 0.3～0.5m。

双行绿篱按 5～7 株/m 的密度栽植，宽度 0.5～1.0m。

矮篱和一般绿篱，株距常常采用 0.3～0.5m，行距则为 0.4～0.6m。

双行式绿篱成三角形交叉排列。

绿墙的株距一般可采用 1.0～1.5m，行距为 1.5～2.0m。

任务实施

1. 栽植时间

本次任务按绿化要求栽植时间确定为夏季。具体时间以阴雨天或傍晚栽植为宜。

2. 栽植

(1) 定点放线

先按设计指定位置在地面放出种植沟挖掘线。若绿篱位于路边、墙体边，则在靠近建筑物一侧画出边线，向外展出设计宽度，放出另一面挖掘线。如是色带或片状不规则栽植则可用方格法进行放线，规划出栽植范围。

（2）挖沟槽

按要求放线定点挖沟槽，规格符合设计要求。一般绿篱苗木的挖掘，有效根系的携带量，通常为水平幅度 20～30cm，垂直深度 15～20cm。本次实训水蜡应带土球或护心土栽植（表 1-6）。

表 1-6　绿篱苗挖种植穴规格表

绿篱苗高度（m）	单行式宽（cm）×深（cm）	双行式宽（cm）×深（cm）
1.0～1.2	50×30	80×40
1.2～1.5	60×40	100×40
1.5～1.8	100×40	120×50

（3）栽植

按照设计要求的栽植密度确定株行距，树形丰满的一面应向外，按苗木高度、冠幅大小均匀搭配，然后进行覆土踩实。覆土厚度比原栽植深度深 5cm 左右。

3. 灌水

开沟进行灌水，直至灌透。除了向土壤中灌水外，要经常向枝条、叶片上喷水。

4. 栽后修剪

栽前选苗时一般比设计要求的苗高出 20～30cm，栽植后按规定的高度进行修剪。为保适成活率，栽植浇足第一水并扶正后立即进行抹头修剪（粗剪）。浇完三遍水确定成活后进行细致修剪，要求棱角清晰，形面平整，线条流畅美观。此外也可摘除部分叶片以减少水分的蒸发。

5. 搭遮阳网

在栽植轮廓线外打地桩拉遮阳网，网高距苗木顶部 20～30cm。待苗木成活后，视其生长情况和季节变化，逐步去掉遮阳网。

夏季进行栽植，应选择阴天或晴天的早晚，按操作规范来进行栽植。此外栽植后的管理，尤其是水分管理非常重要。栽植后除了向土壤中浇水外，还应向地上部分浇水（特别是叶面因蒸腾作用而易失水，必须及时喷水保湿）。喷水要求细而均匀，喷及地上各个部位和周围空间，为树体提供湿润的小气候环境。也可以搭制荫棚遮阴，以降低棚内温度，减少树体的水分蒸发。遮阴度为 70%左右，让树体接受一定的散射光，以保证树体光合作用的进行。以后视树木生长情况和季节变化，逐步去掉遮阴物。

【思考与练习】

1. 列举出当地常见绿篱的种类。
2. 制订绿篱的种植方案，要求绿篱双排栽植，株高 1.2m。

【技能训练】 绿篱的栽植

1. 实训目的

通过实训使学生能独立依照设计要求，完成绿篱的反季节种植施工过程。同时达到种植技术符合规范要求，效果良好的目的。

2. 实训材料

植物材料：绿篱，如水蜡。

工具：卷尺、线绳、修枝剪、铁锹、镐、水桶等。

3. 实训内容

（1）制订种植方案：根据设计要求，明确绿篱的种类，依据绿篱的生态习性及周围环境特点，合理制订种植施工技术方案。

（2）苗木的准备：

①选苗：根据绿篱种植设计要求，选择好对应绿篱，要求苗木的高度、枝条数、冠幅均符合设计要求。

②起苗：挖掘苗木时，为了保证成活应带土球或带护心土，然后视其大小和生长习性进行土球包扎。

③苗木修剪：对其苗冠、根茎进行适当修剪，使得树木形态美观，同时减少水分的蒸发。

④运输苗木：及时组织人力、物力和车辆设备运输苗木，到达种植地后及时卸载苗木，保证苗木不致过度失水。

（3）栽植穴的确定及挖掘：按要求放线定点挖沟槽，规格符合设计要求。一般按双行栽植，沟宽 80cm，沟深 40cm。要求表土、心土分开放置。

（4）散苗、配苗：根据种植设计要求，在挖好的沟槽旁边放好相应的苗木，以便组织种植施工。要求一边散苗一边栽植。

（5）回土、压实：放苗入穴后，保证根系舒展，不窝根，然后回填土踩实。覆土厚度比原土痕高出 3～5cm。

（6）灌水：在沟槽内进行浇水，要求浇水要浇透。

（7）栽后修剪：根据设计要求的绿篱高度，进行复剪。

（8）搭遮阳网：为了减少水分的蒸发，在绿篱的上方搭上遮阳网，要求遮阳网与绿篱保持一定的距离，一般为 20～30cm。

（9）清理场地：施工结束后应及时清理场地，归还工具。

4. 实训要求

（1）实训前要掌握相关标准和规范。

（2）实训中要按照种植施工方案进行操作。

（3）实训过程中要注意安全，爱护工具。

5. 实训报告

实训报告应包括绿篱种植施工方案的内容以及施工过程中应注意的事项。

6. 结果评价

训练任务	绿篱的栽植				
评价类别	评价项目	评价子项目	自我评价 20%	小组评价 20%	教师评价 60%
过程性评价 60%	专业能力 45%	方案制订 15%			
		施工过程 30%			
	素质能力 15%	工作态度 7%			
		团队合作 8%			
结果评价 40%	方案科学性、可行性 15%				
	实训报告 10%				
	成活率 15%				
评分合计					
班级：	姓名：		第　　组	总得分：	

任务5　垂直绿化的施工

【知识点】

1. 垂直绿化的形式；
2. 适宜垂直绿化的植物材料。

【技能点】

1. 垂直绿化的施工；
2. 垂直绿化施工后期的养护要点。

相关知识

1. 垂直绿化的形式

垂直绿化是利用藤本植物装饰建筑物的墙面、围墙、棚架、亭廊、篱笆、园门、台柱、桥涵、驳岸等垂直立面的一种绿化形式。可有效地增加城市绿地率，减少太阳辐射，改善城市生态环境，提高城市环境质量。

1）棚架绿化

（1）棚架绿化的特点

棚架绿化是攀缘植物在一定空间范围内，借助具有一定立体形状的木制或水泥构件攀缘生长，构成形式多样的绿化景观，如花架、花廊、亭架、墙架、门廊、廊架组合体等。公园的休闲广场，人口活动较多的场所都设有棚架绿化，其装饰性和实用性都很强，既可作为园林小品独立成景，又具有遮阴的功能，为居民休憩提供了场所，有时还具有分隔空间的作用。

（2）棚架绿化植物的选择

棚架绿化植物的选择与棚架的功能和结构有关。

①依据棚架的功能选择绿化植物

棚架从功能上可分为经济型和观赏型。

a. 经济型棚架以经济效益为主，美化、生态效益为辅，在城市居民的庭院之中应用广泛。主要是选用经济价值高的藤本植物，如葫芦、葡萄、猕猴桃、五味子、丝瓜等。

b. 观赏型棚架以美化环境为主。指的是利用观赏价值较高的垂直绿化植物在廊架上形成的绿色空间，或枝繁叶茂，或花果艳丽，或芳香宜人。常用的藤本植物有紫藤、凌霄、木香、金银花、藤本月季、铁线莲、台尔曼忍冬、叶子花等。

②依据棚架的结构选择绿化植物

a. 砖石或混凝土结构的棚架，可选择寿命长、体量大的木质藤本植物，如紫藤、凌霄等。

b. 竹、绳结构的棚架，可选择蔓茎较细、体量较轻的草本攀缘植物，如牵牛花、啤酒花、打碗花、茑萝等。

c. 混合结构的棚架，可使用草本、木本攀缘植物结合种植。

d. 对只需夏季遮阴或临时性花架，宜选用生长快，一年生草本或冬季落叶的木本类型。

e. 应用卷须类、吸附类垂直绿化植物，棚架上要多设间隔，便于攀缘；对于缠绕类、悬垂类垂直绿化植物，应考虑适宜的缠绕支撑结构，在初期对植物加以人工辅助和牵引。

2）篱栏绿化

（1）篱栏绿化特点

依附物为各种材料的栏杆、篱墙、花格窗等通透性的立面物，如道路护栏、建筑物围栏等。多应用于公园、街头绿地以及居住区等场所，既美化环境、隔声避尘，还能划分空间，起到分隔庭院和防护的功能。

（2）篱栏绿化植物的选择及绿化形式

篱栏绿化对植物材料的攀缘能力要求不高，几乎所有的攀缘植物均可用于此类绿化。以观花的攀缘植物为主体材料，花叶在篱栏中相互掩映，虚实相间，颇具风情。

绿化的形式可使用观花、观叶的攀缘植物间植绿化，也可利用悬挂花卉种植槽、花球装饰点缀。

3）墙面绿化

（1）墙面绿化的特点

墙面绿化泛指用攀缘植物装饰建筑物外墙和各种围墙的一种立体绿化形式。这类立面通常具有一定的粗糙度，多应用于居民楼、企事业单位的办公楼壁面等。城市建筑配以软质景观藤本植物进行垂直绿化，可以打破墙面呆板的线条，柔化建筑物的外观，同时有效地遮挡夏季阳光的辐射，降低建筑物的温度。

（2）墙面绿化植物的选择

适于作墙面绿化的植物一般是茎节有气生根或吸盘的攀缘植物，其品种很多，选择时受到下列因素的影响。

①墙面材质。对于水泥砂浆、块石、条石、清水墙、马赛克、水刷石等材质的墙面，绝大多数吸附类攀缘植物均能攀附，如凌霄、美国凌霄、爬山虎、五叶地锦、扶芳藤、络石、薜荔、常春藤、洋常春藤等。但对于石灰粉的墙面，由于石灰的附着力弱，在超出承载能力范围后，常会造成整个墙面垂直绿化植物的坍塌，故只宜选择爬山虎、络石等自重轻的植物种类，或可在石灰墙的墙面上安装网状或者条状支架。

②墙面朝向。一般来说，南向和东南向的墙面光照时间长，可选用阳性植物，如藤本月季、紫藤、凌霄等。北面和西面的墙面光照时间短，应选择耐阴或喜阴的植物，如爬山虎、薜荔、常春藤等。

③墙面高度。攀缘植物的攀缘能力各不相同，应根据具体的墙面高度合理选择。如较高的建筑物墙面可选择爬山虎等攀缘能力强的种类；低矮的墙面可选择常春藤、扶芳藤、络石等。

④墙面色彩。选择植物时要考虑与墙面的色彩相协调，颜色单一的墙面，选择空间较大，适宜各种类型的攀缘植物；砖红色的墙面最好选择开白色或淡黄色花的植物，也可以观叶植物为主。

⑤绿化位置。在墙体的顶部绿化时，可设花槽、花斗，栽植枝蔓细长的悬垂类植物或攀缘植物（但并不利用其攀缘性）悬垂而下，如常春藤、洋常春藤、金银花、木香、迎夏、迎春、云南黄馨、叶子花等，尤其是开花、彩叶类型，装饰效果更好。在女儿墙、檐口、雨篷边缘、墙外管道处，可选用适宜攀缘的常春藤、凌霄、爬山虎等进行垂直绿化。

4）柱体绿化

（1）柱体绿化的特点

柱体绿化是在各种立柱，如电线杆、灯柱等有一定粗度的柱状物体上进行绿化的形式。立柱所处的位置大多立地条件差，交通繁忙、废气、粉尘污染严重。

（2）柱体绿化植物的选择

吸附式的攀缘植物最适于柱体绿化，不少缠绕类植物也可应用。因此在植物选择时，应选用适应性强、抗污染、耐阴的藤本植物，如爬山虎、木通、南蛇藤、络石、金银花、五叶地锦、小叶扶芳藤等。一般电线杆及灯柱的绿化可选用观赏价值高的，如凌霄、络石、西番莲等。在一些公园或主要道路的灯柱、电线杆上可悬挂由矮牵牛、天竺葵、四季海棠、三色堇、小鸡冠花等各种观花植物栽植而成的各式花篮。但在电杆、灯柱上应用时要注意控制植株长势、适时修剪，避免影响供电、通讯等设施的功能。工厂中的管架支柱很多，在不影响安全和检修的情况下，也可用爬山虎或常春藤等进行美化，形成具有特色的景观效果。另外可以对园林中的一些枯树加以绿化利用，也可以给人枯木逢春的感觉。

5）园门绿化

（1）园门绿化的特点

园门绿化常与篱栏式相结合，在通道处设计成拱门，或在城市园林和庭院中各式各样的园门处进行绿化的一种形式，是绿地中分隔空间的一个过渡性装饰。如果利用藤本植物绿化，可明显增加园门的观赏效果。

（2）园门绿化植物的选择及绿化形式

适于园门造景的藤本植物有叶子花、木香、紫藤、木通、凌霄、金银花、藤本月季等，利用其缠绕性、吸附性或人工辅助攀附在门廊上；也可进行人工造型，让其枝条自然悬垂。

6）立交桥绿化

（1）立交桥绿化的特点

立交桥绿化是利用各种垂直绿化植物对城市中的高架桥、立交桥进行绿化的一种形式。随着城市交通的日益增加，为了缓解交通压力，新建的高架桥、立交桥越来越多。其所处的位置一般在城市的交通要道，立地条件较差，应用的藤本植物必须适应性强、抗污染并且耐阴，如五叶地锦、常春油麻藤、常春藤等，不仅美化城市环境，同时能提高生态效益。

（2）立交桥绿化的形式

立交桥绿化既可以从桥头上或桥侧面边缘挑台开槽，种植具有蔓性姿态的悬垂植物，也可以从桥底开设种植槽，利用牵引、胶粘等手段种植具有吸盘、卷须、钩刺类的攀缘植物。同时还可以利用攀缘植物、垂挂花卉种植槽和花球点缀来进行立交桥柱绿化等。

7）挑台绿化

（1）挑台绿化的特点

挑台绿化是建筑和街景绿化的组成部分，也是居住空间的扩大部分。挑台绿化就是在建筑物的阳台、窗台等进行的各种容易人为养护管理操作的小型台式空间绿化，使用槽式、盆式容器盛装介质栽培植物，是常见的绿化方式。挑台绿化不仅可以点缀建筑的立面，增加绿意，提高生活情趣，还能美化城市环境。

（2）挑台绿化的形式

挑台绿化不同于地面绿化，由于其特殊位置，样式上有全挑阳台、凹阳台、半挑阳台、装饰阳台和转角阳台。阳台绿化的形式比较多样化，可以将绿色藤本植物引向上方阳台、窗台构成绿幕；也可向下垂挂形成绿色垂帘；也可附着于墙面形成绿壁。

（3）挑台绿化植物的选择

应用的植物可以是一、二年生草本植物，如牵牛、茑萝、豌豆等，也可用多年生植物，如金银花、吊金钱、葡萄等，花木、盆景更是品种繁多。但无论是阳台还是窗台的绿化，都要选择叶片茂盛、花美色艳的植物，使得花卉与窗户的颜色、质感形成对比，相互衬托，相得益彰。挑台绿化的植物选择要注意三个特点：

①要选择抗旱性强、管理粗放、根系发达的浅根性植物以及一些中小型的草本花卉和木本攀缘植物。

②要根据建筑墙面和周围环境相协调的原则来布置阳台。除攀缘植物外，可选择居住者爱好的各种花木。

③适于阳台栽植的植物材料有：地锦、爬蔓月季、十姐妹、金银花等木本植物，牵牛花、丝瓜等草本植物。

（4）注意荷载

应充分考虑挑台的荷载，切忌配置过重的盆槽。栽培介质应尽可能选择轻质、保水保肥较好的腐殖土等。

8）坡面绿化

护坡绿化是用各种植物材料，对具有一定落差的坡面起到保护作用的一种绿化形式。包括大自然的悬崖峭壁、土坡岩面以及城市道路两旁的坡地、堤岸、桥梁护坡等。护坡绿化要注意色彩与高度要适当，花期要错开，要有丰富的季相变化，因坡地的种类不同而要求不同。可选用适宜的藤本植物，如金银花、爬山虎、常春藤、络石等种植于岸脚，使其在坡面或坡底蔓延生长，形成覆盖植被，稳定土壤，美化坡面外貌。也可在岸顶种植垂悬类的紫藤、蔷薇类、迎春、花叶蔓等。

9）假山绿化

在假山的局部种植一些攀缘、匍匐、垂吊植物，能使山石生姿，增添自然情趣。藤本植物的攀附可使之与周围环境很好地协调过渡，在种植时要注意不能覆盖过多，以若隐若现为佳。常用覆盖山石的藤本植物有爬山虎、常春藤、扶芳藤、络石、薜荔等。

10）依据新型装置的垂直绿化

（1）墙面贴植

过去藤本植物是进行垂直绿化的主要材料，现在国外已将庭院观赏树，甚至果树用于墙面绿化。植物的墙面贴植主要是通过固定、修剪、整形等方法让乔灌木的枝条沿墙面生长，也可以称作“树墙”、“树棚”。由于乔灌木观赏种类多，选择范围广，从而极大地丰富了垂直绿化的种质资源，增加了垂直绿化的观赏性。使用的材料主要有银杏、海棠、火棘、山茶等。另外，其养护管理也较为粗放。在树种选择上除注意色彩配置外，还要注意光照习性和合适的树形、树姿，特别是主干、主枝立面要适宜平铺墙面，种植后枝条固定时要尽量扩大平铺面，尽量减少树冠空档，同时要做到造型的整体美。

（2）多维客土技术

多维客土喷播一般用人工的方法清理坡面浮石、浮土，挂网、打锚杆，然后将泥炭、腐殖土、草纤维、缓释营养肥料等混合材料搅拌后喷播在铁丝网上，再将处理好的种子与纤维、粘合剂、保水剂、复合肥、缓释肥、微生物菌肥等经过喷播机搅拌混匀成喷播泥浆，在喷播泵的作用下，均匀喷洒在作业面上，最后用无纺布覆盖，实现对岩石边坡的防护和绿化。

（3）垂直绿化砖及生物墙

国外有些城市出现的围墙，是将砌墙用砖做成空心，里面填充树胶、肥料和攀缘植物种子，一侧开着沟槽，砌在墙外侧。当空心砖墙与水管接通后，攀缘植物便从墙内萌出，成为碧绿的“生物墙”。目前国内已有类似的发明，如一种垂直绿化砌块，这种砌块前面有一格栅，将两砌块之间的格栅用连接棒连接，这样在格栅与砌块之间形成空腔，将基质与草种填充于其间，任其生长便可达到绿化效果。

2. 适宜垂直绿化的植物材料

选择垂直绿化植物材料时，要综合考虑设计要求、立地条件、植物生态习性等诸多因素，充分发挥植物的观赏价值，达到理想的景观效果。

1）垂直绿化植物的分类

垂直绿化植物根据攀缘方式的不同，分为以下五种类型。

（1）卷须类。这类植物能借助枝、叶、托叶等器官变态形成的卷须，卷络在其他物体上向上生长。如：葡萄、丝瓜、葫芦等。

（2）缠绕类。这类植物的茎或叶轴能沿着其他物体呈螺旋状缠绕生长，如：杠柳、紫藤、马兜铃、金银花、牵牛、茑萝、铁线莲、木通等。

（3）钩刺类。这类植物能借助枝干上的钩刺攀缘生长。如：悬钩子、伞花蔷薇、藤本月季、叶子花等。

（4）吸附类。这类植物依靠茎上的不定根或吸盘吸附在其他物体上攀缘生长。如五叶地锦、凌霄、薜荔、扶芳藤、爬山虎、常春藤等。

（5）蔓生类。这类植物不具有缠绕特性，也无卷须、吸盘、攀缘根、钩刺等变态器官，它的茎长而细软，披散下垂，如迎春、金钟连翘等。

2）选择垂直绿化植物的依据

（1）依据植物的景观效果

充分考虑植物的形态美、色彩美、风韵美以及环境之间和谐统一等要素，选择有卷须、吸盘、钩刺、攀缘根，对建筑物无损害，枝繁叶茂，花色艳丽，果实累累，形色奇佳的攀缘植物。

（2）依据种植地生态环境

在栽培时，首先选择适应当地条件的植物种类，即选用生态要求与当地条件吻合的种类。不同的植物对生态环境有不同的要求和适应能力。

①温度。根据垂直绿化植物对温度的适应范围，可分为耐寒、半耐寒和不耐寒三种类型。如从外地引种时，应先作引种试验或少量栽培，成功后再行推广。

②光照。根据垂直绿化植物对光照强度的适应性，可分为阳性、半阴性和阴性三种类型。阳性植物喜欢直射光照充足，多应用于阳面的垂直绿化。阴性植物喜生在散射光的环境条件下，忌全光照，适合阴面的垂直绿化。半阴性垂直绿化植物介于阳性和阴性之间，适应性较广，既适于阳面也适于阴面的垂直绿化。

③土壤。根据植物对土壤肥力的反应分为喜肥和耐瘠薄两种。根据植物对土壤酸碱度的反应分为喜酸性土、喜中性土、喜碱性土三种。大多数垂直绿化植物种类喜欢既湿润又排水良好的土壤环境。

④水分。主要是土壤湿度与空气湿度。垂直绿化植物根据对水分的适应性，可分为湿生、旱生、中生三大生态类型。

a. 湿生垂直绿化植物。喜生长在潮湿环境中，耐旱力最弱。如紫藤等。

b. 旱生垂直绿化植物。喜生长在干旱的环境中，能生于偏干土中或能经受 2 个月以上干旱。如木防已、金银花、常春藤、络石、连翘、葡萄、爬山虎等。

c. 中生垂直绿化植物。介于上述两类之间的类型，如薜荔、藤本月季、木香、五味子等。

（3）依据墙面或构筑物的高度

①墙面高度在 2m 以上可种植常春藤、铁线莲、爬蔓月季、牵牛花、茑萝、菜豆、扶芳藤等。

②墙面高度在 5m 左右可种植葡萄、葫芦、紫藤、丝瓜、金银花、杠柳、木香等。

③墙面高度在 5m 以上可种植爬山虎、五叶地锦、美国凌霄、山葡萄等。

（4）依据攀附物选择

根据建筑物墙体材料选择攀缘植物。不光滑的墙面可选择有吸盘与攀缘根的爬山虎、常春藤等；表面光滑、抗水性差的墙面可选择藤本月季、凌霄等，并辅以铁钉、绳索、金属丝网等设施加固。

（5）考虑经济价值

要利用有限的空间选择观赏效果好、经济价值高的植物，如葡萄、猕猴桃、南蛇藤、五味子、紫藤等。

任务实施

1. 垂直绿化的施工

1）准备工作

（1）准备相关材料

垂直绿化施工前应仔细查阅施工图纸、工程预算及符合市政要求的相关材料，实地了解水源、土质、攀缘依附物等情况，确定准确的栽植位置。

（2）选择栽植季节

根据地区的不同，合理选择栽植时间。

（3）苗木的准备

①选苗。根据建筑物和构筑物的样式、朝向、光照等立地条件，选择不同类型的垂直绿化植物。木本攀缘植物宜选择栽植三年生以上、生长健壮、根系丰满的良种苗木。草本攀缘植物应备足优良种苗。

②修剪。苗龄不大的落叶树种，可留3～5个芽，对主蔓重剪；苗龄较大的，主、侧蔓均留数芽重剪，并视情疏剪。

③起苗与包装。落叶种类多采用裸根起苗，苗龄不大的植株，直接用花铲起苗即可。植株较大的蔓性种类，在冠幅的1/3处挖掘。其他垂直绿化植物由于自然冠幅大小难以确定，在干蔓正上方的，按冠较密处为准的1/3处或凭经验起苗。

④运输。方法同行道树的装运。

⑤假植。方法同行道树的假植。

（4）土壤的准备

栽植前应进行整地工作。藤本植物大都生活在林缘或树下，其生长环境土壤肥力较强，因此这些藤本植物是喜肥的。若条件允许时，可结合整地，向土壤中施基肥。

2）栽植

（1）挖穴、砌池

①挖种植穴

应按照种植设计所确定的种植穴的位置，定点、挖穴。坑穴应四壁垂直，禁止采用一锹挖一个小窝，将苗木根系外露的栽植方法。垂直绿化植物绝大多数为深根性，穴径一般应比根幅或土球大20～30cm，深与穴径相等或略深。蔓生类型的穴深为45～60cm，一般类型的穴深为50～70cm，其中植株高大且结合果实生产的为80～100cm。

②砌筑栽植池

在人工叠砌的种植池种植攀缘植物时，种植池的高度不得低于45cm，内沿宽度应大于40cm，并应预留排水孔。在墙、围栏、桥体及其他构筑物或绿地边种植攀缘植物时，种植池宽度不得少于40cm。当种植池宽度在40～50cm时，其中不可再栽植其他植物。如地形起伏时，应分段整平，以利浇水。

（2）修剪

栽前修剪主要目的是保成活率。修剪以短截为主，每株留2～3根主枝即可。如爬山虎、五叶地锦选苗越粗越好，任其苗有多长，只留0.5～1m进行短截。对于生长发育慢，年生长量小的种类，如紫藤则应根据生长势，短截不应过短。用于棚架绿化的植物材料，如紫藤、常绿油麻藤等，最好选一根独藤长5m以上的；如果是木香、蔷薇之类的攀缘类灌木，因其多为丛生状，要下决心剪掉多数的丛生枝条，只留1～2根最长的茎干，以集中养分供应，使今后能够较快地生长，较快地使枝叶溢满棚架。

（3）栽植

①栽植方法

栽植时各道工序应紧密衔接，做到随挖、随运、随种、随灌。除吸附类作垂直立面或作地被的垂直绿化植物外，其他类型的栽植方法和一般的园林树木一样，即要做到“三埋二踩一提苗”。

②栽植技术

a. 墙面及立面绿化

（a）用于墙面及立面绿化的种植密度

应依据树种生长速度和预计几年后生长空间来决定种植密度。如地锦类，尤其是五叶地锦，生长快、吸盘节间长、生长量大，枝条能很快爬满墙。如果栽植密度过大，枝条会过多，互相拉扯，造成枝条脱落墙下的危险。

栽植的密度：在散水上砌栽植池，凌霄、五叶地锦的栽植密度为每米1株，效果很好；爬山虎为每米2株；用于篱笆种植的藤本月季为每米3～5株。

（b）墙面绿化种植技术

ⅰ. 地栽式种植。沿墙基础种植，带宽50～100cm，土层厚50cm，植物根系距墙体15cm左右，种植株距可略小，但不能过密（25～100cm），苗稍向外倾斜。

ⅱ. 在墙面安装条状或网状支架，垂直绿化植物借支架绿化墙面。支架安装可采用在墙面钻孔后用膨胀螺旋栓固定，或者预埋于墙内，或者用凿砖钉、木楔、钉钉子、拉铅丝等方式进行。支架形式要考虑有利于植物的攀缘、人工缚扎牵引和养护管理。

b. 用于棚架绿化的种植密度

用于棚架绿化的紫藤、木香、金银花等因种植池面积有限，种植过密反而影响生长，有很多老的藤萝架，整架只种植一株攀缘植物。

枝干粗大的紫藤、葡萄合理的种植密度为每米1～2株；枝干较粗、生长发育快的，如木香为每米2～3株；金银花、铁线莲等为每米3～5株。

c. 篱栏绿化的种植技术

栽植间距以1～2m为宜，若是临时用于围墙栏杆，栽植距离可适当加大。一般装饰性栏杆高度在50cm以下时，不用种植攀缘植物。而保护性栏杆一般高度在80cm以上，可选用常绿或观花的攀缘植物，如藤本月季、金银花等，也可以选用一年生藤本植物，如牵牛花、茑萝等。此外，篱栏式绿化需对绿化材料作适当牵引，使其花、叶均匀地分布于篱栏的正反两面。

2. 垂直绿化施工后期的养护要点

（1）枝条固定

①铁质线钢钉法。适用于藤本月季、十姐妹、芸实等枝条较粗，硬钩刺类的植物。首先用钢钉和细铁质线（ϕ0.7）固定主枝，再根据侧枝的生长方向逐一固定，小枝可用塑料带固定。

②铁质线、网结合法。适用于枝条较细的吸附类、缠绕类、卷须类植物，如金银花、油麻藤、常春藤等。根据围墙的高度由下往上一层层挂网，一般绿化网宽 1m，在上下宽度 1m 左右水平拉粗铁质线（ϕ1.6）各一道，每隔 1.5～2m 打钢钉一只，将粗铁质线固定在上面，然后将绿化网钩挂在钢钉与铁质线上，最后用细铁质线（ϕ0.7）扎牢。以此类推，一直挂到墙顶为止。固定时尽量将绿化网贴附于墙面，这样才能使垂直绿化成型后不易从墙面上脱落。

③立支架。棚架绿化植物在根部栽种施工完成之后，要用竹竿搭在花架柱子旁，把植物的藤蔓牵引到花架顶上，若花架顶上的枝条比较稀疏，还应在枝条之间均匀地放一些竹竿，增加承托面积，以方便植物枝条生长和铺展开来。特别是对缠绕性的藤本植物如紫藤、金银花、常绿油麻藤等更需如此，否则以后新生的藤条相互缠绕，难以展开。

（2）封堰

苗木栽植后应做树堰。树堰应坚固，用脚踏实土埂，以防跑水。

（3）灌水

栽植后 24h 内必须浇足第一遍水，第二遍水应在 2～3d 后浇灌，第三遍水隔 5～7d 后进行。浇水时如遇跑水、下沉等情况，应随时填土补浇。

【思考与练习】

1. 垂直绿化的形式有哪几种？
2. 棚架植物选择的依据有哪些？
3. 如何进行篱栏式栽植？
4. 墙面绿化植物选择的依据有哪些？
5. 挑台绿化时注意哪些问题？
6. 简述垂直绿化植物的分类。
7. 如何选择垂直绿化植物的栽植季节？
8. 如何进行棚架绿化植物的栽植？
9. 垂直绿化植物栽植后养护的内容及注意事项有哪些？

【技能训练】 藤本植物的栽植

1. 实训目的

通过本次技能训练，学会藤本树种的栽植技术，掌握藤本树种栽植后的修剪和藤本树种栽植后成活期的养护管理技术，保证栽植后紫藤的成活率，达到园林验收的标准。

2. 实训材料

（1）材料：紫藤植株若干株。

（2）器材：铁锹、锄头、耙子、剪枝剪、高枝剪、竹竿、草绳、铁丝、锯、水具等。

3. 实训内容

（1）挖穴。紫藤的种植地点在花架的侧面，应加大穴的宽度和深度，同时改良土壤。

（2）修剪。常规性修剪，剪除过长部分、枯枝、细弱枝、交错枝和横向生长枝等。

（3）栽植。放苗入坑，回填掺有机肥的土壤并踩实，栽植密度为每米1～2株。

（4）立支架。用竹竿搭在花架旁，把植物的藤蔓牵引到花架顶上。

（5）围堰灌水。灌透后隔2～3d浇第二次水，再间隔5～7d浇第三次水。

4. 实训要求

（1）实训前查阅相关书籍，了解立地条件，掌握紫藤栽植技术，制订栽植方案。

（2）任务实施时，严格按照技术规范操作，合理使用工具，发扬团队合作精神。

（3）栽后达到的目标是植株成活，生长健壮。

5. 实训报告

总结本次实训的原始记录，完成实训报告。内容包括针对立地条件，制订合理的栽植方案，选择正确栽植方法，达到最终的实训效果。

6. 结果评价

训练任务	紫藤的养护管理				
评价类别	评价项目	评价子项目	自我评价 20%	小组评价 20%	教师评价 60%
过程性评价 60%	专业能力 45%	方案制订能力5%			
		挖穴8%			
		修剪8%			
		栽植8%			
		立支架8%			
		围堰灌水8%			
	素质能力 15%	工作态度8%			
		团队合作7%			
结果评价 40%	方案科学性、可行性10%				
	成活率30%				
评分合计					
班级：	姓名：		第　组	总得分：	

任务6　花卉及地被的栽植施工

【知识点】

1. 掌握花卉栽植的基本方法；
2. 掌握花坛建植技术；
3. 掌握花境建植技术及栽后管理；
4. 掌握地被植物的栽植方法。

【技能点】

1. 能根据花坛施工图纸，进行花卉栽植；
2. 能根据花境的设计图纸，进行花卉种植地的整地及土质改造、栽植及栽后的日常管理；
3. 能根据园林绿化种植设计的需要，进行地被植物的栽植。

相关知识

1. 花卉的应用

花卉在园林中最常见的应用方式即是利用其丰富的色彩、变化的形态等来布置出不同的景观，主要形式有花坛、花境、花丛、花群以及花台等，而一些蔓生性的草本花卉又可用以装饰柱、廊、篱以及棚架等。

2. 花卉栽植方法

花卉的栽植方法可分为种子直播、裸根移植、钵苗移植和球茎种植四种基本方法。

1）种子直播

种子直播大都用于草本花卉。首先要作好播种床的准备。

（1）在预先深翻、粉碎和耙平的种植地面上铺设 8～10cm 厚的配制营养土或成品泥炭土，然后稍压实，用板刮平。

（2）用细喷壶在播种床面浇水，要一次性浇透。

（3）小粒种子可撒播，大、中粒种子可采取点播。如果种子较贵或较少可点播，这样出苗后花苗长势好。点播要先横竖画线，在线交叉处播种。也可以条播，条播可控制草花猝倒病的蔓延。此外，在斜坡上大面积播花种也可采取喷播的方法。

（4）精细播种，用细沙性土或草炭土将种子覆盖。覆土的厚度原则上是种子直径的 2～3 倍。为掌握厚度，可用适宜粗细的小棒放置于床面上，覆土厚度只要和小棒平齐即能达到均匀、合适的覆土厚度。覆好后拣出木棒，轻轻刮平即可。

（5）秋播花种，应注意采取保湿保温措施，在播种床上覆盖地膜。如晚春或夏季播种，为了降温和保湿，应薄薄盖上一层稻草，或者用竹帘、苇帘等架空，进行遮阴。待出苗后撤掉覆盖物和遮挡物。

（6）床面撒播的花苗，为培养壮苗，应对密植苗进行间苗处理，间密留稀，间小留大，间弱留强。

2）裸根移植

花卉移栽可以扩大幼苗的间距、促进根系发达、防止徒长。因此，在园林花卉种植中，对于比较强健的花卉品种，可采用裸根移植的方法定植。但常用草花因植株小、根系短而娇嫩，移栽时稍有不慎，即可造成失水死亡。因此，在对花卉（特别是草本花卉）进行裸根移植时，应注意以下几点要求：

（1）在移植前两天应先将花苗充分灌水一次，让土壤有一定湿度，以便起苗时容易带土、不致伤根。

（2）花卉裸根移植应选择阴天或傍晚时间进行，便于移植缓苗，并随起随栽。

（3）起苗时应尽量保持花苗的根系完整，用花铲尽可能带土坨掘出。应选择花色纯正、长势旺盛、高度相对一致的花苗移栽。

（4）对于模纹式花坛，栽种时应先栽中心部分，然后向四周退栽。如属于倾斜式花坛，可按照先上后下的顺序栽植；宿根、球根花卉与一、二年生草花混栽者，应先栽培宿根、球根花卉，后栽种一、二年草花；对大型花坛可分区、分块栽植，尽量做到栽种高矮一致，自然匀称。

（5）栽植后应稍镇压花苗根际，使根部与土壤充分密合；浇透水使基质沉降至实。

（6）如遇高温炎热天气，遮阴并适时喷水，保湿降温。

3）钵苗移植

草花繁殖常用穴盘播种，长到4～5片叶后移栽钵中，分成品或半成品苗下地栽植。这种工艺移植成活率较高，而且无需经过缓苗期，养护管理也比较容易。

钵苗移植方法与裸根苗相似，具体移栽时还应注意以下几点：

（1）成品苗栽植前要选择规格统一、生长健壮、花蕾已经吐色的营养钵培育苗，运输必须采用专用的钵苗架。

（2）栽植可采用点植，也可选择条植；挖穴（沟）深度应比花钵略深；栽植距离则视不同种类植株的大小及用途而定。钵苗移栽时，要小心脱去营养钵，植入预先挖好的种植穴内，尽量保持土坨不散；用细土堆于根部，轻轻压实。

（3）栽植完毕后，应以细孔喷壶浇透定根术。保持栽植基质湿度，进行正常养护。

4）球根类花卉种植

球根类花卉大都花茎秀丽、花多而艳美、花梗较长，在花坛、花境布置中应用广泛。球根类花卉一般采用种球栽植，不同品种栽植要求略有差别。

（1）球根类花卉培育基质应松散且有较好的持水性，常用加有1/3以上草炭土的沙土或沙壤土，提前施好有机肥。可适量加施钾肥、磷肥。栽植密度可按设计要求实施，按成苗叶冠大小决定种球的间隔。按点种的方式挖穴，深度宜为球茎的1～2倍。

（2）种球埋入土中，围土压实，种球芽口必须朝上，覆土约为种球直径的1～2倍。然后喷透水，使土壤和种球充分接触。

（3）球根类花卉种植后水分的控制必须适中，因生根部位于种球底部，控制栽植基质不能过湿。

(4) 秋栽品种，在寒冬季节，还应覆地膜、稻草等物保温防冻。嫩芽刚出土展叶时，可施一次腐熟的稀薄饼肥水或复合肥料，现蕾初期至开花前应施 1～2 次肥料，这样可使花苗生长健壮、花大色艳。

3. 花坛的建植

1) 花坛的定义

传统的花坛是指在具有一定几何形轮廓的种植床内栽植各种色彩的观赏植物而构成花丛花坛或华美艳丽图案的种植形式。花坛中也常采用雕塑小品及其他艺术造型点缀。种植床中常以播种法或移栽成品、半成品花苗布置花坛，这些花卉是种植在花池的土壤基质中的。

现代意义的花坛是指利用盆栽观赏植物摆设或各种形式的盆花组合（穴盘）组成华美图案立体造型的造景形式，如文字花坛、图案花坛、立体花篮、各种立意造型，如每年节日街头和天安门广场不同立意的大型立体花坛。因工业现代化给我们提供了各类花苗容器和先进的供水系统如滴灌、渗灌、微喷，可以脱离传统花坛（几何形花池）的种植表现手法，而用花卉容器苗进行取代。现在已经可以定义为“花坛是利用花卉容器苗摆设成景的一种园林艺术手法”。

2) 花坛的分类

常见的花坛形式有平（斜）面花坛和立体花坛两大类。

3) 立体花坛建植技术

(1) 立体花坛结构

立体花坛常用钢材、木材、竹、砖或钢筋混凝土等制成结构框架，采用专用的花钵架、钢丝网等组合表现各种动物、花篮等形式多变的器物造型等，在其外缘暴露部分配置花卉草木。

立体花坛因体形高大，上部需放置大量花卉容器和介质荷载，抗风能力的要求很高。同时立体花坛又常常设在人流密集的公共场所，因此必须高度重视结构安全。结构部分必须经过专业人员设计，必要时还要对基础承载力进行测定。

(2) 立体花坛摆设程序及技术要求

立体花坛的常用花卉布置主要为盆花摆设和种植花卉相结合的方式。如采用专用花钵格栅架，外观统一整齐，摆放平稳安全，但一次性投资较大。格栅尺寸需按照摆放花钵的大小决定。

立体花坛表面朝向多变，对于花卉种植有一定局限，为固定花卉，有时需要将花苗带土用棕皮、麻布或其他透水材料包扎后，一一嵌入预留孔洞内固定，为了不使造型材料暴露，一般应选用植株低矮密生的花卉品种并确保密度要求；栽植完成后，应检查表面花卉均匀度，对高低不平、歪斜倒伏的进行调整；如种植五色苋之类的草本植物，可在支架表面保留一定距离固定钢丝网，在支架和钢丝网间填充有一定黏性的种植土，土内可酌加碎稻草以增加黏结力。在钢丝网外部再包上蒲包或麻布片，然后在其上用竹签扎孔种植。种植完成后还需要做表面修剪成形。

应用容器苗花卉摆放花坛相对要容易，如果容器大小不等，摆放植物材料大小不一，甚至还有动用吊车起重的大规格桶装树，相对摆放顺序，应先摆容器大的、苗大的植物，小的容器花卉插空、垫底。一面观的，先摆后面，后摆前面的；两面以上观的，先摆中心后摆边沿的。

摆设立体花坛技术关键是供水要求，立体花坛最好采用滴灌、渗灌，一般用微喷设施。

4. 花境的建植

（1）花境定义

花境主要是模拟自然界中林缘地带多种野生花卉交错生长的状态，并运用艺术手法设计的一种花卉应用形式。花境布置多利用在林缘、墙基、草坪边缘、水边和路边坡地、挡土墙垣等地的位置，将花卉设计成自然块状混交，展现花卉的自然韵味。花境所表现的主题，是观赏植物本身所特有的自然美，以及观赏植物自然组合的群落美。

（2）花境的分类

按花境的栽植形式可分为：①单侧观赏：以树丛、绿篱、墙垣、建筑为背景的花境。一般接近游人一侧布置低矮的植物；渐远渐高，花境总宽度为 3～5cm。②双侧观赏：在道路两侧或草地、树丛之间布置，可以供游人两侧观赏的花境。一般栽种植物要中间高、两边低，不会阻挡视线。花境总宽度在 4～8m。常以多年生花卉为主，一次建成可多年使用。

5. 花丛的建植

严格地说，花丛也是将自然风景中散生于草坡、林缘、水滨的野草花卉景观形式经艺术提炼后应用于园林的一种花卉种植方法。花丛布置在草坪与树丛之间，可在林缘与草坪之间起联系和过渡的作用。如在乔木林下栽植，可提高林带的景观效果，花丛也可布置在自然曲线道路转折处、台阶或铺装场地之中。

花丛建植的技术要求与花境类似，首先要对土壤进行深翻并施入充分发酵腐熟的有机肥，然后按先高后低、先内后外的顺序依次植入花卉植物。为方便管理，花丛植物品种宜选择宿根、球茎类花卉或有自播繁衍能力的一、二年生草本花卉。

6. 地被的建植

地被植物是以体现植物的群体美而取胜的，一般以密植为好，以利于尽快郁闭，迅速成景。地被植物是指生长低矮、枝叶密集、扩展性强、成片栽植能迅速覆盖地面的观叶、观花的植物材料。可分为草本地被和木本地被。地被植物种类繁多，有蔓生、丛生、常绿、落叶及多年生宿根类植物。无论采用何种方法种植，在栽植地被植物前均应深翻土壤 25～30cm 以上，进行种植土壤基质改良。地被植物种类繁多，建植方法不尽相同，下面介绍几种常用地被的种植方法。

（1）丛生类草本（木本）地被种植技术

丛生类草本地被大都比较耐阴，可在林下大片栽种。

常用有麦冬类、白三叶、吉祥草等品种。常采用分株栽植，先将丛生苗成墩挖出，抖掉株丛上的泥土，将根茎部用刀或手掰开，每丛 3～5 株，分带根系。密度按其扩展特性掌握，以不裸露地面为宜。栽后浇透水，平时注意清除杂草，保持土壤湿润，生长期需追施 2～3 次液肥，促使其良好生长。植株达到一定郁闭度，杂草可被抑制。

(2) 蔓生类草本（木本）地被种植技术

常用的蔓生类地被有常春藤、金叶过路黄、花叶蔓长春花、络石、小叶扶芳藤。

栽植匍匐类植物常选用1～2年生以上、植株生长健壮、根系丰满的苗木。为便于栽植和促进分枝，在栽植前要对藤蔓进行适当修剪。栽植时可单株、也可数株丛植，按间距20～30cm种植，埋土深度应比原土痕深2cm左右。栽植时应舒展植株根系，并分层踏实。栽植完成后，将藤蔓拉平舒展，使其自然匍匐在地面上或者假山上，以促使其气生根的萌发生长。

蔓生类地被长势比较健旺，要适时进行修剪，及时疏枝，清除过密的匍匐茎和发病的下位叶。

任务实施

1. 花境的建植技术

(1) 花苗的准备

花境花卉的选择：几乎所有的露地花卉都可以布置花境，尤其是宿根花卉和球根花卉的效果更好。花境的布置通常平面上要求采用块状自然组合，而观赏上则要求达到变化的立体效果，即同一季节中彼此的色彩、姿态、体量及数量要协调，四季美观，又有季相交替。

花境栽植选用苗木质量的高低、规格大小都会直接影响到栽植成形的效果，因此，选择生长健壮、造型端正的苗木是花境种植效果的基本保证。多年生宿根花卉株高应为10～40cm，冠径为15～35cm，分枝不应少于3～4个，叶簇健壮，色泽明亮，根系完整。球根类花卉应茎芽饱满、根茎茁壮、无损伤；观叶植物应叶色鲜艳、叶簇丰满、株形饱满。此外，所选苗木数量还应比设计要求的用量多10%左右，作为栽植时补充。

(2) 整地及土质改造

花境栽种的大都为多年生花卉，观赏期限较长，施工完成后须考虑多年应用，因而理想的土壤是花境成功的重要保障。花境种植床的土壤基质应进行改良，富含有机质，具有较好的物理化学性质，第一年栽种时要施足基肥。种植土层厚度根据品种不同要求应为30～50cm。为使排水良好，种植床宜设置3%左右的坡度。单面花境靠路边略低，后部抬高；双面花境或岛式花境应该让中部略高，四周倾斜降低。对原有地面过于低洼不利排水的种植床，可以用石块、木条等垒边，形成类似花坛的台式花境进行改善。

在种植前应进行土壤消毒，可采用40%的福尔马林配成1∶50或1∶100的药液泼洒土壤，用量为2.5kg/m^2，泼洒后用塑料薄膜覆盖5～7天，揭开晾晒10～15天后即可种植；或用多菌灵原粉8～10g/m^{2}撒入土壤中进行消毒。

对土壤有特殊要求的植物，可在其种植区采用局部换土措施。要求排水好的植物可在种植区土壤下层进行排水改造。对某些地下根茎生长旺盛的植物，抑制其对周边的侵占，可用立砖或铝板在地表30～40cm处阻隔。

(3) 划块放样

用卷尺、小木桩按设计范围在植床上定位，以白灰或草绳在植床上划分出不同花卉植物的种植区块；为防止地下根茎互相穿插混生，破坏花境的观赏效果，可在各区块间用砖、石或铝板设置隔离带。

（4）花境栽植技术

花境栽植应尽量采用容器苗，种植时应仔细除去容器，保护根系不受损伤。应根据不同花卉体量调节株行距，花苗种植深度以根颈部位为准，避免种植过深；种植后将土坨之间空隙用土壤基质填实，压紧栽正，防止浇水后倒伏。最后整理场地覆土平整。

种植顺序一般是单面花境从后部高大的植株开始，依次向前栽植逐层低矮的植物。对于双面或岛式花境，应从中心部位开始栽植；对于混合花境，应先栽大型植株，定好骨架后再依次栽植宿根花卉、球根花卉及一、二年生草花。在种植时要考虑好株距，并充分考虑植株的生长速度和个体成形时的大致规格及所需空间，预先留出花卉的生长空间，达到预期最好的观赏效果。

（5）花境栽后管理

花境花卉种植结束后，应及时浇足水分到土壤饱和为止，通过灌水对土壤基础进行压实，使土壤和根系密切接触。在花境中宿根花卉应用较多，但宿根花卉由于多年开花，因而需要不断补充营养才能保持最佳状态，多数宿根花卉一般每年在春秋各施一次基肥即可，肥料以有机肥为主，这样能够发挥持久的效力。在幼苗生长期可以施氮肥，促进营养器官的发育。在孕蕾期和开花期，应施加磷肥，促进开花，延长花期。

花境虽不要求年年更换，但日常管理非常重要。每年早春要进行松土、施肥和补栽；有时还要更换部分植株或补播一、二年生花卉。对于不需人工播种、自然繁衍的种类，要进行定苗、间苗，不能任其自然生长，导致花境整体杂乱。在生长期中，要注意松土、除草、除虫、施肥、浇水等，还要及时清除枯萎落叶，保持花境整洁。

2. 平面花坛的建植技术

（1）花坛种植床的要求

一般的花坛种植床多是高出地面7～10cm，以便于排水。还可以将花坛中心堆高形成四面坡，坡度以45％为宜。种植土的厚度依植物种类而定；种植一年生草花，土壤基质为20～30cm；多年生花卉和小灌木，土壤基质为40～50cm。

（2）花坛放样

根据施工图纸的要求，将设计图案在植床上按比例放大，划分出各品种花卉的种植位置，用石灰粉撒出轮廓线。一般种植面积较小、图案相对简单的平（斜）面花坛，可按图纸直接用卷尺定位放样；如种植面积大、设计的图案形式比较复杂，放样精度要求较高，则可采用方格网法来定位放样。

模纹花坛是指用园林植物配置成各种图形、图案的花坛，由于图形的线条规整，定点放线要求精细、准确。可先以卷尺或方格网定出主要控制点的位置，然后用较粗的镀锌钢丝按设计图样，盘绕编扎好图案的轮廓模型，也可以用纸板或三合板临摹并刻制图案，然后平放在花坛地面上轻压，印压出模纹的线条。文字花坛可按设计要求直接在花坛地面上用木棍采取双勾法划出字形，也可和模纹花坛一样用纸板或三合板刻制，在地面上印压而成。

（3）花坛花卉栽植及摆设

栽植间距一般以花坛在观赏期内不露土为原则。一般花坛以相邻植株的枝叶相连为度，对景观要求高、株形较大的花卉或花灌木，为避免露空，植株间距可适当缩小。如果用种子播种或小苗栽种的一般花坛，其间距可适当放大，以花苗长大、进入观赏期后不露土为标准。模纹花坛以表现图案纹样为主，多选用生长缓慢的多年生观叶草本植物，栽前应修剪控制在 10cm 左右，过高则图案不清。模纹花坛可以用容器小苗或穴盘扦插苗进行色彩组合。

栽植或摆设顺序应遵循以下原则：独立花坛，应由中心向外的顺序种植；斜面花坛，应由上向下种植；高矮不同品种的花苗混植时，应按先高后低的顺序种植；模纹花坛，应先种植图案的轮廓线，后种植内部填充部分；大型花坛，宜分区、分块种植。

花卉栽植深度以花苗原土痕为标准，栽得过浅，花苗容易倒伏，不易成活；栽得过深，易造成花苗生长不良、甚至根系腐烂而死亡。草本花卉一般以根颈处为深度标准栽植。

利用容器苗花卉摆放花坛，比栽植要容易，摆放顺序同栽植顺序。必须考虑供水途径的可行方案。

（4）浇水

浇水技术要求同花卉栽植。要求盛花期必须加强给水管理。给水尽可能使用喷灌技术，给水均匀充分，不留死角，也不会冲击小苗。人工进行浇灌应小心谨慎，水头要匀，不能冲击花苗。

【思考与练习】

1. 花卉栽植的方法有哪几种？

2. 以校园花坛施工为例，阐述平面花坛栽植过程。

【技能训练】 校园花坛的施工

1. 实训目的

通过实训，使学生能依照花卉的生态习性，完成种植施工过程。包括整地、定点、栽植过程，达到种植技术规范要求，效果良好的目的。同时培养学生吃苦耐劳、团结协作的敬业精神。

2. 实训材料

（1）场地与材料：校园、矮牵牛、万寿菊。

（2）器材：修枝剪、铁锹、花铲、浇水管（喷壶）、皮尺等。

3. 实训内容

（1）整地：整地应先将土壤翻起，使土块细碎，清除石块、瓦片、残根、断茎和杂草等，整地深度一般控制在 20～30cm。

（2）定点：根据图纸规定，直接用皮尺量好实际距离，用点线做出明显的标记。

（3）栽植

①栽植时间

应选在无风的阴天进行，天气炎热时应在午后或傍晚阳光较弱的时候进行。

②栽植过程

把花苗放置在背阴处，防治失水，影响成活率。

③栽植：将具有10～12枚真叶或苗高约15cm的幼苗，按绿化设计的要求定位栽到花坛、花境等绿地里，移植最后一次称定植。栽植的方法可分为沟植、孔植、穴植。

④浇水：栽植完毕，用喷壶充分灌水。

4. 实训要求

（1）实训前准备好栽植的工具及栽植的花卉。

（2）实训中严禁打闹，确保工具使用安全。

（3）实训中花卉要轻拿轻放，以免弄伤花苗，栽植时注意埋土深度，不要把根系露在地面上，栽后及时浇水。

5. 实训报告

总结花坛栽植步骤，完成实训报告。要求按实际操作总结矮牵牛、万寿菊的栽植方法施工方案，以及栽植中遇到的问题及解决办法。

6. 结果评价

训练任务	校园花坛的施工				
评价类别	评价项目	评价子项目	自我评价20%	小组评价20%	教师评价60%
过程性评价60%	专业能力45%	栽植方案制订能力15%			
		花卉的栽植过程30%			
	素质能力15%	工作态度8%			
		团队合作7%			
结果评价40%	方案科学性、可行性15%				
	实训报告10%				
	花卉栽植成活率15%				
评分合计					
班级：	姓名：		第　组	总得分：	

任务7　草坪的建植

【知识点】

1. 了解常见的草坪草的种类；
2. 了解草坪生产新工艺；
3. 掌握草种选择的依据。

【技能点】

1. 能根据当地实际情况选择合适的草种；
2. 能根据标准完成草坪的建植任务；
3. 能按照规范要求完成营养体建植草坪任务。

相关知识

1. 草种的选择

1）草种选择依据

（1）根据地理环境

中国地域辽阔、地形复杂，气温与降水量有很大差异。一般来说，冷季型草坪草适宜在干冷、冷湿的地方生长；暖季型草坪草适宜在干暖、暖湿的环境生长；在过渡带地区，冷季型草坪草有的在夏季易感染病虫害，而暖季型草坪草有的不能安全越冬，有的能够正常生长，但绿期比在南方要短。

（2）根据土壤条件

草坪草的选择要根据土壤的质地、结构、酸碱度及土壤肥力来选择。草坪草在质地疏松、具有团粒结构的土壤上生长最好，黏性土壤中生长不良。对草坪草生长有利的土壤孔隙度一般为25%。土壤肥力的好坏直接影响草坪草的生长。一般在贫瘠的土壤中种植一些耐贫瘠、耐粗放管理的品种。一般草坪草适宜的pH值范围在6～7。

（3）根据草坪草特性

草坪草在抗旱、抗寒、抗病、耐热、耐践踏、耐酸碱、再生力和耐贫瘠等多方面的特性有所不同，因此在选择时要综合考虑。

（4）根据使用目的

草坪草的使用目的多种多样，常见的有观赏草坪、运动场草坪、游憩草坪等。不同使用目的的草坪对草坪草特性的要求也各不相同。如游憩草坪要求草坪质量柔软、耐践踏、无毒等，运动场草坪则要求草坪草耐践踏、再生力好等。

（5）根据工程造价和个人喜好

若资金充足，就可以选择一些养护管理要求严格，外观质量高的草种；若资金不足则选择后期养护管理要求低，耐粗放管理的草坪草。由于每个人对草坪草外观质量感观的不同，喜欢的草坪草种类也不相同，因此，在草种选择的时候，个人的喜好也起着一定的作用。

2）草种选择原则及要点

（1）草种选择原则

①选择在特定区域能抗最主要病害的品种。

②确保所选择的品种在外观的竞争力方面基本相似。

③至少选择出1个品种，该品种在当地条件下，在任何特殊的条件下，均能正常生长发育。

（2）草坪草种的选择要点

①适应当地气候、土壤条件（水分、pH值、土壤的理化性质等）；

②灌溉设备的有无以及水平；

③建坪成本及管理费用的高低；

④种子或种苗获取的难易程度；

⑤欲要求的草坪的外观及实际利用的品质；

⑥草坪草的品质；

⑦抗逆性（抗旱性、抗寒性、耐热性）；

⑧抗病虫害、草害的能力；

⑨寿命（一年生、越年生或多年生）；

⑩对外力的抵抗性（耐修剪性、耐践踏与耐磨性）；

⑪有机质层的积累及形成速度。

3）草坪草种的组合

（1）草种组合方式

草坪是由一个或者多个草种（含品种）组成的草本植物群落，其组分间、组分与环境间存在着密切的相互促进与相互制约的关系。组分量与质的改变，也会改变草坪的特性及功能。在草坪生产实践中通常利用单一组分来提高草坪外观质量，从而提高草坪的美学价值。而更广泛的则是采用增加草坪组分丰富度的方法，来增强草坪群落对环境的适应性和草坪的坪用功能。草种的组合可分为3类：

①混播。是在草种组合中含两个以上种及其品种的草坪组合。其优点是使草坪具广泛的遗传背景，草坪具有较强的外界适应能力。

②混合。是在草种组合中只含一个种，但含该种中两个或两个以上品种的草种组合。该组合有较丰富的遗传背景，较能抵御外界不稳定的气候条件和病虫害多发的情况，并具有较为一致的草坪外观。

③单播。是指草坪组合中只含一个种，并只含该种中的一个品种。其优点是保证了草坪最高的纯度和一致性，可建植出具有最美、最均一外观的草坪。但遗传背景单一，对环境的适应能力较差，要求较高的养护管理水平。

（2）草种组合注意事项

①掌握各类草种的生长习性和主要优点，做到合理优化组合和优势互补。

②充分注意种间的亲合性，做到共生互补。

③充分考虑外观特性的一致性，确保草坪的高品质。

④至少选出1个品种，该品种在当地正常条件和任何特殊条件下均能正常发育。

⑤至少选择2～3个品种进行混合播种。

4）常见草坪草的种类

（1）常见的禾本科草坪草见表1-7。

表1-7　常见的禾本科草坪草

图示与名称	形态特点	适用性	繁殖方法	用途
狗牙根　狗牙根属 *C. dactylon*（L.）Pers.	多年生草本，具根茎和匍匐茎。叶片线条形，长1～12cm，宽1～3mm，先端渐尖，通常两面无毛。穗状花序，小穗灰绿色或带紫色	适于世界各温暖潮湿和温暖半干旱地区，极耐热和抗旱，但不抗寒也不耐阴。适于生长在排水较好、肥沃、较细的土壤上，要求土壤pH值为5.5～7.5。狗牙根较耐淹，水淹下生长变慢；耐盐性也较好	主要通过短枝、草皮来建坪。普通狗牙根是唯一的可用种子来建坪的狗牙根	适宜建植运动场草坪

续表

图示与名称	形态特点	适用性	繁殖方法	用途
日本结缕草 结缕草属 *Z. japonica* Steud.	多年生草坪草，具横走根茎和匍匐枝，须根细弱。叶片扁平或稍内卷，2.5～5.0cm，宽2～4mm，表面疏生白色柔毛，背面近无毛；总状花序呈穗状，小穗柄通常弯曲；小穗卵形黄绿色或带紫褐色	结缕草比其他暖季型草坪草耐寒。它最适合于温暖潮湿地区，耐阴性很好。适应的土壤范围很广，耐盐。最适于生长在排水好、较细、肥沃、pH值为6～7的土壤上	可靠短枝、草皮建坪。种子外具蜡质层，播种前需对种子进行处理	广泛用于庭园草坪、操场、运动场和高尔夫球场、发球台、球道及机场等使用强度大的地方
草地早熟禾 早熟禾属 *P. pratensis* L.	多年生草本，具细长根状茎，多分枝。叶片V形偏扁平，宽2～4mm，柔软，圆锥花序开展，长13～20cm，分枝下部裸露	抗寒性、秋季保绿性和春季返青性能较好，在遮阴程度较强时生长不良。喜潮湿、排水良好、肥沃、pH值为6～7中等质地的土壤。不耐酸碱，但能忍受潮湿、中等水淹的土壤条件和含磷很高的土壤	可以通过根茎来繁殖，但主要还是种子直播建坪	可用作绿地、公园、墓地、公共场所、高尔夫球场等
高羊茅 羊茅属 *F. arundinacea* Schreb.	多年生丛生型草本。叶片扁平，坚硬，5～10mm宽，叶脉不鲜明，但光滑，有小突起，中脉明显，顶端渐尖，边缘粗糙透明。花序为圆锥花序，披针形到卵圆形；花序轴和分枝粗糙	适宜于寒冷潮湿和温暖潮湿过渡地带生长。对高温有一定的抵抗能力，是最耐旱和最耐践踏的冷季型草坪草之一。在肥沃、潮湿、富含有机质的细壤中生长最好。pH值的适应范围是4.7～8.5，高羊茅更耐盐碱，可忍受较长时间的水淹	一般采用种子直播建坪，建坪速度较快，冬季有冻害的地区，春播比秋播好	它一般用作运动场、绿地、路旁、小道、机场以及其他中、低质量的草坪
紫羊茅 羊茅属 *F. rubra* L.	多年生草本，具横走根茎。茎秆基部斜升或膝曲，红色或紫色。分蘖的叶鞘闭合；叶片光滑柔软，对折或内卷，宽1.5～2.0mm；圆锥花序，紧缩，成熟时紫红色	抗低温的能力较强，荫性比大多数冷季型草坪草强。紫羊茅需水量要比其他草少。耐践踏性中等。它能很好地适应于干旱、pH值为5.5～6.5的沙壤，不能在水渍地或盐碱地上生长	种子直播建坪，再生性较强	它广泛用于绿地、公园、墓地、广场、高尔夫球道、高草区、路旁、机场和其他一般用途的草坪

续表

图示与名称	形态特点	适用性	繁殖方法	用途
多年生黑麦草　黑麦草属 *L. perenne* L.	多年生丛生型草本。叶片质软，扁平，长9～20cm，宽3～6mm，上表面被微毛，下表面平滑，边缘粗糙。扁穗状花序直立，微弯曲，小穗无芒	抗寒性不及草地早熟禾，抗热性不及结缕草。它最适生长于冬季温和，夏季凉爽潮湿的寒冷潮湿地区，耐部分遮阴，较耐践踏。适合中性偏酸、含肥较多的土壤	种子直播建坪，发芽率高，建坪快	可用于庭院草坪、公园、墓地、高尔夫场球道、高草区，公路旁、机场和其他公用草坪。还可用作快速建坪及暖季型草坪冬季覆播的材料
匍匐翦股颖　剪股颖属 *A. stolonifera* L.	多年生草本，具长的匍匐枝，直立茎基部膝曲或平卧。叶片线形，长7～9cm，扁平，宽达5mm，干后边缘内卷，边缘和脉上微粗糙。圆锥花序开展，小穗暗紫色	是最抗寒的冷地型草坪草之一。能够忍受部分遮阴，但在光照充足时生长最好。耐践踏性中等。最适宜于肥沃、中等酸度、保水力好的细壤中生长，最适土壤pH值为5.5～6.5。它的抗盐性和耐淹性比一般冷季型草坪草好	可以通过匍匐茎繁殖建坪，也可用种子直播建坪	低修剪时，匍匐翦股颖能产生最美丽、细致的草坪，它也用于高尔夫球道、发球区和果岭等高质量、高强度管理的草坪。也可作为观赏草坪
无芒雀麦　禾本科 *Bromus inermis*	多年生，具短横走根状茎。秆直立，高50～100cm。叶片披针形，向上渐尖，质地较硬，长5～25cm，宽5～10mm，通常无毛。圆锥花序开展，长10～20cm，花期7～8月，果期8～9月	喜冷凉干燥的气候，适应性强，耐干旱，耐寒冷能力很强，在一30℃低温下仍能顺利越冬。耐贫瘠，耐高温能力稍差。耐碱能力强，在pH值7.5～8.2的碱性土壤上仍能生长。它的耐践踏能力强，也较耐潮湿	一般为种子繁殖，有时也用根茎繁殖	无芒雀麦由于粗质、植株密度小，可用它作为绿化和水土保持和管理粗放的草坪

（2）非禾本科草坪草见表1-8。

表1-8　常见的非禾本科草坪草

图示与名称	形态特点	适用性	繁殖方法	用途
白三叶　豆科 *Trifolium repens* L.	多年生草本，茎匍匐，掌状复叶，叶互生，三出复叶，小叶宽椭圆形至近倒心脏形，边缘具钢锯齿；小叶无柄或极短；叶面具“V”字形斑纹或无；头状花序，白色，荚果倒卵状长形，种子肾形，黄色或棕色	喜温暖湿润的气候，不耐干旱和长期积水，耐热耐寒性强。在部分遮阴的条件下生长良好，对土壤要求不严，耐贫瘠，耐酸，最适排水良好、富含钙质及腐殖质的黏质土壤，不耐盐碱	主要为种子繁殖，春秋均可播种	管理简便粗放，繁殖快，造价低，可栽种在公园、绿地、道路两侧、机关单位、居住区、林荫下

续表

图示与名称	形态特点	适用性	繁殖方法	用途
马蹄金　旋花科 *Dichondra repens* Forst.	多年生草本，植株低矮，茎纤细，匍匐，被白色柔毛，节上生不定根。单叶互生，叶小，全缘，圆形或肾形，形似马蹄；叶柄细长，被白毛。花单生于叶腋，黄色，花冠钟状；蒴果近球形	喜温暖潮湿气候环境，不耐寒，抗旱性一般，耐阴性强，不耐紧实潮湿的土壤，不耐碱；具有匍匐茎可形成致密的草皮，生长有侵占性，耐一定践踏；耐潮湿土壤	主要采用匍匐茎繁殖	适宜作多种草坪
垂盆草　景天科 *Sedum sarmentosum* Bunge	多年生肉质草本。不育枝细弱，匍匐，节上生根。茎平卧或上部直立，匍匐状延伸，叶为三轮生，倒披针形至长圆形，长15～25mm，宽3～6mm。花序聚伞状，顶生，花瓣5，淡黄色或黄色，花期5～6月，果期7～8月	喜温暖湿润的气候条件，耐干旱，耐高温，抗寒性强，耐湿、耐阴、更耐瘠薄，能生长在山坡岩石缝隙之间；绿期长。无病虫害、可粗放管理	可采用种子繁殖，也可采用枝条扦插法、分株繁殖法或压条繁殖法，极易成活	适用于环境条件相对较为恶劣、且粗放型管理的屋顶绿化，是一种价值很高的植物材料
小冠花　豆科 *Coronilla varia* L.	多年生草本，茎柔软，中空，外有棱条，半匍匐生长，草丛高60～70cm。奇数羽状复叶，小叶长圆形或倒卵状长圆形，全缘，光滑无毛。伞形花序，腋生，花冠蝶形初为粉红色，以后变为紫色	抗旱、耐寒，不适宜潮湿水渍土壤。抗寒性强，较耐热，但耐湿性差，在排水不良的水渍地，根系容易腐烂死亡。对土壤要求不严。土壤含盐量不超过0.5%幼苗均能生长	可用种子繁殖，也可用根蘖和茎扦插方法繁殖	可作水土保持植物，又可作美化庭院净化环境的观赏植物
紫花苜蓿　豆科 *Medicago sativa* L.	多年生草本，高30～100cm。茎四棱形，无毛或微被柔毛。羽状三出复叶；托叶大，卵状披针形，小叶长卵形，倒长卵形至线状卵形，仅上部叶缘有锯齿，中下部全缘，下面有白色柔毛；总状或头状花序，腋生，花冠蓝紫色或紫色，荚果螺旋形，有疏毛	耐寒性强，抗旱力很强。对土壤要求不严格，沙土、黏土均可生长，但以深厚疏松、富含钙质的土壤最为适宜。喜中性或微碱性土壤，在含盐量0.3%的土壤上能良好生长。不耐积水	种子繁殖	可作为水土保持植物，也可作观赏植物

2. 草坪生产新工艺

草坪生产新工艺指草皮卷生产，草坪植生带及草坪液压喷播技术。它们在草坪业中已占有一定的地位，在特殊要求绿地中得到应用，如足球场草坪可用草皮卷铺装，大面积绿化、坡地可采用液压喷播技术等，随着绿化事业的发展，新工艺草坪的使用范围将会有所增加。

1）草皮卷

目前，世界上先进的草皮生产最终商品为草皮卷，即将苗圃地生长优良健壮草坪，用起草皮机铲起，按一定的规格切割后起，运输到铺设地，在充分整平的场地上重新铺植使之迅速形成新草坪。

草皮生产基地选址要注意在交通便利之处。

一般草皮卷的规格可视生产需要、起草皮机的类型及草坪草生长状况来确定，通常采用长条形 2m×30cm 或方块形 30cm×30cm，早熟禾类草坪起草厚度 3cm 左右，一般机械铲取，人工卷起，装车运输或放在胶合板制成的托板上，以利运输。

草皮卷的生产在草种选择上与直播法建坪相同，场地准备上要求土壤条件稍好些。为了提高草皮抗拉强度，利于移动，可在床中掺入塑料丝网，含塑料丝网的草地早熟禾草皮，其抗撕拉强度可达 80～100kg。

建坪时间、播种量、对水肥要求均与正常播种相同。除正常修剪外，出售前一两周不要修剪，以利于铺装后易于恢复生长。

草皮铺装技术要求比较严格，草皮卷运到铺植地后，应立即进行铺植。起、运过程要连续，运输车应用帆布遮阴，防止水分过分蒸发。运输过程要保持草块完整。到现场后要弃去破碎的草块，并力争在 24h 内使用完毕，未用完的要一块块散开平放，不可堆积使之变色。

铺装草坪卷的地段整地工作要求除与直播要求一致外，对于平整度要求更加严格，并要求土壤处于湿润状态。

建植时，把运来的草皮卷顺次铺于已整好的土地上，草皮块运输过程中边缘会干缩，遇水后伸展，因此草皮块与块之间要保留 0.5cm 的间隙，中间缝隙填入细土。随起随铺，运输极短的可一块块紧密相连。施行铺草作业时，要避免过分地伸展，撕裂。铺后立即进行滚压，压实、压平。之后均匀适量地浇水，第一次浇足、灌透。2～3d 后再滚压，以促进根系与土壤的充分接触。

新铺草块，压 1～2 次是不行的，以后每隔一周灌水一次，次日滚压一次，直到草块完全平整。对于高低不平处，要起开草皮，高处去土，低处填平，再把草皮铺好。

新铺草坪要注意保护，防止践踏，完成缓苗后可施一次尿素。用量为 $10g/m^2$。

草坪卷的铺装可在春、夏、秋三季进行，但因冷季型草坪在夏季进入生长弱势时期，因此此时建坪必须增加灌溉次数，加强管理。

2）草坪植生带

草坪植生带是在专用机械上，按照特定的生产工艺，把草坪草种子、肥料和其他物料（如添加除草剂、高效保水剂）等，按照一定的密度定植在可以自然降解的无纺布（或纸制品）上，经过机器的滚压和针刺的复合定位工序，形成一定规格的工业产品。

草坪植生带具有发芽快，出苗齐、形成草坪速度快和减少杂草的滋生等优点；植生带又具有保水和避免灌溉及雨水冲刷种子的特性；它还具有体积小、重量轻，便于贮藏的特点，草坪植生带完全在工厂里采用自动化的机械设备，可根据需要常年生产，而且生产速度快，产品成卷入库，贮存容易，运输、搬运和种植轻便灵活，每 10m^2 一卷植生带，重量仅 5～7kg；施工操作简便，省工，省时，并可根据绿化的要求，任意裁剪和嵌套。

草坪植生带广泛用于城市的园林绿化、高级公路的护坡、运动场草坪的建植以及水土保持、国土治理等绿化事业上，特别适合常规施工方法十分困难的陡坡上铺设，操作方便，省工。

草坪植生带生产及储运过程的基本要求为：

（1）加工工艺一定要保证种子不受损伤，包括机械磨损，冷热复合时对种子活力的影响，确保种子的活力和发芽率。

（2）布种均匀，定位准确，保证播种质量和适宜的密度。

（3）载体轻薄、均匀、易降解。

（4）植生带中种子发芽率不得低于常规种子发芽率。

（5）在储存和运输中注意：

①库房整洁卫生，干燥通风；

②温度 10～20℃，湿度不超过 30％；

③防火防虫，防鼠害及病菌污染；

④运输中防水，防潮，防磨损。

3）液压喷播法

人工铺装草皮卷，虽然建植和成坪时间短，但费劳力，运输费用高，而且要用大量的农田进行育苗；直接播种方法，虽然可以节省大量土地，但直接播种工序繁多，管理复杂，特别是在地势变化大的地方，直播的困难更大。喷射播种技术的发展，解决了这些问题。

（1）液压喷播基本原理

喷射播种法是将草种配以种子萌发和幼苗前期生长所需要的营养元素，并加入一定数量的保湿剂、除草剂、绿色颜料（或其他颜色）、质地松软的添加物（如纸浆等有机物质）、黏着剂和水等搅拌混合，配制成具有一定黏性的悬浊浆液，通过装有空气压缩机的高压喷浆机组组成的喷播机，将搅拌好的悬浆液，高速度地直接喷射到需要播种的地方（如平整了的大面积场地或陡坡）。由于喷出的含有草种子的黏性悬浊液具有很强的附着力和明显的颜色，所以喷射时不遗漏、不重复，可均匀地将草籽喷播到目的位置上。在良好的保湿条件下，种子能迅速生长发育成为新的草坪。所以，喷射播种法是一种高速度、高质量和现代化的种植技术。

由于液压喷射播种技术的发展，大大地促进和提高了草坪建植技术和方法，使播种、覆盖等多种工序一次完成，提高了草坪建植的速度和质量，同时，液压播种又能避免人工播种受大风影响作业的情况，克服了自然条件的影响，满足不同自然条件下草坪建植的需要。液压喷射播种技术在目前是一种高质量、高效率的施工手段，其功效是人工所不能比拟的。由于喷播机械所喷出的是草籽和植物在初期萌发和生长所必需混合营养物质，所以，可以在不适宜人工播种（或种植）的地方，如土壤质地不好的区域，应用液压喷射播种技术，进行绿化种植，达到恢复植被的目的。喷播种草，特别适合于高级公路的边坡、山坡的护坡种草和城市大型广场以及其他场地的绿化，可以提高绿化效率和绿化的均匀度，降低人员的劳动强度，降低绿化费用，集多种功能于一体的一种理想绿化方法。

（2）液压喷播法的适用范围及特点

液压喷射播种技术在坡面的植草上效果最佳。坡面种草包括高级公路的边坡坡面、高尔夫球场的外坡、立交桥面以及其他斜坡坡面的种草。

坡面人工种草，往往因坡面坡度大而造成人工播种难度大，播种人员由于难以在坡面上站立，操作困难，播种质量无法保证，造成出苗不齐，难以成坪。另外，坡面上人工作业，由于翻耕土壤，也极易引起风蚀和水蚀，引起表土流失。为防止上述后果的发生，往往需要投入较多资金，配合一些保土措施，但并不能达到理想效果。采用液压喷射播种技术，能较好地解决上述缺陷。因喷射出的含有种子的悬浊液，种子被低浆等纤维素包裹着，另外还含有保水剂和其他各种营养元素，能使草种紧紧黏附于土壤表面，形成比较稳定的坪床面，降水时不能形成冲刷土表的地表径流，保证坪床稳定，草种正常生根发芽。

液压喷射播种技术具有以下特点：

①机械化程度高，成坪速度快，草坪覆盖度大，相同坡度（15°）较用人工建植的相同类型的草坪成坪时间可缩短 20～30d，覆盖度提高 30%。

②草坪均匀度大，质量高。

③科技含量高，喷播技术操作简便，易于掌握。

喷播技术既具有传统的草坪建植方法所具有的共同优点，同时也解决了传统建材方法难以解决的困难问题，如人工播种受风力影响大的问题，坡度大难建植的问题等。最大风力量级的情况下，也不影响喷播的效果。

④效率高，省工省时，劳动强度低，具有良好的社会效益和经济效益。

（3）液压喷播作业的材料和设备

材料：草坪草种子、营养元素、保湿剂、除草剂、松软的有机物质、黏着剂、染色剂、水。

设备：动力、容罐、搅拌器、水泵、喷枪。

3. 草坪草的促控技术

草坪成坪后的管理，经常遇到的问题，一是草坪生长过快，修剪次数多，费工费时，二是有的草坪生长过慢，绿化效果不理想，解决上述问题的方法，就是草坪草的促进生长和控制生长技术。

（1）草坪草的促进生长技术

由于土壤养分的缺乏、管理不当或气候异常等原因，有的草坪生长缓慢，长期不能成坪，绿化效果不好，解决办法除了加强水肥管理等措施外，可采用化学药品促进草坪生长。

药品及使用方法。赤霉素，农业上俗称“920”，它能刺激植物细胞分裂，加速植物生长。农用赤霉素为白色粉末，使用时先用适量酒精溶化，然后加水兑成使用浓度。

使用浓度。按草龄不同而不同，一般幼草为5～10mg/kg；半年龄以上草10～20mg/kg；配制方法为1g赤霉素加水1kg为1000mg/kg；若10mg/kg浓度则加水100kg，余者类推。药配好后用喷雾器均匀喷雾。喷药时选傍晚或阴天，有利于药液吸收。

注意问题。同块地的草坪草生长高矮不同，高草少喷，过矮草适当多喷。

一般喷药5～7d草色变嫩绿色，生长加快，若效果不明显，喷药10d后按原浓度再喷药一次即可达到理想效果。

（2）草坪草的控制生长技术

草坪草生长旺季，每天可长高1～2cm，若5～10d不修剪，观赏效果就不理想。有的参差不齐，有的甚至倒伏，用化学手段控制草坪草生长，则能减少修剪次数。

药品及使用方法。常用药为多效唑。农用多效唑为灰褐色粉末，用水即可溶化，对人畜危害较小。它延缓生长的机理是能使植物细胞间隙变小，则植物高生长变慢，节间变小，叶片变厚，颜色变深。

通常用浓度为200～500mg/kg，1g药加5kg水即为200mg/kg。草坪生长过快时应用，一般在修剪后2～3d内喷雾，若效果不明显7d后再喷一次。

注意问题。浓度不可过大，以免使草坪草生长抑制过强，造成草坪生长停滞；喷药要均匀。一旦发生用药过量，可用赤霉素1～2mg/kg每三天喷药一次，连喷2次。用多效唑后的草坪也应进行正常的管理，它只能减少修剪次数1/2或1/3，不能完全停止修剪。

任务实施

1. 直播建植草坪技术

1）播种时间

从理论上讲，草坪草在一年中的任何时候均可播种，甚至在冬天也可以进行。在实践中，在不利于种子迅速发芽和幼苗旺盛生长的条件下播种往往是失败的。确切地说，冷季型草坪草最适宜的播种时间是夏末，但是，在春季也可以进行播种建坪；暖季型草坪草则是在春末夏初。这是根据播种时的温度和播后2～3个月的可能温度而定的（冷季型草坪草发芽适宜的温度为15～26℃，暖季型草坪草为20～35℃）。以沈阳地区为例，冷季型草坪草适宜播种时间是春季4月下旬至5月中下旬，秋季8月下旬至9月。

2）地面清理和整地

（1）树木清理

乔、灌木的树桩，树根等，有些残根能萌发新植株或腐烂后形成洼地破坏草坪的一致性，或滋生某些菌类，因此要认真清理。

（2）岩石、瓦砾清理

要清理坪床表土下60cm以内的大石砾，清除20～30cm层内的小石块和瓦砾。

（3）杂草清除

①物理防除

可用犁、耙、锄头等工具既翻耕了土壤又可清除杂草。但有的根茎型杂草，用翻耕、拣拾的方法难以一次除尽，通常可用土地休闲的方法清除。即夏季不种任何植物，但仍要定期耙、锄，以达到较彻底的清除。

②化学防除

草甘膦为灭生性杀草剂，入土 24h 分解，可于播种前 3～5d 使用，之后再铲锄一次。

(4) 整地

新建草坪应尽可能创造肥沃的土壤表层，一般要求其表层应有 30cm 厚度的疏松肥沃的表土。翻耕深度一般不低于 30cm，以达到改善土壤结构和通气性能，提高土壤的持水能力，减少草坪草根系伸入土壤的阻力等目的。

3) 平整

建坪之初，应按照草坪设计对地形的要求进行整理。自然式草坪应有适当的自然地形起伏，规则式草坪要求地形平整，表土要细致，地面平滑。若地形平整中移动的土方量较大，应将表层土铲在一边，取出底土或垫高地形后再将原表层土返回原地表。

(1) 粗平整

粗平整就是草坪平面的等高处理。在粗平整作业中要根据设计的标高要求，挖掉突起的部分填平低洼部分，使整个坪床达到理想的水平面。填方的地方要考虑填土的沉陷因素，适当加大填入土方量，一般情况，细质土通常下沉 15%（即每米厚的土下沉 12～15cm）。填方深的地方，除要加大填方量外，还需要进行镇压或灌水，加速沉降速度。

坡床的坡度因不同形式而有所差异。自然式草坪由于其本身保持一定的自然地形起伏，可以自行排水；规则式草坪，为有利于表面排水，应设计 0.2%～0.3%的适宜排水坡度。建筑物附近的草坪，其排水坡度应向房屋外向方向倾斜。对于面积较大的绿地草坪和运动场地的草坪地，一般应是中心地较高，两侧较低，以便向外侧方向排水。

(2) 细平整

细平整就是在粗平整的基础上，平滑坪床表面，为种植和以后的苗期作业管理准备优良的基础条件。小面积的坪床细平整，最好人工进行，或用绳拉纲垫或板条，以拉平床表面，粉碎土块。大面积时要用专用设备。

4) 土壤改良

结构改良：表层黏重的土壤，通常要混入适量的沙质土、沙土或细煤渣等，改善黏重土的通气结构，沙质土中可混入黏土。

在生产中通常大量使用合成的土壤改良剂。如施用泥炭土，可以降低重壤的黏性，分散土粒，提高保水和保肥能力。泥炭的施用量一般情况下以覆盖坪床面铺厚度 3～5cm 或 5kg/m^2，并充分混拌。

干旱地区可使用人工合成保水剂，在坡度大的地段，可施入防止土壤水土流失剂并配合一定的工程。

在碱性土壤中，改良方法为施用硫酸亚铁，或用磷酸二氢钾水溶液降碱。新近生产的盐碱地土壤专用肥改良效果也较好。

5）施基肥

可以施入经过腐熟的堆肥做基肥，施用量一般为每亩 5000kg，同时，还应施入一定比例的无机肥，如二铵，施入量为 5～10g/m^2。

由于草坪草对氮、磷、钾的需要量要比从土壤中获得的其他元素量大，所以它们是草坪草的主要养料。氮元素可以使草坪草色绿、叶茂，以磷酸盐形式存在的磷，有助于草坪草的根系发育；以钾盐形式存在的钾元素，有利于草坪草的安全越冬。

在沙质土壤中，应多施入有机肥，以增强保水能力，黏重土壤中施入有机肥则可改进土壤的结构和性能。

基肥可拌入土壤的 10cm 深土层内，再用滚子压实和粗平整，灌足底水，自然下渗 1～2d 后即进行细平整和播种作业。

6）土壤消毒

用福美霜消毒，2～3g/m^2，均匀撒入整平的土壤中即可。

土壤中含有许多杂草种子、营养繁殖体、致病有机体、线虫和其他有害有机体，能影响草坪正常生长。采用熏蒸法是进行土壤消毒的最有效方法。常用熏蒸剂有溴甲烷、氯化苦等。方法为将熏蒸地段用塑料薄膜覆盖下用导管引入熏蒸药物，熏蒸 24～48h 后，撤走塑料薄膜，在细平整前后进行均可。

7）播种方式

优异、康尼、黑麦草、紫羊茅混播。

其中，优异、康尼为当地适应性强的目的草种；黑麦草春季返青早，紫羊茅秋季褪绿晚，这样混播的草坪即达到了增强抗病性的目的，又延长了绿色期。

混播可以适应较大变化的环境条件，能更快地成坪。通过科学的选择混播草种，使不同的草种及品种间实现优势互补，达到延长绿期、增强抗性的目的。

混播的草种有基本草种和辅助草种之分。基本草种可以是一个或几个草种（品种），在混播中必须占较大的比例。常用的辅助品种有多年生黑麦草、紫羊茅等。混合中比例一定要小。

（1）确定播种量

$$\text{计算公式：播种量（g/m}^2\text{）}=\frac{\text{每平方米留苗数}\times\text{千粒重（g）}\times 10}{1000\times\text{种子纯度}\times\text{发芽率}}$$

以上是理论播种量，实际操作中，要加 20%的耗损。

混播播种量的计算方法，先计算出混播品种各自单播的播种量，然后按混播种子各自混播比例，计算出各草种的需播量。

适当的播种量可确保在单位面积上保存有适合的幼苗数。播种量低，会降低成坪速度，造成杂草侵袭，严重影响成坪，或增加苗期管理费用。播种量过大会增加成本并因单位面积植株过多而造成病害蔓延。

（2）种子催芽处理

为了缩短出苗前管理时间或为了快速成坪，可进行催芽处理。混播中发芽速度不同的种子在处理时可通过时间的调整，使之达到基本相同的发芽期。

处理方法：可用冷水浸泡1～2昼夜，其间每天换水2～3次，控净水后与3倍于种子体积的纯净细沙均匀混合后，摊开堆积于室内，堆积厚度为10～20cm，每天翻动2次，并保持湿润。一般7～10d有1/5～1/3种子露白后即可播种。

（3）种子消毒

①药液浸种

福尔马林浸种，在播前1～2d，将种子放入0.15%的福尔马林溶液中浸15～30min，取出后密封2h，然后将草种摊开稍加阴干，即可播种；硫酸铜浸种，用0.3%～1.0%的硫酸铜溶液浸种4～6h，取出阴干，即可播种；高锰酸钾浸种，用0.5%高锰酸钾溶液浸种2h，取出后密封半小时，再用清水冲洗数次后，取出阴干，即可播种。

②药物拌种

防治苗期病害，用多菌灵可湿性粉剂拌种，用量为种子重量的0.2%～0.3%，药量少、拌不均匀时，可以增加翻拌时间，或将药先与细土拌匀后再与种子拌匀，为防止药剂对种子根的伤害，浸种吸足水后就拌药，也能起到提早出苗又预防苗期病害的作用。

（4）播种

播种前1～2d要灌足底水。为了保证均匀地播种，可将播种地块区域化，然后将种子按地块面积大小进行分种。

播种可用人工，也可用专用机械进行。主要方法有分种播种、分次播种和纵横交叉播种。其中，纵横交叉播种比较常用。分种播种即将不同的种子按照本品种的实际用量，均匀地播种到坪床内，播完一个品种再播种下一个品种，直到所有品种都播种完成，再进行下一道工序；分次播种是将单一或混合好的品种，分成两次或多次播入坪床内；纵横交叉播种是为了保证播种的均匀度，在实施过程中，无论怎样控制播种量，都可以采用此方法，一次交叉播种相当于两次播种。

播种步骤如下：

①将欲建坪地划分为若干等面积的块或长条；

②把种子按划分的块数分开，计算出各划分区域的种子用量；

③并把种子播在对应的地块（将每份种子分成两份分别十字交叉地播在每个区域，如果种子小还可掺入一些沙土进行播种）。

种子播下后，轻轻耙平（耙齿间距为1～2cm），使种子与表土均匀混合；或进行地表均匀的覆土，耙地深度为0.5～1cm。草坪播种要求种子均匀地覆盖在坪床上，然后覆上0.5cm左右的细沙或沙土。覆土过厚，常常会因种子储藏养分的枯竭而死亡，覆土过浅或不覆土会导致种子流失或因地面干燥不能吸水而不发芽。

（5）镇压

播种后应及时镇压，用滚筒（重100～150kg）进行轻度镇压，以确保种子与土壤的良好接触。但是，在土壤水分过大、过黏的情况下不宜镇压。

（6）覆盖

对于催芽处理后的草种，播种、滚压、覆盖、浇水必须连续进行，以避免露白的种子在阳光下被晒死。覆盖可为种子萌发、生长、发育提供一个更适宜的小环境，覆盖后可抗风保湿，防径流，调节地温，减少水分蒸发，减缓水对种子的冲击力，减少浇水次数，降低建植成本。

覆盖常用材料有：草帘、秸秆、无纺布等。覆盖时不能太厚、太密，要有一定的缝隙，以免影响种子对光、热的吸收。

(7) 浇水

水是种子发芽、出苗生长的必需条件，浇水能促使出苗整齐。快速成坪。因此，初期必须做好水分管理。刚播覆盖后的场地，浇水必须做到喷水均匀，慢慢喷洒，水流不可直击覆盖物。水应湿到地面下 3～5cm，不可漏浇。浇水的水珠不可过大，不可对种子有冲溅，不能影响表土平整。人工浇水要使水向上后成自然落下，有条件的可用雾化管。使用喷雾系统的要注意观察浇水深度。成坪前浇水次数要视天气及土质情况而定，原则是保持覆盖物下的地面湿润，浇水原则是均匀、少量、多次。

8) 覆盖物的揭除

种子发芽整齐，达到 1.5cm 左右时，即可揭去覆盖物。揭去时间要适时，过早、过晚均影响成坪质量。一般应在阴天或晴天的傍晚揭除，不可在上午或正午阳光下进行。揭除后要及时均匀适量洒水。原则为少量多次，以保护幼苗适应新环境。

2. 营养体建植草坪技术

种子播种法建坪成本低，但需时长，初期管理费工费时。而营养繁殖省时，立即见效，因此建立应急草坪、补植及局部修整，可应用营养体建植法。

1) 直接铺栽法

将圃地生长的优良健壮草坪用平板铲铲起，在整平的场地上重新铺植，迅速成坪。直接铺栽法铺植时必须做到压实，使草根与土壤充分接触，并注意水分管理。

2) 分株栽植

将圃地草坪铲起后，将草块根部切、撕开成 2～3cm 大小的草块，按一定的均匀距离，如株距 10cm，行距 12cm，或株距 10cm，行距 15cm，条栽或穴栽于场地。要求整地深度为 35cm，开沟深度 5～10cm。路旁绿化开沟方向应与主道平行，排水不畅时可与主道垂直。一般 $1m^2$ 母草可栽植 $4m^2$。栽后应踏实，浇透水。

草种匍匐性强，分蘖好，场地土质好，管理水平高的场地，$1m^2$ 可分栽成 $6～8m^2$。

营养繁殖要注意随起、随运、随栽，根带的土越多成活越好，但运距长时需增加运费，应综合考虑。

3. 草坪植生带的铺装技术

在铺装前，全面翻耕土地，深耕 20～25cm，并适当施入基肥。打碎土块，搂细耙平，清除残根和石砾，粗整地与直播相同，细致整地要求更精细，压实。

在施工地的边缘，准备好足够的用于覆盖的细土，沙质壤土为好，备土量为每铺 $100m^2$ 的植生带，需 $0.5m^3$ 的细土，应取耕作层以下的生土，以避免在覆盖土中带有杂草种子，绝不能用混有杂草和杂物的土作为覆盖土。

铺前 1～2d，要灌足底水，充分整平。铺装植生带前，在搂细耙平的坪床上，再一次用木板条刮平土壤表面，将草坪植生带自然地平铺在坪上，将植生带拉直，放平，但不要加外力强拉。植生带的接头处，要有适当的重叠，以免出现漏播现象。

在铺好的植生带上，用筛子均匀地筛上事先准备好的细土，细土的覆盖厚度为0.3～0.5cm。

植生带铺装好后，第一次灌溉浇水时，一定要浇透，使植生带完全湿润和湿透。以后每日都要喷水，每次的喷水量以保持铺设地块的土壤湿润为原则，每日喷水次数视土壤温度而定，直至出苗形成草坪。由于植生带上覆盖细土很薄，浇水时最好采用水滴细小的喷水设备喷水，使喷水均匀，喷水的冲力微小。在草坪未出苗前，如因喷水等原因，露出植生带处，要及时补撒细土覆盖。

在斜坡上铺装植生带，要在植生带的接头和边上，用粗铁丝制成反“U”形钉子固定，以免植生带被风刮走。

【思考与练习】

1. 请写出种植草坪的工序。

2. 试作出播种法建植草坪的预算。

3. 播种草坪何时揭草帘？

4. 种植草坪如何浇水？

5. 怎样才能使种植草坪杂草较少？

6. 每组从括号内的品种中选出一种直播 $50m^2$ 草坪，管理到出苗揭除覆盖物（优异、无茅雀麦、白山叶、紫羊茅）。

【技能训练】　草坪的建植

1. 实训目的

通过实训，使学生熟悉种子直播法建坪的方法和过程，掌握用种子直播法建坪的程序；能根据草坪建植的技术要领和质量标准完成草坪建植任务。同时培养学生吃苦耐劳、团结协作的敬业精神。

2. 实训材料

草种：不同种类的草坪草种子，以便学生选用。如早熟禾、高羊茅、紫羊茅、黑麦草等，学生根据设计要求，采用单播或混播等方式建坪。

场地：待建、已整好的 $200m^2$ 左右草坪场地一块。

工具：锄头、铁耙、播种器、平耙、尖齿耙、塑料绳、草帘、滚筒等。

3. 实训内容

（1）精整场地。用平耙搂平场地，达到中间高四周低，平整而细实的要求。

（2）播种。用塑料绳将场地分块，按分块面积和播种量称种撒播。要求每块的种子经2～3次重复播完，力争均匀一致。

（3）覆土。播完后用尖齿耙顺一个方向轻轻翻动表土，或覆一层细土，厚度为0.5cm左右。

（4）镇压。覆土后用滚子或镇压器镇压一遍，使种子与土壤接触紧密。

（5）浇水。第一次要浇足水，以后每天浇水1～2次，保持土壤呈湿润状态至出苗。

（6）覆盖。待第一次浇水后，用草帘覆盖，也可浇水前覆盖。

（7）苗期养护。播种后，学生自行安排养护计划，直至成坪。内容主要包括浇水、除杂草、防病虫、施肥等。

4. 实训要求

（1）实训前一周，教师布置实训任务，学生通过熟悉教材、查阅相关资料、现场调查，小组讨论，教师指导制订具体施工方案。

（2）实训前准备好施工材料及所需用具。

（3）实训中要按照施工方案进行操作。

（4）实训过程中要注意安全，爱护工具。

（5）实训中各组同学要团结合作，吃苦耐劳。

5. 实训报告

实训报告应包括重新修订的草坪建植方案以及建植施工过程中应注意的事项。此外要记录每天的工作日志。

6. 结果评价

训练任务	草坪的建植				
评价类别	评价项目	评价子项目	自我评价20%	小组评价20%	教师评价60%
过程性评价60%	专业能力45%	建坪方案制订能力15%			
		草坪建植的施工过程30%			
	素质能力15%	工作态度7%			
		团队合作8%			
结果评价40%	方案科学性、可行性15%				
	实训报告10%				
	草坪盖度15%				
评分合计					
班级：	姓名：		第　组	总得分：	

任务8　水生植物的栽植施工

【知识点】

1. 掌握水生植物的生态习性；

2. 掌握水生植物栽植前的种植设施要求、土壤准备及栽植技术。

【技能点】

1. 能根据水生植物的特点选择适宜的种植设施；

2. 能根据绿化种植要求，完成水生植物过程，包括土壤准备、栽植。

相关知识

1. 水生植物概述

植物学意义上的水生植物是指常年生活在水中，或在其生命周期内某段时间生活在水中的植物。这类植物体内细胞间隙较大，通气组织比较发达，种子能在水中或沼泽地萌发，在枯水时期它们比任何一种陆生植物都更易死亡。

水生花卉多为宿根草本植物如香蒲、睡莲、水葱、千屈菜、水生鸢尾类、菖蒲、石菖蒲及球根类植物如荷花、慈姑、荸荠等，均为多年生，在气候温暖地区不需每年种植，只需数年后分栽即可。

根据水生植物的生活方式，一般将其分为以下几大类：挺水植物、浮叶植物，漂浮植物和沉水植物。

（1）挺水植物

挺水植物指根或根状茎生于水底泥中，植株茎叶高挺出水面，如香蒲、水葱。

（2）浮叶植物

浮叶植物指根或根状茎生于水底泥中，叶片通常浮于水面，如菱、睡莲。

（3）漂浮植物

漂浮植物指植物根悬浮在水中，植物体漂浮于水面，可随水流四处漂泊，如凤眼莲、浮萍等。

（4）沉水植物

沉水植物指根或根状茎扎生或不扎生于水底泥中，植物体沉没于水中，不露出水面，如水苋菜、红椒草、黑藻等。

2. 水生植物的生态习性

（1）温度

由于水中的环境较陆地上稳定，陆地上温度变化对它们的影响较小，干湿度的影响更谈不上，因此，水生植物对环境和气候反应没有陆生植物那样敏感，许多水生植物种类分布范围也极为广泛。如水生蕨类的满江红和槐叶萍、荇菜、芡实、萍蓬草、睡莲、莲、泽泻、菖蒲、香蒲类、芦苇、菰等在我国南北都有分布。对温度的适应范围较窄，如原产于南美洲的王莲，其生长要求的最适水温介于30～35℃之间，在我国北方地区不能露地越冬。还有些种类，虽然冬季能生存，但地上部分死亡，靠地下器官在冰冻层下越冬。因此，种植设计应全面了解每个种对最适温度的要求以及对极端温度的抗性。

（2）水位

由于不同的水生植物在原生境中处于不同的群落类型，而影响水生植物的群落的主导因子之一就是水位的高低。因此，不同水生植物对水位都有特定的要求。园林中应用的大部分浮水花卉，如睡莲、菱、荇蓬草等适宜的水深为60～100cm。挺水植物通常分布于靠近岸边的浅水处，根据种类不同生长于0～2m水深之中。其中如荷花可生长在60～100cm的水深处，而香蒲等许多挺水花卉可以生长于浅水至湿地，有些甚至在中生环境也可生长，如千屈菜、黄花鸢尾、芦苇等。但是水位过高，该类花卉就会生长不良，甚至死亡。

(3) 水的流速

园林水体有静水、动水之分，大部分水生花卉要求静水或流速缓慢之水，尤其是挺水和浮水花卉。因此，在有喷泉、瀑布等流速较大的水体中要借助种植设施为水生花卉创造适宜的生长环境。

(4) 光照

浮水植物、飘浮植物及绝大多数的挺水植物都属于喜光植物，对光线的竞争比较明显，群落中的优势种往往抑制其他种类的生长；挺水植物中个别种类，如石菖蒲喜阴，鸭舌草可耐半阴环境；沉水植物能吸收射入水中的较微弱的阳光，在光线微弱的情况下也能生长，但它们对水的透明度也相当敏感，浑浊的水对它们吸收阳光较为不利，因此在透明度差的水中分布较浅。

(5) 土壤

大部分水生花卉喜腐殖质丰富的黏质土。挺水类植物对土壤的适应性强，但皆以深厚、肥沃土壤为佳。

3. 水生植物的种植施工

1) 水生植物的种植设施

主要指不同类型水池中，用于美化水面及水际植物材料的种植。这也是水景园最基本的种植内容。

(1) 盆池

与传统庭院中古老的养鱼及种植水生植物的方式类似。可以是木桶、陶瓷或玻璃缸，高度不低于30cm，盆底要放塘泥，多用来种植小型水生植物，如碗莲、荇蓬草。盆池可置于庭院、厅堂、屋顶花园、阳台处，在院中既可独立放置，形似一个小型台池，亦可埋入地下，水面几乎近于地面，与周围植物配置融为一体，如一面照镜落于院中，为那些缺少水景的地方平添几分情趣。冬季搬入室内，种植容易，养护管理简单，是家庭袖珍水景园的很好选择。

(2) 预制式水池

预制式水池的主要材料是玻璃纤维或硬质塑料，有各种形状。施工只需要埋入地下即可。这种池子可以移动，养护管理也非常简单，寿命长，可以用数十年，缺点是尺寸不能太大，而且造型固定。

这种池子一般在制作上都考虑到种植水生植物的需要，边沿常做成不同高度的台阶状，可放置要求不同水深的植物。植物种在带孔的盆或篮中，放置池底及台阶上。也可以在池底放入基质，直接种植。由于规模小，所种植的植物也很少。

(3) 衬池式池塘

即以化工原料制成的柔软耐用且具伸缩性的塑料薄膜作为池衬用以防渗的小型

水池。

挖池时要考虑到种植不同水深的植物，做出台阶。最后在池底铺基质种植，注意基质不可以有尖锐之物。

(4) 混凝土池塘

这是最常见、最经久耐用的池塘，可做成各种形状和尺寸。可以结合驳岸的类型，在池底、池边构筑不同的种植设施，满足不同水生植物的需求。

①在水体边沿种植需要不同水深的植物时，做成各种阶梯状或坡状。

②水池太深而不能满足水生植物需求时，可在池底按要求高度放置金属架或砌筑水泥墩基座，将水生花卉种植于容器再放置于支架或基座上。也可以在池底直接做出混凝土种植池或用粗石料砌筑种植池，局部抬高，种植花卉。

③植物群落是动态演替的，植物之间由于生长势不同，长势强的在生长过程中会逐渐把长势弱的侵吞掉；鱼荷共养时，荷花常常很快占满池塘而致使鱼类失去生存空间，鱼的活动有时也损害水生植物的生长。为防止这种情况的出现，可以在水池底砌筑界墙，将不同植物隔离种植，并将生长势较强的荷花等围起来，上部则用金属网将水生花卉与养鱼区隔离。

2) 生态浮岛——漂浮植物的种植设计

生态浮岛原本是一种污水治理的生态环保措施。针对富营养化的水体，将浮水植物栽植于特定的漂浮体上，利用生态学原理，降低水中的氮、磷及有机物质的含量，抑制藻类植物生长，使水体得到有效改善；同时浮岛还为鸟类等提供栖息场所，浮岛的遮阴效果和涡流效果还为鱼类生存创造良好的条件，在特定区域重建并恢复水生态系统。后来这一技术应用到水面的美化，用于浮岛的材料和造型越来越多样，可以栽植的植物种类也越来越多，逐渐成为美化水体景观的重要措施。

任务实施

1. 栽植场地的确定

湖、塘、水田、缸、盆（碗）都可用于栽植水生花卉。栽植环境要求光照充足，地势平坦，背风向阳。水位应符合每个水生植物的生态环境要求。挺水植物的最深水位不应超过 1.5m，水底土质肥沃，有 20cm 的淤泥层，水位稳定，水流畅通而缓慢。如果人工造园，修挖湖、塘（水生花卉区或水生植物观光旅游景点），也应遵循水生植物的生物学特性，无特殊的要求时，应对每个种及品种修筑单独的水下定植池。

缸、盆的选择应随种类的不同而定，一般缸高 65cm，直径 65～100cm；栽种时容器之间的距离应随植物的生长习性而定，一般株距 20～100cm，行距 150～200cm。

2. 土壤的准备

栽植水生花卉的池塘，最好池底有丰富的腐草烂叶沉积，并为黏质土壤。在新挖掘的池塘栽植时，必须先施入大量的肥料，如堆肥、厩肥等。盆栽用土应以塘泥等富含腐殖质的土壤为宜。北方栽种水生花卉的土壤 pH 值为 7.5～8；南方栽种水生花卉的土壤 pH 值为 5～7。

3. 栽植

（1）栽植槽栽植。在池底砌筑栽植槽，铺上20～30cm厚的种植土，将水生草本花卉栽入土中。

（2）容器栽植（盆、缸栽）。将幼苗栽植在大小适宜的缸、盆内。在缸、盆中加入1/3～1/2深度的泥土，加水施肥搅拌后将种苗栽种在中央，再加适量的水（5～10cm），使植株正常地生长发育，并进行常规管理。盆、缸栽水生花卉，需要翻栽；缸、盆的大小应与植株大小相适应。翻栽前要减少水量，便于倒置。倒置前植物必须挖出，否则会损伤植株的芽，影响其成活率。

【思考与练习】

1. 水生植物的概念？
2. 水生植物的种植设施有哪些？
3. 水生植物的栽植方法？

【技能训练】 荷花的栽植

1. 实训目的

通过实训，使学生掌握水生植物选择的技巧，能依照水生植物的生态习性，完成种植施工过程。包括土壤处理、栽植方法，达到种植技术规范要求，效果良好的目的。同时培养学生吃苦耐劳、团结合作的敬业精神。

2. 实训材料

（1）场地与材料：校园喷水池，荷花；

（2）器材：缸、花盆、肥料、营养土、修枝剪、花铲、铁锹等。

3. 实训内容

（1）制订种植方案：明确植物种类、种植要求及植物环境改良，根据具体地段，选择植物并完成种植过程。

（2）土壤的配制：用土为河泥、塘泥之类，在缸内施入充分腐熟的农家液肥或化肥。

（3）容器的选择：容器以不漏水为第一要求，缸或盆均可，缸直径约60cm左右，深约35cm。

（4）栽植荷花：在缸、盆中加入1/3～1/2深度的泥土，加水施肥搅拌后将种苗栽种在中央，再加适量的水（5～10cm），使植株正常地生长发育，并进行常规管理。

（5）摆放：把容器放置在水池内。

（6）清理场地：施工结束后应及时清理场地，归还工具。

4. 实训要求

（1）实训前要复习水生花卉栽植的基本知识，查找水生花卉的相关标准和规范。

（2）实训中要按照种植施工方案进行操作。

（3）实训过程中要注意安全，爱护工具。

5. 实训报告

实训报告应包括水生植物种植施工方案的内容，以及施工过程中应注意的事项。

6. 结果评价

训练任务	荷花的栽植					
评价类别	评价项目	评价子项目		自我评价 20%	小组评价 20%	教师评价 60%
过程性评价 60%	专业能力 45%	方案制订能力 15%				
		方案实施能力	土壤的准备 15%			
			荷花栽植过程 15%			
	素质能力 15%	工作态度 8%				
		团队合作 7%				
结果评价 40%	方案科学性、可行性 15%					
	实训报告 10%					
	荷花的栽植成果 15%					
评分合计						
班级：	姓名：			第　组	总得分：	

任务9　大树移植施工

【知识点】

1. 了解大树的界定；
2. 了解大树的来源和生长特点；
3. 掌握大树移植的难点及相应的措施；
4. 掌握带土球树的栽植；
5. 掌握树木移植后的管理。

【技能点】

1. 能根据实际情况进行大树移植前的准备工作；
2. 能根据标准完成大树的移植工作；
3. 能依据标准完成大树移植后的养护管理。

相关知识

1. 大树移植在城市园林建设中的作用

随着国民经济的蓬勃发展以及城市建设水平的不断提高，单纯地用小苗移植来绿化城市的方法已经不能满足目前城市建设的需要，特别是重点工程，往往需要在较短时间内就要体现出其绿化美化的效果，因而需要移植相当数量的大树。新建的公园、小游园、饭店、宾馆以及一些重点大工厂等，无不考虑采用移植大树的方法，因为应用大树移植可以在短时间内，使面貌全然改观，尽快地满足人们对环境绿化的要求。

由此看来，大树移植又是城市绿化建设中行之有效的措施之一，随着机械化程度的提高，大树移植将能更好地发挥作用。

一般指胸径在 15～20cm 以上，或树高在 4～6m 以上，或树龄在 20 年以上的树木，在园林工程中均可称之为“大树”。

2. 大树移植成活的技术措施

(1) 大树移植前的准备工作

要根据适地适树原则和生境相似性原理，尽可能选择生长健壮的壮年乡土树种，将生境差异控制在树种适生范围。对拟定的树种、品种和规格，进行实地考察，并就成本核算、带土球难易程度、起挖、运输条件、移植后保证成活的几率等全面论证，力求万无一失。对选定的大树，要按顺序编号、挂卡建档、标定南北向。论证和选树工作宜提前 2～3 个生长期完成。

此外，根据设计图纸和说明所要求的树种规格、树高、冠幅、胸径、树形（需要注明观赏面和原有朝向）、长势等，到郊区或苗圃进行调查，选树并编号。注意选择接近新栽地环境的树木，野生树木主根发达，长势过旺的，不易成活，适应能力也差。

不同类别的树木，移植难易不同。一般灌木比乔木移植容易；落叶树比常绿树容易；扦插繁殖或经多次移植须根发达的树比播种未经移植、直根性和肉质根类树木容易；叶型细小比叶少而大者容易；树龄小比树龄大的容易。

盛夏季节，由于树木的蒸腾量大，此时移植对大树成活不利，在必要时可加大土球，加强修剪、遮阴，尽量减少树木的蒸腾量，也可成活，但费用较高。在北方的雨季和南方的梅雨期，由于空气中的湿度较大，因而有利于移植，可带土球移植一些针叶树种。

大树移植，一般选用乡土树种，特殊情况例外。此外，应选择生长在地形平坦，便于挖掘和包装运输地段的树木。

(2) 大树移植的时间

严格说来，如果掘起的大树带有较大的土球，在移植过程中严格执行操作规程，移植后要注意养护，那么在任何时间都可以进行大树移植。但在实际中，最佳移植时间是早春，因为这时树液开始流动并开始生长、发芽，挖掘时损伤的根系容易愈合和再生，移植后，经过从早春到晚秋的正常生长，树木移植时受伤的部分已复原，给树木顺利越冬创造了有利条件。

我国幅员辽阔，南北气候相差很大，具体的移植时间应视当地的气候条件以及需移植的树种不同而有所选择。

(3) 栽植地状况调查

栽植地的位置、周围环境（与建筑物、架空线、共生树之间的距离等是否对运树有影响）、交通状况、土质、地下水位、地下管线等都应调查清楚。

(4) 制订施工方案

负责施工的单位应根据各方面提供的资料和本单位的实际情况，尽早制订施工方案和计划。其内容包括：总工期、工程进度、断根缩坨时间、栽植时间、采用移植的方法、劳动力、机械、工具和材料的准备、各项技术程序的要求以及应急抢救、安全措施等。

3. 大树移植应注意的问题

在大树移植时，除应做到上面介绍的保证大树移植成活的各项技术措施外，还应该注意以下几个方面的问题：

（1）目前我国园林绿化发展的速度很快，有些苗木供不应求，尤其是大树。在这种情况下，有不法分子不顾国家利益，挖掘山林，破坏植被。我们应汲取以往的教训，绝不能为了眼前利益和个人利益，从山林中挖掘大树，破坏生态环境。

（2）移植大树需要较多的资金，应该根据本地区的经济实力和可能，采用大树移植绿化。不要盲目追求时尚与业绩，不顾现实条件盲目地效仿别人，反而会影响全面绿化工作的进行。

（3）大树移植施工存在危险性。所以，应制定施工安全规章制度，强化施工安全教育和检查力度，绝不可疏忽大意。

（4）移植大树时，对树木不能修剪过重。现在很多地方，为了既保证大树移植成活，又降低运输费用，将树冠全部截去。当然，不带树冠方便运输，又减少蒸腾，但是延迟了大树绿化功能的发挥，失掉了移植大树的实际意义，浪费了苗木和资金。

4. 提高大树移植成活率的措施

（1）ABT 生根粉的使用

采用软材包装移植大树时，可选用 ABT-1、3 号生根粉处理树体根部，可有利于树木在移植和养护过程中损伤根系的快速恢复，促进树体的水分平衡，提高移植成活率达 90.8%以上。掘树时，对直径大于 3cm 的短根伤口喷涂 150mg/LABT-1 生根粉，以促进伤口愈合。修根时，若遇土球掉土过多，可用拌有生根粉的黄泥浆涂刷。

（2）保水剂的使用

主要应用的保水剂为聚丙乙烯酰胺和淀粉接枝型，拌土使用的大多选择 0.5～3mm 粒径的剂型，可节水 50%～70%，只要不翻土，水质不是特别差，保水剂寿命可超过 4 年。保水剂的使用，除提高土壤的通透性，还具有一定的保墒效果，提高树体抗逆性，另外可节肥 30%以上，尤其适合北方以及干旱地区大树移植时使用。使用时，在有效根层干土中加入 0.1%拌匀，再浇透水；或让保水剂吸足水成饱和凝胶，以 10%～15% 比例加入与土拌匀。北方地区大树移植时拌土使用，一般在树冠垂直位置挖 2～4 个坑，长为 1.2m，宽为 0.5m，高为 0.6m，分三层放入保水剂，分层夯实并铺上干草。用量根据树木规格和品种而定，一般用量为每株 150～300g。为提高保水剂的吸水效果，在拌土前先让其吸足水分成饱和凝胶（2.5h 吸足），均匀拌土后再拌肥使用；采用此法，只要有 300mm 的年降雨量，大树移植后可不必再浇水，并可以做到秋水来年春用。

（3）输液促活技术

移植大树时尽管可带土球，但仍然会失去许多吸收根系，而留下的老根再生能力差，新根发生慢，吸收能力难以满足树体生长需要。截枝去叶虽可降低树体水分蒸腾，但当供应（吸收水分）小于消耗（蒸腾水分）时，仍会导致树体脱水死亡。为了维持大树移植后的水分平衡，通常采用外部补水（土壤浇水和树体喷水）的措施，但有时效果并不理想，灌溉方法不当时还易造成渍水烂根。采用向树体内输液给水的方法，即用特定的器械把水分直接输入树体木质部，可确保树体获得及时、必要的水分，从而有效提高大树移植的成活率。

①液体配制

输入的液体主要以水分为主，并可配入微量的植物生长激素和磷钾矿质元素。为了增强水的活性，可以使用磁化水或冷开水，同时每 1kg 水中可溶入 ABT-5 号生根粉 0.1g、磷酸二氢钾 0.5g。生根粉可以激发细胞原生质体的活力，以促进生根；磷钾元素能促进树体生活力的恢复。

②注孔准备

用木工钻在树体的基部钻洞孔数个，孔向朝上与树干呈 30°夹角，深至木质部为度。洞孔数量的多少和孔径的大小应和树体大小和输液插头的直径相匹配。采用树干注射器和喷雾器输液时，需钻输液孔 1～2 个；挂瓶输液时，需钻输液孔洞 2～4 个。输液洞孔的水平分布要均匀，纵向错开，不宜处于同一垂直线方向。

③输液方法

a. 注射器注射。将树干注射器针头拧入输液孔中，把贮液瓶倒挂于高处，拉直输液管，打开开关，液体即可输入，输液结束，拔出针头，用胶布封住孔口。

b. 喷雾器压输。将喷雾器装好配液，喷管头安装锥形空心插头，并把它紧插于输液孔中，拉动手柄打气加压，打开开关即可输液，当手柄打气费力时即可停止输液，并封好孔口。

c. 挂液瓶导输。将装好配液的贮液瓶钉挂在孔洞上方，将输液管插入洞孔中，并调整开关使药液均衡输入树体。

④使用树干注射器和喷雾注射器输液时，其次数和时间应根据树体需水情况而定；挂瓶输液时，可根据需要增加贮液瓶内的配液。当树体抽梢后即可停止输液，并涂浆封死孔口。有冰冻的天气不宜输液，以免树体受冻害。

5. 移植大树工作的组织管理

为了确保大树移植工作的顺利进行，必须做好施工的组织管理。要制订施工作业计划，制订工程进度表，进行施工组织设计；对需要移植的树木，应根据有关规定办好所有权的转移及必要的手续；对所移植树木生长地的四周环境、土质情况、地上障碍物、地下设施、交通路线等进行详细了解；根据所移植树木的品种和施工的条件，制订具体移植的技术和安全措施，做好施工所需工具、材料、机械设备，转移的准备工作。施工前请交通、市政、公用、电信等有关部门到现场，配合排除施工障碍并办理必要手续。

6. 大树移植的新方法

近年来在国内正发展一种新型的植树机械，名为树木移植机，又名树铲，主要用来移植带土球的树木，可以连续完成挖栽植坑、起树、运输、栽植等全部移植作业。

树木移植机分自行式和牵引式两类，目前各国大量发展的都为自行式树木移植机，它由车辆底盘和工作装置两大部分组成。车辆底盘一般都是选择现成的汽车、拖拉机或装载机等，稍加改装而成，然后再在上面安装工作装置，包括铲树机、升降机、倾斜机和液压支腿四部分。

目前我国主要发展三种类型移植机，即能挖土球直径160cm的大型机，一般用于城市园林部门移植径级16～20cm以下的大树；挖土球直径100cm的中型机，主要用于移植径级10～12cm以下的树木，可用于城市园林部门、果园、苗圃等处；能挖60cm土球的小型机，主要用于苗圃、果园、林场、橡胶园等移植径级6cm左右的大苗。

树木移植机的主要优点是：生产率高，一般能比人工提高5～6倍以上，而成本可下降50%以上，树木径级越大效果越显著；成活率高，几乎可达100%；可适当延长移植的作业季节，不仅春季，而且夏天雨季和秋季移植时成活率也很高，即使冬季在南方也能移植；能适应城市的复杂土壤条件，在石块、瓦砾较多的地方也能作业；减轻了工人劳动强度，提高了作业的安全性。

任务实施

1. 大树移植前的断根处理

为了保证大树成活，移植前必须做好对目标树的断根缩坨和截冠处理等。常采用预先断根、根部环剥等办法，提早对根部进行处理，以促进树木须根生长。

(1) 预先断根法（回根法）

适用于一些野生大树或一些具有较高观赏价值的树木的移植，一般是在移植前1～3年的春季或秋季，以树干为中心，以2.5～3倍胸径为半径或较小于移植时土球尺寸为半径画一个圆或方形，再在相对的两面向外挖30～50cm宽的沟（其深度则视根系分布而定，一般为60～100cm），对较粗的根应用锋利的锯或剪齐平内壁切断，然后用沃土（最好是沙壤土或壤土）填平，分层踩实，定期浇水，这样便会在沟中长出许多须根。到第二年的春季或秋季再以同样的方法挖掘另外相对的两面，到第三年时，在四周沟中均长满了须根，这时便可移走。挖掘时应从沟的外缘开挖，断根的时间可根据各地气候条件有所不同。

(2) 根部环状剥皮法

同上法挖沟，但不切断大根，而采取环状剥皮方法，剥皮的宽度为10～15cm，这样也能促进须根的生长，这种方法由于大根未断，树身稳固，可不加支柱。遇见细根时切断，粗根进行环状剥皮，使之仍有吸收能力，而养分不再下传，隔年再以相同方法对相邻两侧进行断根处理。在规定时间里，断根越早越好，但不能散坨。若需截干的大树，通常在主干2～3m处选择3～5个主枝，在距主干50～60cm处锯断，并立即用草木灰处理伤口，并用塑料薄膜扎好断口，以减少水分蒸发和防止病菌侵染。其余的侧枝、小枝一律在萌芽处锯掉，同样用草木灰处理伤口和包扎。

2. 大树的修剪

为了做到根冠水分代谢平衡，在移植前要修剪树冠。修剪的程度要根据根群生长的情况及树种而定，一般来说，野生较半野生大树的须根少，所以野生较半野生树木修剪量大；落叶树较常绿树蒸发量大，修剪应重。此外，萌芽力强，生长快的树木可重剪，如槐树、悬铃木；萌芽力弱、生长较慢的树木需轻剪，如马尾松。修剪时，一定要保持所要求的树形，不可随心所欲，任意修剪。栽完后还要进行树冠的复剪工作，因为在栽前的修剪一般是起树前或将树放倒后进行的，起树前进行修剪往往不能很好地考虑到新栽植地的立地条件的要求；树放倒后修剪一来看不准，二来看不全面，所以栽完后必须根据新栽植地周围环境进行复剪。

修剪是大树移植过程中，对地上部分进行处理的主要措施。修剪枝叶是修剪的主要方式，凡病枯枝、过密交叉徒长枝、干扰枝均应剪去。修剪量与移植季节、根系情况有关。除修剪枝叶的方法外，有时也采用摘叶、摘心、摘果、摘花、除芽、去蘖和刻伤、环状剥皮等措施。

3. 编号定向

编号是当移植成批的大树时，为使施工有计划地顺利进行，可把栽植坑及要移植的大树均编上一一对应的号码，使其移植时可对号入座，以减少现场混乱及事故。

定向是在树干上标出南北方向，使其在移植时仍能保持它按原方位栽下，以满足它对庇荫及阳光的要求。

4. 清理现场及安排运输路线

在起树前，应把树干周围 2～3m 以内的碎石、瓦砾堆、灌木丛及其他障碍物清除干净，并将地面大致整平，为顺利移植大树创造条件。然后按树木移植的先后次序，合理安排运输路线，以使每棵树都能顺利运出。

5. 大树移植的方法

当前常用的大树移植挖掘和包装方法主要有以下几种：

软材包装移植法：适用于挖掘圆形土球，树木胸径 10～15cm 或稍大一些的常绿乔木。

木箱包装移植法：适用于挖掘方形土台，树木的胸径 15～25cm 的常绿乔木。

移树机移植法：在国内外已经生产出专门移植大树的移植机，适宜移植胸径 25cm 以下的乔木。

冻土移植法：在我国北方寒冷地区较多采用。

下面将软材包装和木箱包装移植法作一简单介绍，其余方法大体相似。

1）软材包装移植法

（1）土球大小的确定

树木选好后，可根据树木胸径的大小来确定挖土球的直径和高度，一般来说，土球直径为树木胸径的 7～10 倍，土球过大，容易散球且会增加运输困难；土球过小，又会伤害过多的根系，影响成活。所以土球的大小还应考虑树种的不同以及当地的土壤条件，最好是往现场试挖一株，观察根系分布情况，再确定土球大小。

（2）土球的挖掘

挖掘前，先用草绳将树冠围拢，其松紧程度以不折断树枝又不影响操作为宜，然后铲除树干周围的浮土，以树干为中心，比规定的土球大 3～5cm 画一圆，并顺着此圆圈往外挖沟，沟宽 60～80cm，深度以到土球所要求的高度为止。

（3）土球的修整

修整土球要用锋利的铁锹，遇到较粗的树根时，应用锯或剪将根切断，不要用铁锹硬扎，以防土球松散。当土球修整到 1/2 深度时，可逐步向里收底，直到缩小到土球直径的 1/3 为止，然后将土球表面修整平滑，下部修一小平底，土球就算挖好了。

（4）包扎

包扎是移植大树过程中保证树木成活的一个重要措施之一，包扎分树身包扎和根部包扎两部分。

①树身包扎

树身包扎可缩小树冠体积，有利于搬运，同时还有避免损伤枝干和树皮的作用。一般使用 1.5cm 的粗草绳，先将比较粗的树枝绑在树干上，再用草绳横向分层捆住整个树身枝叶，然后用草绳纵向连牢已经捆好的横圈，使枝叶不再展开，因而缩小了体积。最后还要将树干基部用稻草和草绳包扎，以保护根颈。包扎树身时，尽量注意不要折断枝叶，以免损坏树形的姿态。树木栽完后，要将树身包扎的材料去掉。

②根部包扎

土球修好后，应立即用草绳打上腰箍，腰箍的宽度一般为 20cm 左右，然后用蒲包或蒲包片将土球包严，并用草绳将腰部捆好，以防蒲包脱落，然后即可打花箍：将双股草绳一头拴在树干上，然后将草绳绕过土球底部，顺序拉紧捆牢，草绳的间隔在 8～10cm，土质不好的，还可以密些。花箍打好后，在土球外面结成网状，最后再在土球的腰部密捆 10 道左右的草绳，并在腰箍上打成花扣，以免草绳脱落。

土球打好后，将树推倒，用蒲包将底堵严，用草绳捆好，土球的包装就完成了。在我国南方，一般土质较黏重，故在包装土球时，往往省去蒲包或蒲包片，而直接用草绳包装，常用的有橘子包（其包装方法大体如前）、井字包等。

橘子包：凡是珍贵树种或 2t 以上的树木，且土质较疏松，搬运距离又较远，宜采用此方法。目前移植大树规格都很大，所以多采用双轴橘子包（图 1-6）。

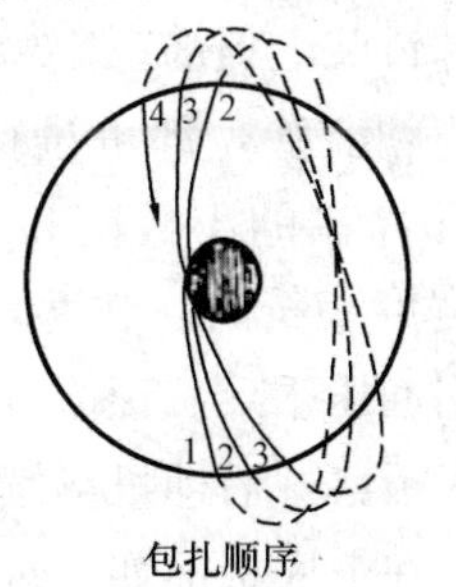

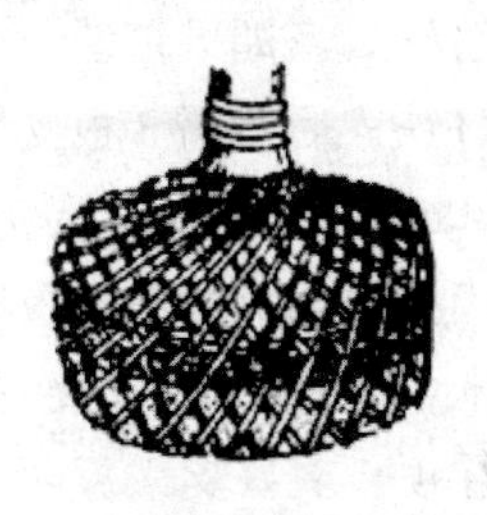

图 1-6　双轴橘子包扎示意

井字包：凡是落叶树或 2t 以下的常绿树，运输距离又较近，土质坚硬，均可采用此方法（图 1-7）。

2）木箱包装移植法

树木胸径超过 15cm，土球直径超过 1.3m 以上的大树，由于土球体积、重量较大，如用软材包装移植时，较难保证安全吊运，宜采用木箱包装移植法。这种方法一般用来移植胸径达 15～25cm 的大树，少量的用于胸径 30cm 以上的，其土台规格可达 2.2m×2.2m×0.8m，土方量为 $2.3m^3$。在北京曾成功地移植过个别的桧柏，其土台规格达到 3m×3m×1m，大树移植后，生长良好。

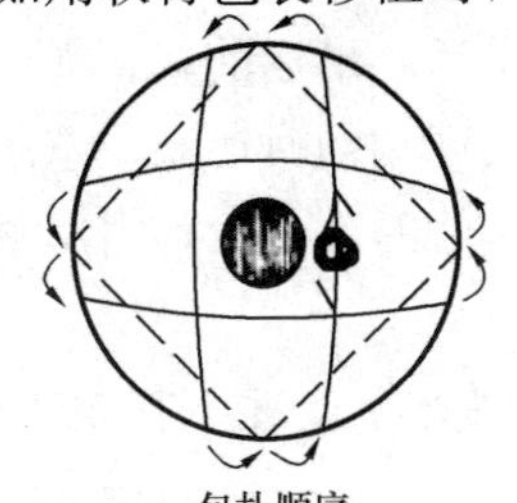

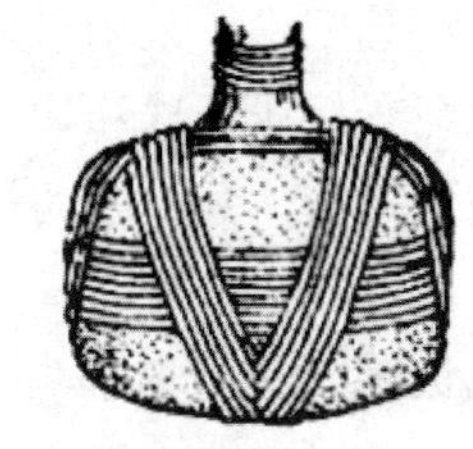

图 1-7　“井”字式包括法示意

木箱包装移植法与软包包装移植法基

本相似，有以下两点不同：

（1）移植前的准备

移植前首先要准备好包装用的板材：箱板、底板和上板。掘苗前应将树干四周地表的浮土铲除，然后根据树木的大小决定挖掘土台的规格，一般可按树木胸径的7～10倍作为土台的规格。

（2）包装

包装移植前，以树干为中心，比规定的土台尺寸大10cm，画一正方形作土台的雏形，从土台往外开沟挖掘，沟宽60～80cm，以便于人下沟操作。挖到土台深度后，将四壁修理平整，使土台每边较箱板长5cm。修整时，注意使土台侧壁中间略突出，以使上完箱板后，箱板能紧贴土台。土台修好后，应立即安装箱板。

安装箱板时，先将箱板沿土台的四壁放好，使每块箱板中心对准树干，箱板上边略低于土台1～2cm作为吊运时的下沉系数。在安放箱板时，两块箱板的端部在土台的角上要相互错开，可露出土台一部分，再用蒲包片将土台包好，两头压在箱板下，然后在木箱的上下套好两道钢丝绳。每根钢丝绳的两头装好紧线器，两个紧线器要装在两个相反方向的箱板中央带上，以便收紧时受力均匀。

紧线器在收紧时，必须两边同时进行，箱板被收紧后可在四角上钉上铁底板，全部钉好后，即可钉装上板，钉装上板前，土台应满铺一层蒲包片。上板铁皮8～10道，钉好铁皮后，用3根支架将树支稳，即可进行掏底。掏挖时，首先在沟内沿着箱板下挖30cm，将沟清理干净，用特制的小板镐和小平铲在相对的两边同时掏挖土台的下部。当掏挖的宽度与底板的宽度相符时，在两边装上底板。在上底板前，应预先顶在箱板上，垫好木墩，另一头用油压千斤顶顶起，使底板与土台底部紧贴。钉好铁皮，撤下千斤顶，支好支墩。两边底板钉好后即可继续向内掏底。要注意每次掏挖的宽度应与底板的宽度一致，不可多掏。在上底板前如发现底土有脱落或松动，要用蒲包等物填塞好后再装底板。底板之间的距离一般为10～15cm，如土质疏松，可适当加密。

底板全部钉好后，即可钉装上板，钉装上板前，土台应铺满一层蒲包片。上板一般2块到4块，其方向应与底板成垂直交叉，如需多次吊运，上板应钉成井字形。

6. 大树的吊运

大树的吊运工作也是大树移植中的重要环节之一。吊运的成功与否，直接影响到树木的成活、施工的质量以及树形的美观等。现在一般起吊和运输大树都是用起重机和汽车。大树装车前，首先考虑起吊机和装运车辆的承受能力必须超过树木和土球重量的一倍。

为了确保安全，还要考虑起吊角度和距离等因素。采用机械吊运，吊运前，在绳子与土球接触的部位一定要先上好垫板，以免绳子挤压土球和切裂土球。同时还要注意吊装时绳子不要摩擦树皮。搬运过程中注意勿伤树体，凡与车厢板接触的部分，均需用草帘垫好，以免磨损枝干。

大树若长途运输时，车上应配有跟车人员随时进行养护。同时开车速度不宜太快，并要注意上空的电线、两旁的树木及房屋建筑，以免造成事故。

由于园林环境比较复杂，有时在封闭的空间或是在庭院，机械不能进去，只好用人力。如果用人力装车，首先是将土球出坑，可在坑的一边修成缓坡码道，然后将树缓缓放倒，将土球推滚出坑外；或在左右滚动土球时，用土逐渐垫于坑底的办法，将土球推出坑。

树木装进汽车时，使树冠向着汽车尾部，土球靠近司机室，树干包上柔软材料放在木架或竹架上，用软绳扎紧，土球下垫一块木衬垫，然后用木板将土球夹住或用绳子将土球缚紧于车厢两侧。通常一辆汽车只装一株树，在运输前，应先进行行车道路的调查，以免中途遇故障无法通过，行车路线一般都是城市划定的运输路线，应了解其路面宽度、路面质量、横架空线、桥梁及其负荷情况、人流量等等，行车过程中押运员应站在车厢尾一面检查运输途中土球绑扎是否松动、树冠是否扫地、左右是否影响其他车辆及行人，同时要手持长竿，不时挑开横架空线，以免发生危险。

7. 大树的定植

大树的栽植技术与一般树木的栽植技术基本相同，但不同的是大树重量大不易移动。所以树运到后，首先检查栽植坑是否合适，如果坑小要立即扩坑，如果坑深要填土。同时还要根据树木哪一面好看和原来的朝向（事先做好标记），进行调整方向，方可使树进坑。土球进坑后，应将包扎物拆除。然后填土，填土至穴一半时，用木夯将土球周围夯实，再填土直到穴满为止，再夯实。

（1）定植的准备工作

在定植前应首先进行场地的清理和平整，然后按照设计图纸的要求进行定点放线，在挖移植坑时，要注意坑的大小应根据树种及根系情况、土质情况等而有所区别，一般应在四周加大 30～40cm，深度应比木箱加 20cm，土坑要求上下一致，坑壁直而光滑，坑底要平整，中间堆一个 20cm 的土埂。由于城市广场及道路的土质一般混有建筑垃圾砖瓦石砾，对树木的生长极为不利，因此必须进行换土和适当施肥，以保证大树的成活和有良好的生长条件，换土是用 1∶1 的泥土和黄沙混合均匀施入坑内。

用土量=（树坑容积−土球体积）×1.3（多 30%的土是备夯实土之需）

（2）卸车

树木运到工地后要及时用起重机卸放，一般都卸放在定植坑旁，若暂时不能栽下的则应放置在不妨碍其他工作进行的地方。

卸车时用大钢丝绳从土球下两块垫木中间穿过，两边长度相等，将绳头挂于吊车钩上，为使树干保持平衡可在树干分枝点下方拴一大麻绳，拴绳处可衬垫草，以防擦伤。大麻绳另一端挂在吊车钩上。这样就可以把树平衡吊起，土球离开车后，迅速将汽车开走，以免发生意外，然后移动吊杆把土球降至事先选好的位置。需要放在移植坑时，应由人掌握好定植方向，应考虑树姿和附近环境的配合，并应尽量地符合原来的朝向。

（3）定植

当树木栽植方向确定后，立即在坑内垫一土台或土埂，若树干不和地面垂直，则可按要求把土台修成一定坡度，使栽后树干垂直于地面。当落地前，迅速拆去中间底板或包装蒲包，放于土台上，并调整位置。在土球下填土压实，并起边板，填土压实，如坑深在 40cm 以上，应在夯实 1/2 时，浇足水，等水全部渗入土中再继续填土。

由于移植时大树根系会受到不同程度损伤，为促其增生新根，恢复生长，可适当使用生长素。

在树干周围的地面上，也要做出拦水围堰。最后要灌一次透水。

8. 定植后的养护

(1) 定期检查

主要是了解树木的生长发育情况，并对检查出的问题，如病虫害、生长不良等要及时采取补救措施。

(2) 立支柱

大树栽完后必须及时立支柱，预防歪斜。大树栽植时立支柱的形式多种多样，材料也不一，有的用木棍、竹竿等，现在也有的用金属做的牵索（效果很好）。目前采用最多的是正三角撑最有利于树体固定，支撑点树体高度2/3处为好，支柱根部应入土中50cm以上，方能坚固稳定。井字四角撑，具有较好的景观效果，因此是经常使用的支撑方法。

不管采用哪种形式，哪种材料都必须结实、安全、统一，同时其形状和颜色及采用支柱的粗细，应与周围环境协调，不可有损景观效果。最好在树干与支柱接触处垫一块麻袋片或棕皮，以免磨损树皮。此时应松开树下部枝的包扎，并且进行复剪。

(3) 筑堰灌水

新移植大树，根系吸水功能减弱，对土壤水分需求量较小。因此，只要保持土壤适当湿润即可。土壤含水量过大，反而会影响土壤的透气性能，抑制根系的呼吸，对发根不利，严重的会导致烂根死亡。为此，一方面，要严格控制土壤浇水量。定植水采取小水慢浇方法，第一次定植水浇透后，间隔2～3d后浇第二次水，隔一周后浇第三次水，再后应视天气情况、土壤质地，检查分析，谨慎浇水。但夏季必须保证每10～15d浇一次水。另一方面，要防止树池积水，种植时留下的围堰，在第三次浇水后即应填平并略高于周围地面；在地势低洼易积水处，要开排水沟，保证雨天能及时排水。再有，要保持适宜的地下水位高度（一般要求1.5m以下），在地下水位较高处，要做网沟排水，汛期水位上涨时，可在根系外围挖深井，用水泵将地下水排至场外，严防淹根。

(4) 施肥

移植后的大树为防止早衰和枯黄，以至于遭到病虫害的侵袭，移植后第一年秋天，就应当施一次追肥。可结合树冠水分管理，每隔20～30d用100mg/L的尿素和150mg/L的磷酸二氢钾喷洒叶面，有利于维持树体养分平衡。第二年早春和秋季，也至少要施肥2～3次。

(5) 裹干

为防止树体水分蒸腾过大，可用草绳等软材将树干全部包裹至一级分枝。也可用薄膜裹干，在树体休眠阶段使用，效果较好，但在树体萌芽前应及时解除。每天早晚对树冠喷水一次，喷水时只要叶片和草绳湿润即可，水滴要细，喷水时间不可过长，以免造成根际土壤过湿，而影响根系呼吸、新根再生。

(6) 促进生根

对珍贵和生长势弱的树木，可用生长激素处理，以促进发生新根，提高成活率。具体做法是：在起挖削平土球后，立即用水溶性的生长激素涂抹所有断根。如果有条件，栽完后最好再用生长激素的水溶液进行灌溉。通常用的生长激素有 2，4-D 或 ABT-3 号生根粉，浓度为 0.001%。

（7）搭棚遮阴

生长季移植，应搭建荫棚，防止树冠经受过于强烈的日晒影响，减少树体蒸腾强度。特别是在成行、成片移植，密度较大时，宜搭建大棚，省材而方便。全冠搭建时，要求荫棚上方及四周与树冠间保持 50cm 的间距，以利棚内空气流通，防止树冠日灼危害。遮阴度为 70%左右，让树体接受一定的散射光，以保证树体光合作用的进行。

（8）树体防护

新植大树的枝梢、根系萌发迟，年生长周期短，养分积累少，组织发育不充实，易受低温危害，应做好防冻保温工作。首先，入秋后要控制氮肥、增施磷钾肥，并逐步撤除荫棚，延长光照时间，提高光照强度，以提高枝干的木质化程度，增强自身抗寒能力。第二，在入冬寒潮来临之前，做好树体保温工作，可采取覆土、裹干、设立风障等方法加以保护。

（9）移植后病虫害的防治

树木通过锯截、移植，伤口多，萌芽的树叶嫩，树体的抵抗力弱，容易遭受病害、虫害，如不注意防范，造成虫灾或树木染病后可能会迅速死亡，所以要加强预防。可用多菌灵或托布津、敌杀死等农药混合喷施。分 4 月、7 月、9 月三个阶段，每个阶段连续喷三次药，每星期一次，正常情况下可达到防治的目的。

此外，在人流比较集中或其他易受人为、禽畜破坏的区域，要做好宣传、教育工作，并设置围栏等加以保护。

【思考与练习】

1. 大树的特点有哪些？
2. 大树移植前需要进行哪些准备工作？
3. 软包法移植大树的包扎方法有哪些？
4. 大树移植的过程中需要注意的事项有哪些？

【技能训练】　大树移植

1. 实训目的

通过实训，使学生学会带土球的大树起苗技术，能按规范进行大树的移植，做好移植后的养护工作。同时培养学生吃苦耐劳、团结协作的敬业精神。

2. 实训材料

植物材料：胸径为 20cm 的落叶乔木若干株。

工具：铁锹、铁锨、锄头、修枝剪、皮尺、草绳、木桩、浇水工具等。

3. 实训内容

（1）制订移植方案。能根据大树种类、生长习性以及园林用途的需要，制订大树移植的技术方案。

（2）确定土球直径。以苗木 1.3m 处胸径的 8～10 倍，确定土球的大小。

（3）树冠修剪与拢冠。根据树种的习性进行修剪，落叶树种可以保持树冠外形，进行适当强剪；常绿阔叶树种可保持树形，适当疏枝和摘去部分叶片，然后用草绳将树冠拢起，捆扎好，便于装运。

（4）挖掘、修剪。根据土球大小，先铲除苗木根系周围的表土，以见到须根为度，顺次挖去规格周围之外的土壤，挖土球深度为土球直径的 2/3。

（5）包装。用草绳包扎土球。先扎腰绳，1 人扎绳，2 人扶树，2 人传递草绳，再扎竖绳，包扎好后铲断主根，将带土球的苗木提出坑外。

（6）装运。装车时，1 人扶住树干，4 人用木棒放在根颈处抬上车，使树梢朝后，上车后只能平移，不要滚动土球。装车时，土球要相互紧靠，各层之间错位排列。

（7）挖栽植穴。栽植穴比土球宽 40～60cm，做到穴壁垂直，表土和心土分开堆放。

（8）栽植。按设计要求，将带土球的大树放入栽植穴中。应先剪除土球外包装材料。将苗木扶正，再进行回填土。当回填土达到土球深度的 1/2 时，用木棒在土球外围夯实，注意不要敲打在土球上。继续回填土，直至与地面相平。

（9）栽后管理。

①支撑。正三角撑，支撑点在树体高度的 2/3 处，支柱根部应入土中 50cm 以上。

②裹干。用草绳等软材将树干全部包裹至一级分枝。

③浇水。栽植后完成第一遍浇透水，进行移植的养护管理。

4. 实训要求

（1）实训前要复习园林树木栽植的基本知识，查找大树移植的相关标准和规范。

（2）实训中要按照施工方案进行操作。

（3）实训过程中要注意安全，爱护工具。

5. 实训报告

实训报告应阐述大树移植的全过程以及需要注意的事项。

6. 结果评价

训练任务	大树移植				
评价类别	评价项目	评价子项目	自我评价 20%	小组评价 20%	教师评价 60%
过程性评价 60%	专业能力 45%	大树选择 15%			
		方案确定 15%			
		移植技术 15%			
	素质能力 15%	工作态度 8%			
		团队合作 7%			
结果评价 40%	实训报告 15%				
	移植成活的结果 25%				
评分合计					
班级：	姓名：		第　组	总得分：	

项目二　园林绿地的养护

【内容提要】

园林绿地的养护管理工作，在城市绿化中占据十分重要的地位。养护好坏关系到绿化美化的成果，关系到发展和扩大设计景观的效果。一个成功的园林绿化工程其实就是一个不间断的细心周到的工程养护的过程，即所谓的“三分种七分养”。园林绿地的养护就是根据园林植物的生态习性，对植物采取土壤管理、灌溉、施肥、防治病虫、防寒、中耕除草、修剪等技术措施，同时对园林植物进行看管、巡查、维护、保洁、宣传爱护等园务性工作。

本项目主要包括园林树木土肥水管理、园林树木整形修剪、园林树木病虫害防治、园林树木树体保护及灾害预防、草坪养护、花卉及地被植物养护、垂直绿化植物养护、水生花卉养护、古树名木养护共九个任务。

任务1　园林树木土肥水管理

【知识点】

1. 了解园林绿地土壤的特点；
2. 掌握中耕除草的技术要求；
3. 掌握确定施肥用量的方法；
4. 掌握合理施肥的原则；
5. 熟悉肥料的种类和性质；
6. 掌握灌水排水的原则。

【技能点】

1. 能制订可实施的园林植物日常养护管理方案；
2. 能根据实际情况调整方案，使之更符合生产实际；
3. 能根据养护管理方案进行合理土壤管理、施肥、排水、灌水等实际操作。

相关知识

1. 园林绿地的土壤管理

1）园林绿地土壤的特点

园林绿地土壤是指绿地植被覆盖下的土壤，又指园林绿化部门或绿化经营者的经营活动所涉及的土壤。园林绿地土壤有以下几个特点：

（1）自然土壤层次紊乱

频繁的建筑活动和其他施工活动，使大部分城市绿地土壤的原土层被强烈搅动。土壤被挖出后，上层的熟化表土和下层的生土或僵土无规律地混合，打乱了土壤的自然层次。僵土或生土不适宜植物生长。

（2）土壤中外来侵入体多

城市绿地的土壤常常都被翻动，土体中填充进建筑渣料和垃圾，或是混入生土、僵土，使土壤成分异常复杂。砖瓦、石砾、煤灰渣、玻璃、塑料、石灰、水泥、沥青混凝土等各种侵入体一般都很多，且在土体中分布无规律。

（3）土壤物理性状差

由于底土混入、机械压实和行人践踏等原因，城市绿地土壤大都结构性很差，表层容重偏高，渗水、透气和扎根性能都不好。另外，不透气的铺装也极大地阻碍了土壤的通透性，这对树木影响尤甚。

（4）土壤中有机质和养分缺乏

由于强烈的人为搅动，富含有机质的表土在城市绿地土壤中大都不复存在。取而代之的往往是混杂的底土或生土，其中的有机质和养分含量一般都很低。另外，城市绿地土壤上的凋落物，大部分被随时清除，很少回到土壤中，土壤和植物间的养分循环被切断，这样年复一年就更加使绿地土壤的有机质和养分趋于枯竭。土中的有机质常常低于1%。不但土壤养分缺乏，也导致土壤物理性质恶化。

（5）土壤污染严重

城市人为活动所产生的洗衣水、油脂、除雪剂等物质进入土壤中，超过土壤自净能力，造成土壤污染。

2）城市绿地土壤改良的措施

（1）土壤质地改良

①黏重土壤改良

对黏重土壤，掺沙子或沙土是根本的改良方法，一般使用当地的沙质土壤或河沙，河沙直径0.05～0.1mm为佳。对于长期不动的土壤，可一次性施入，树穴挖好后可将原土与沙以适当比例混匀，然后栽植、填穴。对于苗圃、花圃等可分次逐年改良。将沙土材料平铺于土壤表面，然后在土壤水分状况适宜的条件下多次耕（翻）、耙，使之均匀混入原土壤中。

②沙质土壤改良

改良沙质土壤根本办法是掺黏土或河泥、塘泥等，也可掺壤质土或有机肥。其方法同黏重土改良。

（2）土壤酸碱性改良

①酸性土壤改良

调节土壤酸性最常用的是石灰，主要石灰品种为生石灰（CaO）和石灰石粉（$CaCO_3$）两类。将生石灰均匀混入整个根层深度的土壤或树穴。石灰在土壤中移动性较差，且中和酸性较慢，即使在温暖、湿润的季节，潮湿土壤仍需几星期甚至几个月时间才能使石灰充分作用。

②碱性土壤改良

碱性土壤改良，通常施用石膏（$CaSO_4$）以中和土壤的碱性盐（如 $NaCO_3$），结合灌水使之淋洗。在碱性土壤上注意多施用酸性或生理酸性肥料，对控制碱害也很重要。

（3）换客土

当地块的绿化价值很高，而现有的土质又太差时，以致改良困难或工期不能等待，则可以进行全面或局部换土。需要换土的情况主要有建筑垃圾含量过多、土壤严重污染等。树穴填土（植树）亦要分层适当踏实，留下少量余土，待充分沉实后填平。

（4）保持土壤疏松，增加土壤通气性

城市绿地为避免人踩车轧，可在绿地外围设置铁栏杆、篱笆或绿篱进行封闭式管理；行人道的周围地面，采用透气、透水铺装，或铺设草坪砖。

（5）植物凋落物归还土壤，熟化土层

归还土壤的植物凋落物，在微生物的作用下，通过有机质的矿质化和腐殖化作用，增加了土壤中的矿质养分和有机质含量，改变了土壤结构性，在提高土壤保水、保肥性能的同时，也改善了土壤的通气透水性能。但应注意为防止病虫害对植物的侵染，最好将凋落物制成高温堆肥，杀死病菌、虫卵后再施入土壤中。

（6）加强水湿地的排水

对地下水位高的绿地，应加强排水管理，或局部抬高地形，采用台地式种植。在土壤过于黏重而易积水的地区，可挖暗井或盲沟，并与透水层相通，或埋设盲管与市政排水相通。

（7）防止除雪剂对土壤和园林植物的危害

在北方城市地区，冬季常使用除雪剂来消除路面上的积雪和结冰，进入土壤的除雪剂会使土壤受到严重污染，从而导致园林植物受害。

对于除雪剂对园林植物的危害，目前还没有理想的解决方法。应该严格规范除雪剂的使用数量、范围和时间，合理施用，避免施撒不均或过量现象的发生。为了避免植物与除雪剂的接触，禁止含有除雪剂的残雪堆积在树坑中，提高绿化带的防护，防止除雪剂进入绿化带，这些都可减少氯盐类除雪剂对植物产生危害。春季对绿地可进行浇水洗盐，减轻表土盐分的积累。使用新型不含氯盐的除雪剂。此外，改善行道树土壤的通气性和水分供应以及增施硝态氮、磷、钾、锰和硼等肥料，都有利于淋溶和减少植物对氯化钠的吸收而减轻危害。

3）松土除草

松土的作用在于疏松表土，切断表层与底层土壤的毛细管联系，以减少土壤水分的蒸发，同时也可改善土壤的通气性，加速有机质的分解和转化，从而提高土壤的综合营养水平，有利于树木的生长。

除草的目的是排除杂草、灌木等对园林植物水、肥、气、热、光的竞争，避免杂草、灌木、蔓藤对树木的危害。杂草生命力强，根系盘结，与树木争夺水肥，阻碍树木的生长；藤本植物的攀缘缠绕，不仅扰乱树形，而且可能绞杀树木。杂草的蒸腾量大，尤其在生长旺盛的季节，由于它们大量耗水，致使树木（特别是幼树）生长量明显下降。

两者一般同时进行，在植物生长期内，一般要见草就除，既除草又松土，这样效果较好。

（1）除草的技术要求

松土除草作业一般在4～9月份进行，长达半年之久，约耗费全年总用工的20%～30%。夏季杂草旺盛季节所耗用工力达到本季绿化养护用工的50%以上，在日常管理中是一项重点工作内容，为了提高作业效率，总结了六个字——“除早、除小、除了”。除早是指除草工作要早安排、提前安排，只有安排并解决了杂草问题之后，其他作业如施肥、灌水等才有条件进行。除小是指清除杂草从小草开始就动手，不能任其长大、形成了危害才动手，那时既造成了苗木损失，又增大了作业工作量。除了是指清除杂草要清除干净、彻底，不留尾巴，不留死角，不留后患，如果一次作业不彻底，用不了几天，又会卷土重来，浪费了时间和工力。

（2）化学除草

应用化学除草剂清除杂草，是一项多、快、好、省的除草办法，它可节省劳动力，降低除草成本，提高劳动生产率。杂草根系强大，生长迅速，有强大的生命力。一株杂草的结实量由几百粒到几十万粒，繁殖和传播能力很强，有的杂草的地下茎在土壤中穿透力极强，很难人工彻底清除。用化学除草剂除草能起到很好的效果。因此，化学除草在国内外的应用越来越普遍。

推荐的园林生产上使用的除草剂有十几种以上。例如草甘膦、百草枯等。使用除草剂的注意事项：

①在无风晴天露水干后施用（喷粉法除外），且至少半天无雨。

②在规定面积上将药液施完，喷洒要均匀周到，速度适当，避免重喷和漏喷。

③除利用生理和形态解剖上的差异除草外，不能将除草剂施在苗上。

④操作人员必须戴手套、口罩，防止药剂接触皮肤、口腔，喷完后要洗手洗澡。

⑤使用除草剂，特别是除草剂混用时一定要谨慎，要经过试验后方可推广。

2. 园林绿地的施肥管理

1）园林绿地施肥的原则

不同的植物或同一植物在不同生长发育阶段，对营养元素的要求不同，对肥料的种类、数量和施肥的方式要求也就不相同。

为客观指导园林绿地的养分管理，更好地发挥肥效，避免出现肥害，有以下几项原则：

（1）有机肥、无机肥配合施用

无机肥可根据不同树种需求有针对性地用于追肥，适时给予补充。一些易流失挥发的速效性肥料，如碳酸氢铵、过磷酸钙等，宜在树木需肥期稍前施入。氮肥在土壤中移动性强，即使浅施也能渗透到根系分布层内供树木吸收利用；而磷、钾肥移动性差故需深施，尤其磷肥宜施在根系分布层内才有利于根系吸收。化肥类肥料的用量应本着宜淡不宜浓的原则，否则容易烧伤树木根系。有机肥所含必须元素全面，需腐烂分解后才能被树木吸收利用，又可改良土壤结构，可作底肥，肥效稳定持久，故应提前施入。有机肥还可以创造土壤局部酸性环境，避免碱性土壤对速效磷、铁素的固定，有利于提高树木对磷肥的利用率。

事实上任何一种肥料都不是十全十美的，因此实践中应将有机肥与无机肥结合施用，提倡复合配方施肥。

（2）不同树木施用不同的肥料

落叶树、速生树应侧重多施氮肥。针叶树、花灌木应当减少氮肥比例，增加磷、钾素肥料。刺槐一类的豆科树种以磷肥为主。对一些外引的边缘树种，为提高其抗寒能力应控制其氮素施肥量，增加磷钾素肥料。松、杉类树种对土壤盐分反应敏感，为避免土壤局部盐渍化而对松类树木造成危害，应少施或不施化肥，侧重施有机肥。有调查表明，城市里的行道树大多缺少钾、镁、磷、硼、锰、硝态氮等元素，而钙、钠等元素又常过量。所以一般行道树、庭荫树等以观叶、观形为主的园林植物，冬季多施用堆肥、厩肥等有机肥。

（3）不同土壤施用不同的肥料

根据土壤的物理性质、化学性质和肥料的特点有选择地施肥。土壤厚度、土壤水分与有机质含量、酸碱度高低、土壤结构以及三相比等均对树木的施肥有很大影响。例如，土壤水分含量和土壤酸碱度及肥效直接相关，土壤水分缺乏时施肥，可能因肥分浓度过高，树木不能吸收利用而遭毒害；积水或多雨时养分容易被淋洗流失，降低肥料利用率；碱性肥料宜施用于酸性土壤中，酸性或生理酸性肥料宜在碱性土壤中施用，既增加了土壤养分元素，又达到了调节土壤酸碱度的目的。

（4）不同生长发育阶段施用不同的肥料

在生长季节施肥，以促进枝叶旺盛生长，枝繁叶茂、叶色浓绿。但在生长后期，还应适当施用磷和钾肥，停施氮肥，促使植株枝条老化、组织木质化，让其能安全越冬，以利来年生长。以观花、观果为主的园林树木，冬季多施有机肥，早春及花后多施以氮肥为主的肥料，促进其枝叶的生长；在花芽分化期应多施磷、钾肥，以利花芽分化，增加花量。按照植株生长情况和对土壤营养成分的分析，补充相应缺乏的微量元素。就生命周期而言，一般处于幼年期的树种，尤其是幼年的针叶树生长需要大量的化肥，到成年阶段对氮素的需要量减少。对古树、大树供给更多的微量元素，有助于增强对不良环境因子的抵抗力。园林植物尤其是草本花卉、草坪，休眠期控制施肥量或不施。移植苗前期根系尚未完善吸收功能，只宜施有机肥作基肥，不宜过早追施速效化肥。遭遇病虫害或旱涝灾害，根系受到严重损害时，应适当缓苗，不要急于施重肥。

（5）根据气候条件合理施肥

气温和降雨量是影响施肥的主要气候因子。如低温，一方面减慢了土壤养分的转化，另一方面又削弱树木对养分的吸收功能。试验表明，在各种元素中磷是受低温抑制最大的一种元素，干旱常导致发生缺硼、钾及磷，多雨则容易促发缺镁。

2）施肥的种类

（1）无机肥料

无机肥料通常又称化学肥料、矿物质肥料，是以矿物、空气、水等为原料，经化学及机械加工制成的肥料。化肥除酰胺态化合物外，大部分属于无机化合物，其特点是成分比较单纯，养分含量高，肥效快，体积小，施用和贮运方便，但养分较为单一，肥效期短，价格较高。按所含养分的不同，可分为以下几类：

①单质肥料。仅含氮、磷、钾三要素之一。氮肥如碳酸氢铵、硫酸铵、硝酸铵、尿素等；磷肥如过磷酸钙、镁磷肥、磷矿粉等；钾肥如硫酸钾、氯化钾、草木灰等。

②复合肥料。含氮磷钾三要素两种及两种以上的无机肥料，如磷酸铵、磷酸二氢钾等。复合肥的有效成分一般用 N-P_2O_5-K_2O 表示相应的养分百分含量。例如 10－8－6 表示在该复合肥中氮（N）占10%，磷（P_2O_5）占8%，钾（K_2O）占6%。

③微量元素肥料。铁、硼、锰、铜、锌和钼等元素，林木需求量少，一般的土壤都能满足要求。常用的微量元素肥料如硼砂、钼酸铵、硫酸锰等。

无机肥料在混合施用时，要注意是否有养分的损失。为了满足不同园林植物对养分的特殊要求，除了使用复合肥外经常要临时配置不同比例养分的混合肥料，配置混合肥料要选择吸湿性小的肥料品种，掺混的肥料之间不能发生养分损失的化学反应（表2-1），混合后应起到提高肥效的作用。

表 2-1　肥料的混合性

△　可以暂时混合但不宜久置
□　可以混合
×　不可混合

混合性	硫酸铵	硝酸铵	碳酸氢铵	尿素	氯化铵	过磷酸钙	钙镁磷肥	磷矿粉	硫酸钾	氯化钾	磷铵	硝酸磷肥
硫酸铵												
硝酸铵	△											
碳酸氢铵	×	△										
尿素	□	△	×									
氯化铵	□	△	×	□								
过磷酸钙	□	△	□	□	□							
钙镁磷肥	△	△	×	□	×	×						
磷矿粉	□	△	×	□	□	△	□					
硫酸钾	□	△	×	□	□	□	□	□				
氯化钾	□	△	×	□	□	□	□	□	□			
磷铵	□	△	×	□	□	□	×	×	□	□		
硝酸磷肥	△	△	×	△	△	△	×	△	△	△	△	

(2) 有机肥料

简单地说，凡以有机物质作为肥料的均称为有机肥料。通常所指的有机肥料主要指种植业中就地取材，就地积制，就地施用的一切自然肥料，所以又叫农家肥料。有机肥料养分完全、肥效长，有保肥和缓冲作用，并能改良土壤的物理性质。据记载，我国有机肥料共分8大类约100种。有机肥料的分类没有统一标准，更没有严格的分类系统。目前主要是根据有机肥料的来源、特性与积制方法来分类，主要有以下几类：

①人畜粪尿与厩肥。包括人粪尿、人粪稀（化粪池中的人粪尿和水的混合物）、牲畜粪尿等。其中以牲畜粪尿为主，混以秸秆、干草、土等各种垫圈材料积制而成的肥料称厩肥。

②堆沤肥类。是利用植物残落物，如秸秆、树叶、杂草、植物性垃圾以及其他废弃物为主要原料，加入人粪尿或牲畜粪尿进行堆积或用水沤制而成的。包括堆肥、沤肥、秸秆直接还田以及沼气肥等。

③绿肥类。把正在生长的绿色植物直接翻入土中或是割下来运往另一地块当做肥料翻入土中形成的肥。包括栽培绿肥和野生绿肥。

④泥肥、草炭类。河塘、沟、湖中肥沃的淤泥叫泥肥；利用含腐殖质丰富的草炭、褐煤、风化煤等作为主要原料加碱、酸制成的各种腐殖酸碱盐称为腐殖酸肥。

⑤饼肥。饼肥是油料作物籽实榨油后剩下的残渣，是园林上常用肥料。包括各种饼肥及糟渣肥（如芝麻酱渣）。

⑥杂肥类。骨粉、蹄角、鸡毛、鱼粕、禽肥、矾肥水等。

对植物施有机肥，尤其是对生长周期短的花木用有机肥做追肥，最好施经过腐熟的肥料。

(3) 微生物肥料

微生物肥料也叫细菌肥料，是一类含有大量活的微生物的生物肥料。它本身不含植物生长所需要的营养元素，但可以帮助树木形成菌根，发达的菌根增加了根系的吸收面积、提高吸收能力。菌根还能分泌激素促进林木生长，分泌抗生素等物质增强林木的抵抗力等。

3) 施肥量

给树木施肥时一般使用含氮、磷、钾三要素的复合肥料，具体的比例应根据树木和土壤的特性和物候期来确定，并无统一的模式。植物的需肥量受植物种类、土壤供肥状况、肥料利用率、气候条件及管理措施的影响，很难确定统一的施肥量，从理论上讲，肥料的施用量应可以按照以下公式进行计算：

施肥量＝树木吸收肥料元素量－土壤可供应的元素量/肥料元素的利用率

实际生产中可按经验进行估算施肥量。一般是按树木每厘米胸径180～1400g化肥计算，这一范围幅度可能过大，大多数取中值350～700g。但胸径小于15cm的施用量要减半，例如胸径20cm的树木应施7.0～14.0kg化肥，而胸径10cm的则只施1.75～3.5kg，按此计算的施肥量只是一个参考范围。

4) 园林绿地施肥时的注意事项

(1) 根系强大、分布较深远的树木，施肥宜深，范围宜大，如油松、银杏、臭椿、合欢等；根系浅的树木施肥宜较浅，范围宜小，如法桐、紫穗槐及花灌木等。

(2) 不要长期给土壤施生理酸性的肥料如硫酸铵等，否则可能导致土壤的板结酸化。

(3) 在给土壤施用铵态氮肥（铵盐）时，要将土盖严防止挥发使肥效降低。不能与碱混放。

(4) 要给植物综合施用氮肥、磷肥、钾肥或者直接施用复合肥料。

(5) 施肥后的废水不要任意排放。

(6) 若施用未经沤制腐熟的固体有机肥料（如各种饼肥等），要将肥料粉碎，均匀地拌在表土中，注意不要使肥料集中成堆，不要与植物根接触，以免肥料遇水发酵，产生高温，烧伤根部。

(7) 施肥后（尤其是追化肥），必须及时适量灌水，使肥料渗入土内。

(8) 沙地、坡地、岩石易造成养分流失，施肥要深些。

(9) 城镇园林绿化地施肥，在选择肥料种类和施肥方法时，应考虑到不影响市容卫生，散发臭味的肥料不宜施用。

3. 园林绿地的灌水与排水

1) 灌水与排水的原则与依据

(1) 不同时期和不同气候对灌水和排水的要求不同

植物体的需水量随植物种类和发育时期而不同。一般来说，蒸腾作用强的植物需水量大。同种植物在不同的生长发育时期对水分的要求不同。种子发芽时要有充足的水分；种子萌发形成幼苗时需适量的水分，应保持土壤湿润；苗木进入速生期，需水较多；速生期过后，需水又减少。果树和花卉处于营养旺盛期需水多；花芽分化期应适当控制水分，以抑制枝叶生长确保顺利进行花芽分化；孕蕾和开花阶段，应供给适当的水分；花朵萎谢以后保持土壤湿润，利于果实膨大；果实种子成熟阶段，土壤宜偏干。植株生长发育后期应减少或停止供水，以使枝条充分木质化、安全越冬，这时的土壤不十分干燥即可。

灌水时期也因树木类别、当地气候和土壤特点而异。名贵树、果木，每年应多次灌水，如月季、牡丹等名贵花木，在此期只要见土干就应灌水，而对于其他花灌木则可以粗放些。一、二年生草本花卉及一些球根花卉由于根系较浅，容易干旱，灌溉次数应较宿根花卉为多。木本植物根系比较发达，吸收土壤中水分的能力较强，灌溉量及灌溉的次数可少些，观花树种，特别是花灌木的灌水量和灌水次数要比一般树种多。针对耐旱的植物如樟子松、腊梅、虎刺梅、仙人掌等灌溉量及灌溉次数可少些，不耐旱的如垂柳、枫杨、蕨类、凤梨科等植物灌溉量及灌溉次数要适当增多。

(2) 树种不同，栽植年限不同，则灌水和排水的要求不同

树种不同栽植年限灌水次数也不同。树木定植成活以后，一般乔木需要连续灌水数年：华北等旱地需 3～5 年，灌木至少 5 年；江南沿海多雨地区可酌减。土质不好或树木因缺水而生长不良以及干旱年份，则应延长灌水年限，直到树木根系扎深，不灌水也能正常生长时为止。

对于新栽常绿树，尤其常绿阔叶树，常常在早晨向树上喷水，有利于树木成活。对于一般定植多年，正常生长开花的树木，除非遇上大旱，树木表现迫切需水时才灌水，

一般情况则根据条件而定。

此外，树木是否缺水，需不需要灌水，比较科学的方法是进行土壤含水量的测定。很多园艺工人凭多年的经验，例如，幼嫩的茎叶在中午发生暂时萎蔫，傍晚看恢复得快慢，早晨看树叶上翘或下垂等。

还可以看树木生长状况，例如，是否徒长或新梢极短，叶色、大小与厚薄等。花农对落叶现象有这样的经验，认为落青叶是由于水分过少，落黄叶则由于水分过多。栽培露地树木时也可参考。

从排水角度来看，也要根据树木的生态习性，忍耐水涝的能力决定，如玉兰、梅花、梧桐在南方均为名贵树种中耐水力最弱的，若遇水涝淹没地表，必须尽快排出积水，否则不过三五天即可死亡。对于垂柳、旱柳、紫穗槐等均是能耐 3 个月以上深水淹浸，是耐水力最强的树种，即使被淹，短时期内不排水也问题不大。

（3）根据不同的土壤情况进行灌水和排水

灌水和排水除应根据气候、树种外，还应根据土壤种类、质地、结构以及肥力等而灌水。盐碱地，就要“明水大浇”“灌耕结合”，即灌水与中耕松土相结合，最好用河水灌溉。

对种在沙地的树木灌水时，因沙土容易漏水，保水力差，灌水次数应当增加，应小水勤浇，并施有机肥增加保水保肥性。低洼地也要小水勤浇，注意不要积水，并应注意排水防碱。较黏重的土壤保水力强，灌水次数和灌水量应当减少，并施入有机肥和河沙，增加通透性。

（4）灌水应与施肥，土壤管理相结合

在全年的栽培养护工作中，灌水应与其他技术措施密切结合，以便在互相影响下更好地发挥每个措施的积极作用。例如，灌溉与施肥，做到“水肥结合”是十分重要的。特别是施化肥的前后，应该浇适水，既可避免肥力过大、过猛，影响根系吸收，使根系遭受盐害，又可满足树木对水分的正常要求。

此外，灌水应与中耕除草、培土、覆盖等土壤管理措施相结合。因为灌水和保墒是一个问题的两个方面，保墒做得好可以减少土壤水分的消耗，满足树木对水分的要求并减少经常灌水之烦。如山东菏泽花农栽培牡丹时就非常注意中耕，并有“湿地锄干，干地锄湿”和“春锄深一犁，夏锄刮破皮”等经验。当地常遇春旱和夏涝，但因花农加强了土壤管理，勤于锄地保墒，从而保证了牡丹的正常生长发育，减少了旱涝灾害与其他不良影响。

2）灌水量的确定

对园林植物进行灌水是在调整植物、土壤蒸腾与降水之间的矛盾。补充土壤水分时，要根据不同树种、树木大小和土壤干旱程度而定，要做到适时适量。

植物灌水一般是根据土壤含水量来进行灌溉，即根据土壤墒情决定是否需要灌水。一般植物生长较好的土壤含水量为田间最大持水量的 60%～80%，如果低于此含水量，就应及时进行灌溉。但这个值不固定，常随许多因素的改变而变化。此值在生产中有一定的参考意义。

判断土壤含水量可以触摸和目测，如壤土和沙壤土，手握成团，挤压时土团不易裂，说明土壤湿度约为最大持水量的50%以上，一般可不必灌水。如手指松开，轻轻挤压容易裂缝，则证明水分含量少，需要进行灌水。

最适宜的灌水量，应在一次灌溉中，使植物根系分布范围内的土壤湿度，达到最有利于植物生长发育的程度。只浸润表层或上层根系分布的土壤，不能达到灌水要求，且由于多次补充灌溉，容易引起土壤板结和土温下降，因此必须一次灌透。一般对于深厚的土壤，需要一次浸湿1m以上的土层；浅薄土壤，经过改良也应浸湿0.8～1.0m。

相反，灌水量太大，多次大水漫灌，会使土壤板结，通气不良，影响树根生长；同时土壤中的肥料就会随水流失，甚至在有些地方会由于水分过多的渗入，把深层的可溶性盐碱因蒸发带到土面上来，造成土壤反碱，这样会长期影响树木生长，特别是在北方地势低洼之处，更应注意这个问题。所以最好采取小水灌透的原则，使水分慢慢地渗入土中。

3）园林绿地灌水的注意事项

（1）适宜的灌水量

在给园林植物灌水时，要一次将植物密集根层的土壤灌饱灌透，如果仅仅湿润了土壤表层，植物的主要吸收根得不到水分，促进植物根系向土壤表层生长，还刺激杂草、灌木生长，但也不能长时间超量灌水，以免窒息根系。

（2）生长后期要及时停止灌水

树木在生长后期需水量减少，在植物生理方面开始为越冬做准备，如储藏营养物质，当年新长的枝条开始木质化等。此时如不进行控制灌水，会刺激树木徒长，减低树木的抗寒性，冬季造成树体枝叶的冻害。一般在9月中旬以后停止灌水，不过在北方寒冷地区，在秋末冬初还要灌一次“冻水”。

（3）保证灌溉用水的质量

园林植物对水质要求较高，一般使用自来水、井水、清洁的河水或池塘水。

改进水质办法有酸化处理和晾水。酸化处理是在灌溉水中加入一定比例的有机酸，如柠檬酸、醋酸或酸性化学物质如硫酸亚铁，使其pH值达到6.0～7.0。但不能加入强酸，如硫酸等，以免烧伤植物根系和造成土壤板结。晾水是把灌溉用水放置一段时间，使自来水中氯气散发掉，减少氯与土中钠产生氯化钠。

切忌用工业废水和未经处理的生活污水浇灌树木。

4）园林绿地的排水

排水对于树木生长非常重要，它是防涝保树的主要措施。土壤中的水分与空气是互为消长的。树木生长的土壤水分过多，氧气就会不足，将抑制根系呼吸，减退树木吸收机能。当缺氧严重时，树木根系进行无氧呼吸，引起根系死亡。对于耐水力差的树种，更应该抓紧时间及时排水。

园林树木的排水通常有以下4种方法：

（1）明沟排水。它常由小排水沟、支排水沟以及主排水沟等组成一个完整的排水系统，在地势最低处设置总排水沟。这种排水系统的布局多与道路走向一致，各级排水沟的走向最好相互垂直，但在两沟相交处应成锐角（45°～60°）相交，以利其水畅流，防止相交处沟道淤塞。

（2）暗沟排水。暗沟排水是在地下埋设管道，形成地下排水系统，将地下水降到要求的深度。暗沟排水系统与明沟排水系统基本相同，也有干管、支管和排水管之别。暗沟排水的管道多由塑料管、混凝土管或瓦管做成。

（3）滤水层排水。滤水层排水实际就是一种地下排水方法。它是在低洼积水地以及透水性极差的地方栽种树木，或对一些极不耐水湿的树种，在当初栽植树木时，就在树木生长的土壤下面填埋一定深度的煤渣、碎石等材料，形成滤水层，并在周围设置排水孔，当遇有积水时，就能及时排除。这种排水方法只能小范围使用，起到局部排水的作用。

（4）地面排水。这是目前使用较广泛、经济的一种排水方法。它是通过道路、广场等地面，汇聚雨水，然后集中到排水沟，从而避免绿地树木遭受水淹。不过，地面排水方法需要设计者经过精心设计安排，才能达到预期效果。

任务实施

1. 准备工作

（1）调查研究、收集核对各种基本数据，了解树木的生态习性、土壤情况、肥源情况、树木对肥料的反应以及气象、管理、机械水平等。

（2）根据植物的生态习性等相关因素，制订具体土、肥、水养护实施方案，并提出具体实施措施，使计划顺利执行。

（3）准备工具及材料：锹、桶、软管、有机肥、无机肥、耙子等。

2. 松土除草

（1）松土除草的时间及次数

松土除草的季节和次数要根据当地的具体气候、树木生长状况、土壤状况等因素而定。北方地区春季干旱，杂草难以萌芽生长。秋季、立秋以后杂草开始结籽。杂草停止了营养生长，在这两个时期以中耕作业为主，夏季高温多雨，杂草生长茂盛、容易形成草灾。进入6月份以后则应以除草为主。灌水或大雨过后，为防止土壤板结，应安排中耕松土。

除草的次数一般每年1～3次，新栽植的树木第一年次数宜多，以后逐渐减少。用大苗栽植的孤立树、各种丛植、群植的树木或行道树，松土除草要长期而经常地进行，如果见到的杂草、灌木毫无价值，而且影响景观和人的活动，就要及时清除。

具体的除草松土时间可选择在天气晴朗或雨后、土壤不过干和不过湿的情况下进行才可获得最佳的效果。

（2）松土除草的范围及深度

松土除草的范围和深度应根据植物种类及树木当时的根系的生长状况而确定，一般树木松土的范围在树冠投影半径的1/2以外到树冠投影外1m以内的环状范围，深度约为6～10cm，灌木、草本可在5cm左右。

松土除草应掌握靠近基干浅、远离基干深的原则。松土时应避免碰伤树木的树皮、根系等，生长在地表的浅根可适当将其割断，促进树木侧根的萌发。

（3）土壤覆盖

在植物根茎周围表土层上覆盖有机物等材料及种植地被植物，从而避免土壤水分的蒸发，增加土壤有机质，减少地表径流，调节土壤温度，控制杂草的生长，为园林树木生长创造良好的环境条件。

覆盖材料以就地取材、经济适用为原则，如水草、树叶、锯末、马粪、泥炭等均可应用。在大面积粗放式管理的园林中，还可以将草坪上或树旁割下来的草头堆放在树盘附近，用以进行覆盖。覆盖的厚度通常以 3～6cm 为宜，鲜草以 5～6cm 为宜，过厚会产生不利的影响。

（4）深挖熟化土壤

树木的根系深入土层的深浅和范围与树木的生长有着极其密切的关系。栽植前的挖穴虽然达到了足够的深度，但是随着树木的生长，穴壁以外紧实土壤的不良性状会妨碍根系的生长和吸收。因此深挖实际上也是扩大原来挖穴整地的范围。

深挖的时间，从树木开始落叶至第二年萌动之前都可以进行，但以秋末落叶前后为最好。此时，树木地上部分的生长已经逐渐停止，地下根系仍在活动，甚至还有一次生长的小高峰，深挖以后，不但根系伤口能够迅速愈合，而且还会在越冬以前从伤口附近萌发出大量的新根，在下一生长季节到来时，就能恢复生长，不会影响树体本身的生长。同时，此时深翻保墒，有利于雪水的下渗，也可减少来年土壤病虫害的发生。

根据挖穴的方式不同，可分为全面深挖和局部深挖，局部深挖的应用最为广泛，其中局部深挖又可分为环状深挖和辐射深挖。

深挖的深度与地区、土壤、树种及其深挖的方式等有关。土壤质地为黏重土壤应深挖，沙质土壤可适当浅挖；土壤深层为砾石，也应深挖，捡出砾石并换上好土，防止水、肥的流失；地下水位低、土层厚、栽植深根性树木时宜深挖，反之则宜浅挖。由此可知，深挖的深度要因地、因树而异，在一定范围内挖得越深，效果越好，一般为 60～100cm，最好距离根系主要分布层稍远些、深些，以促进根系向纵深生长，扩大吸收范围，提高根系的抗逆性。全面深挖应浅些，而且要掌握离干基越近越浅的原则。

土壤深翻的效果能保持多年，因此没有必要每年都进行深翻。但深翻作用持续时间的长短与土壤特性有关，一般情况下，黏土、低洼地深翻后容易恢复紧实，因而保持年限较短，可每 1～2 年深翻耕一次；而地下水位低、排水良好、疏松透气的沙壤土保持较长时间，一般可每 4～5 年深翻耕一次。

土壤深翻应结合施有机肥和灌溉进行，这样不但有利于根系对养分的吸收，而且有利于僵土的熟化。

3. 施肥

1）施肥的时期

肥料只有将其在植物生长最需要营养物质时施入，才能获得事半功倍的效果。

（1）适合的时间

适时即应根据树种不同生长发育时期进行施肥。一年之内，根系在地上部分萌发之前及秋末落叶之后均在快长，在早春根系生长之前及快落叶时施入基肥和磷肥，对根系生长极为有利。早春施速效性肥料不应过早，过早根系尚未恢复生长不能吸收，肥水易流失。萌芽抽枝时期需吸收较多的氮肥，于 3～4 月份时施以氮为主的肥料，保证营养生长旺盛进行，使植物体量不断增大。6 月份后，树木陆续进入花芽分化和开花结果期，6 月份前后应控制氮肥及时施入以磷为主的肥料，保证花芽顺利分化。非观花、观果树可适当多施些氮肥以减缓营养生长向生殖生长的转化速度。总之，掌握树木生长中心的转移和养料分配的规律，适期施肥才能取得理想的结果。

(2) 根据适宜的时间和天气进行施肥

园林植物的施肥，要选择晴天且土壤干燥时进行，施肥后可立即进行灌水。在阴雨天或土壤过湿时施肥，肥分会随重力水下渗流失。如夏季大雨后，土壤中的硝态氮大量淋失，这时追施速效氮肥，其效果就比下雨前施用要好。根外追肥最好在清晨、傍晚或阴天进行，雨前或雨天则无效。

2) 施肥的方法

(1) 基肥、种肥、追肥

根据肥料不同的施用时期，施肥方法可以分为施基肥、施种肥和施追肥。

①施基肥。基肥又称底肥。能够满足植物整个生长发育期对养分的要求。

施基肥的方法，一般是在耕地前将肥料全面撒于圃地，耕地时把肥料翻入耕作层中，施肥要达一定深度，施基肥的深度应在 15～17cm。施用均匀，不留粪底。树木尤其是乔木施好基肥至关重要，因为树木栽植后需要定植十几年、几十年甚至上百年，根部土壤结构的改良全靠富含有机质的基肥来解决。坑穴中施入足够的腐叶土、松针土、草炭等，应作为规范进行要求。

②施种肥。种肥是在播种时或播种前施于种子附近的肥料。一般以速效磷为主。种肥一般用过磷酸钙制成颗粒肥施用，与种子同时播下。容易灼伤种子或幼苗的肥料，如尿素、碳酸氢铵、磷酸铵等，不宜用作种肥。

③施追肥。在植物生长发育期间施入速效性肥料的方法叫追肥。目的是解决植物不同发育阶段对养分的要求，补充土壤对植物养分的供应不足部分。

(2) 土壤施肥、根外施肥

根据肥料不同的施用位置，施肥方法可以分为土壤施肥和根外施肥。

①土壤施肥

土壤施肥是将肥料施入土壤中，通过根系吸收后被植物利用的方法。根据树木根系分布状况与吸收功能，施肥的水平位置一般应在树冠投影半径的 1/3 至滴水线附近（一般情况下，吸收根水平分布的密集范围约在树冠垂直投影轮廓附近，大多数树木在其树冠投影中心约 1/3 半径范围内几乎没有什么吸收根）；垂直深度应在密集根层以上 20～40cm。施肥过程应注意的几条原则：不要靠近树干基部；不要太浅，避免简单的地面喷洒；不要太深，一般不超过 60cm。目前施肥中普遍存在的错误是把肥料直接施撒在树干周围，这样容易造成树木（特别是幼树）根颈的烧伤。具体的施肥方法有以下几种：

a. 地表施肥 生长在裸露土壤上的小树，可以撒施，但必须同时松土或浇水，使肥料进入土层才能获得比较满意的效果。一般撒施可进行干施也可液施。要特别注意的是不要在树干 30cm 以内干施化肥，否则会造成根颈和干基的损伤。

b. 沟状施肥 可分为环状沟施及辐射沟施等方法。如图 2-1 所示。

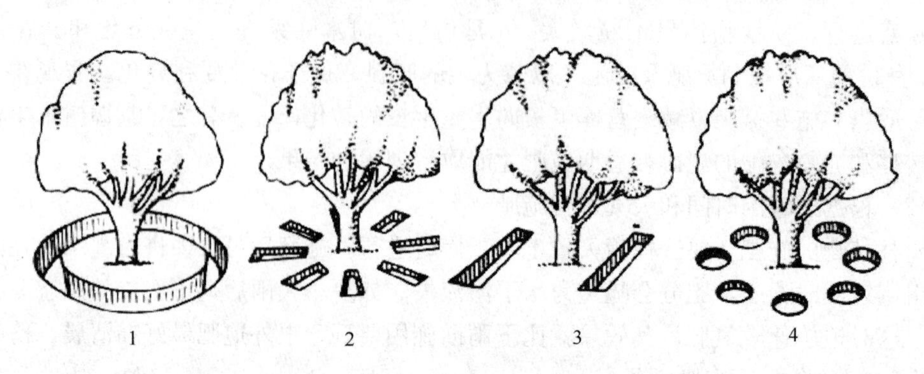

图 2-1　肥料施用方法

1—环状沟施肥；2—放射沟施肥；3—条状施肥；4—穴施

i. 环状沟施：环状沟施又可分为全环沟施与局部环施。全环沟施沿树冠滴水线挖宽 60cm、深达密集根层附近的沟，将肥料与适量的土壤充分混合后填到沟内，表层盖表土。局部沟施与全环沟施基本相同，只是将树冠滴水线分成 4～8 等份，间隔开沟施肥。

ii. 辐射沟施：从离干基约为 1/3 树冠投影半径的地方开始至滴水线附近，等距离间隔挖 4～8 条宽 30～65cm、深达根系密集层，内浅外深、内窄外宽的辐射沟，与环状沟施一样施肥后覆土。

c. 穴状施肥：是指在施肥区内挖穴施肥。这种方法简单易行，但在给草坪树木施肥中也会造成草皮的局部破坏。这种方法快速省工，对地面破坏小，特别适合城市铺装地面中树木的施肥。

d. 淋施：用水将化肥溶解后，与灌水相结合进行。这种方法速度快，省工、省时，多用于草花、草坪，将肥料溶于水中，浇灌在床面或行间后浅耙或覆土，或配置一定比例施肥罐，用喷灌、滴灌、渗灌随水施用。这种方法常用于花灌木及草本植物的追肥。

e. 打孔施肥：是从穴状施肥衍变而来的一种方法。通常大树或草坪上生长的树木，都采用孔施法。这种方法可使肥料遍布整个根系分布区。方法是每隔 60～80cm 在施肥区打一个 30～60cm 深的孔，将额定施肥量均匀地施入各个孔中，约达孔深的 2/3，然后用碎粪肥或表土堵塞孔洞、踩紧。

②根外施肥

根外施肥是通过对植株叶片、枝干、枝条等地上器官进行喷、涂或注射，使营养物质直接渗入植株体内的方法。目前生产上常见的根外施肥方法有叶面施肥和枝干施肥。

a. 叶面施肥：也称叶面喷肥，这是根外追肥的主要方法，是将速效化肥，配制成低浓度的稀薄肥液，用喷雾器喷施在叶子的正面和背面。根外追肥是补给营养的辅助措施，适于各类花木或价格昂贵的化学肥料，在下列情况下，使用效果好：

i. 花木刚定植，根系受伤尚未恢复；

ii. 气温升高而地温较低，植物地上部已开始生长而根系尚未正常活动；

iii. 根系缺少某种元素，而该元素施入土壤后肥效降低，如易溶性磷肥或某些微量元素；

iv. 该方法还特别适合于微量元素的施用以及对树体高大、根系吸收能力衰竭的古树、大树的施肥。

施肥时间可在早晨天亮，喷后要保持叶面 1h 左右的湿润。药剂浓度不宜过大以防叶面烧伤。一般每隔 5～7 天喷 1 次，连续 3～4 次后停施 1 次，以后再连续喷施。许多试验表明，叶面施肥最适温度为 18～25℃，湿度大些效果好，因而夏季最好在上午 10 时以前和下午 16 时以后喷雾，以免气温高，溶液很快浓缩，影响喷肥效果或导致肥害。

b. 枝干施肥：枝干施肥就是通过树木枝、茎的木质部来吸收肥料营养，它吸肥的机理和效果与叶面施肥基本相似。枝干施肥主要用于衰老古树、珍稀树种、树桩盆景以及观花树木和大树移栽时的营养供给。其做法是将营养液盛在一个专用容器里，系在树上，把针管插入木质部，甚至于髓心，慢慢吊注数小时或数天。这种方法也可用于注射内吸杀虫剂和杀菌剂，防治病虫害。但如果在钻孔时消毒、堵塞不严，容易引起心腐病和蛀干。

4. 灌溉

1）园林绿地灌水的时期

灌水时期由树木在一年中各个物候期对水分的要求、气候特点和土壤水分的变化规律等决定，除定植时要浇大量的定根水外，大体上可以分为休眠期灌水和生长期灌水两种。

（1）休眠期灌水

休眠期灌水是在秋冬和早春进行的。在中国的东北、西北、华北等地，降水量较少，冬春严寒干旱，休眠期灌水十分必要。秋末冬初灌水，一般称为灌“冻水”或“封冻水”。水在冬季结冻，放出潜热，可提高树木越冬能力，并可防止早春干旱，故在北方地区，这次灌水是不可或缺的。对于“边缘树种”、越冬困难的树种以及幼年树木等，浇冻水更为必要。

早春灌水不但有利于新梢和叶片的生长，而且有利于开花与坐果，同时还可促进树木健壮成长，是花繁果茂的关键措施之一。盐碱地区早春灌水后进行中耕，还可以起到压碱的作用。

（2）生长期灌水

生长期灌水分为花前灌水、花后灌水和花芽分化期灌水。

花前灌水：在北方一些地区容易出现早春干旱和风多雨少的现象，及时灌水补充土壤水分的不足，是促进树木萌芽、开花、新梢生长和提高坐果率的有效措施，同时还可起到防止倒春寒和晚霜的危害。重要是霜前灌水，低温来临前 3～5 天灌水，防效最好。花前水可在萌芽后结合花前追肥进行。

花后灌水：多数树木在花谢后半个月左右是新梢速生期，如果水分不足，会抑制新梢生长。树木此时如果缺少水分也会引起大量落果，此期灌水可促进新梢和叶片的生长，扩大同化面积，增强光合作用的能力，提高坐果率和增大果实，同时对后期的花芽分化有良好作用。北方春季风多，地面蒸发大，花后灌水尤其重要。

花芽分化期灌水：这次灌水对观花、观果树木非常重要。树木一般是在新梢生长缓慢或停止生长时开始花芽的形态分化，此时正是果实速生期，需要较多的水分和养分，如果水分不足会影响果实生长和花芽分化。因此，在新梢停止生长前及时而适量地灌水，可以促进春梢的生长，抑制秋梢的生长，有利于花芽分化和果实发育。

（3）一日中的灌水时间

灌水应在早晨或傍晚进行较为适宜。因为早晨或傍晚蒸发量较小，而且水温与地温差异不大，有利于根系吸收。不要在气温最高的中午前后进行土壤灌溉，更不能用温度低的水源（如井水、自来水等）灌溉，否则植物地上部分蒸腾强烈，土壤温度降低，影响根系的吸收能力，导致植株水分代谢失常而受害。但严寒冬季以中午灌水为宜。

2）园林绿地灌水的方法

灌水不仅要讲究适时，而且要讲究方法。正确的灌水方法，可使水分在土壤中均匀分布，充分发挥水效，节约用水量，降低灌水成本，保持土壤的良好结构。常用的园林树木灌水方法有以下几种：

（1）盘灌

又叫围堰灌水，以树干为中心，沿树冠投影的外围地面筑梗围堰，土埂高度为15～30cm，先在围堰内松土，再进行围堰内灌水，水分渗透完毕，推平围堰，盖上覆土。此法优点是节约用水，灌水效果明显。缺点是灌水范围较小，远离树冠的根系可能吸不到水，树盘内有土壤板结的现象，破坏土壤结构。此法适用于行道树、孤植树的灌水，尤其是在大树移植过程中用此种方法灌水最为实用。

（2）穴灌

在树冠投影外侧挖穴，将水灌入穴中，以灌满为度。穴的数量一般为8～12个，分布均匀，直径30cm左右，穴深以不伤粗根为准，灌水后将土还原。此法用水经济，浸湿根系范围的土壤较宽而均匀，不会引起土壤板结，特别适合水资源缺乏的地区。在平地给大树灌溉，特别是在有硬质铺装的街道和广场等地，此法也很实用。

（3）侧方灌水

成片栽植的树木，在树木行间每隔100～150cm开一条深20～30cm的长沟，在沟内灌水，水渗透后再回土覆盖填平。沟灌的优点是水从侧方慢慢渗透，不会破坏土壤的结构，水能较好地被土壤吸收，减少土壤板结，有利于微生物的活动。

（4）漫灌

在成片栽植、地面平整的缓坡林地，可以分区筑埂，在围埂范围内上坡放水，让水漫过整个区域。漫灌方法简单方便，但浪费水资源，灌水不均匀，往往上坡多，下坡少，易造成地面土壤板结，水难以渗透到下层土壤，此法应尽量避免。

（5）喷灌

将具有一定压力的水喷射到空中形成细小水滴，模拟人工降雨，洒落在植物的茎、叶和地面上的一种灌水方式。喷灌的优点很多，包括节约用水，喷水量均匀，不破坏土壤的结构，较少产生地表径流，避免水、土、肥的流失；调节小气候，能冲洗掉茎叶上的灰尘，提高植物的光合作用等。但喷灌成本较高。

（6）滴灌

滴灌是将水管安装在土壤中或树根底部，利用压力将水滴入土层内的一种灌水方式。其优点是省水、省工、省肥、省地，不破坏土壤结构，不破坏景观效果。缺点是需要较多的管材和设备，成本较高，且管道和滴头容易堵塞。这种灌水方式一般用于引种的名贵树木园或景观效果要求较高的庭院中。

【思考与练习】

1. 简述园林树木生长地土壤管理措施。
2. 简述树木施肥的特点。
3. 树木施肥应注意哪些事项？
4. 简述确定树木施肥量的原则。
5. 简述树木灌水与排水的原则。
6. 树木灌水方法有哪几种？优缺点有哪些？
7. 树木排水的方法有哪些？

技能训练

技能训练一 园林树木秋季施肥

1. 实训目的

通过对园林树木进行秋季施肥的训练，使学生掌握园林植物秋季施肥的时间、施肥量、施基肥的技术要点等。

2. 实训材料

腐熟的有机肥、适量的无机肥、铁锹、塑料桶、耙子、天平及运输工具等。

3. 实训内容

（1）秋季施基肥的时间：一般在9～10月施基肥。这时树木新梢基本停止生长，树体消耗养分少。另外，这时正值根系第二、三次生长高峰，断根容易愈合并可发出新根；此时地温尚高，微生物处于比较活跃的状态。有利于有机肥的腐熟分解和根部吸收，增加肥料的利用率，增加抗逆性，特别是抗寒力，有机肥通过冬季的充分分解，能满足来年春季萌芽、开花、抽枝、展叶所需要的养分。同时秋施基肥，能改善土壤结构和培肥地力，是一项重要的管理措施。

（2）肥料种类：以有机肥为主（圈肥、堆肥、烘干鸡粪、各种饼肥、草肥、绿肥），加以适量的无机肥和微量元素，这些有肥料中含有植物所需的多种营养元素，微量元素丰富，使树木不易发生缺素症。根据不同的树龄，化肥的氮、磷、钾的比例也不同，幼树氮肥要多。结果树磷钾肥要适当多一些。

（3）秋季施基肥量：施肥量要根据树木生长状况、树龄等来确定。幼树株施有机肥15 kg、化肥1 kg；在施有机肥的基础上亩施氮肥150 kg、磷肥100 kg、钾肥100 kg。秋季施肥量要占全年施肥量的80%以上。

（4）施肥方法：园林树木根系大多分布在20～40cm深度内。因此，基肥施用的深度在30～40cm。具体施用可采用环状沟施法、穴施法、条状沟施法和全园撒施法。

（5）施肥时应注意的事项：

①在施基肥挖坑时，尽量不要伤大根，以免影响根系的吸收或造成树势的衰弱。

②基肥必须充分腐熟。因为施用新鲜有机肥后，有机肥在土壤中分解腐熟的过程中会放出大量热量、二氧化碳、氨气等，对根系具有伤害作用。

③有机肥可与难溶性化肥及微量元素肥料等混合施用。

④要不断变换施肥部位。不断变换施肥位置，可以逐渐地使树冠下的土壤充分地得到肥料的补充与改良。

4. 结果评价

考核内容	要求与方法	评分标准	熟练程度	考核方法
有机肥施用 70%	结合耕地或整地施用有机肥作基肥	1. 有机肥未充分腐熟 2. 施用方法不正确 3. 施肥不均匀	熟练 掌握	分组实训或模拟考核，以报告评分
化肥施用 30%	结合整地、合理施用化肥作基肥	1. 施用量计算是否准确 2. 施肥是否均匀 3. 施肥后是否能及时整地 4. 施用方法是否正确		

5. 作业

完成实训报告。

技能训练二　园林植物冬季灌水

1. 实训目的

通过对园林树木进行冬季灌水的训练，使学生掌握园林植物冬季灌水的时间、灌水量、灌水技术要点等。

2. 实训材料

灌溉工具：锹、桶、软管等。

3. 实训内容

（1）了解树木的生态习性：不同树种的生态习性不同，对水的要求差异很大。

（2）灌冬水的时期：园林树木进入冬季休眠期之后，营养成分便开始由树体向根部回流。在秋缺雨、冬少雪的年份，浇好封冻水，能促使基肥的腐烂分解，有利于新根发生和根系吸收营养元素在体内的同化作用，有利于冬春季节花芽的分化发育。

冬天灌封冻水浇得过早，不仅推迟树木进入休眠期，而且还让土壤板结硬化。若浇灌太晚，天寒地冻，浇水不易在短时间内渗入地下，树木极易出现冻害。浇灌的最佳时间应选择在每年 11 月中旬左右，早上结冻中午消融、无大风的晴朗天气。

（3）灌冬水的量：灌水量以灌后水分渗入土壤 50～100cm 为宜，过少时不能满足树木需要；过多时水分将肥料元素冲洗到无根的区域（100cm 以下），既造成肥料流失浪费，又不节约水电、人工。可在灌水 2～3h 后，于树盘外围挖坑，即可看到渗水深度。

（4）灌水方法：园林树木灌水的方法有多种，应本着“方便、省水、高效”的原则，因地制宜，选用适宜的方法。园林绿化中常用的灌冬水方法是围堰灌水。

4. 结果评价

考核内容	要求与方法	评分标准	熟练程度	考核方法
园林植物冬季灌水	结合冬季防寒措施进行灌水	1. 灌冬水时期是否正确 2. 灌冬水方法是否正确 3. 灌水量是否充足 4. 灌冬水后是否进行覆盖	熟练掌握	分组实训或模拟考核，以报告评分

5. 作业

完成实训报告。

任务 2　园林树木整形修剪

【知识点】

1. 了解修剪的目的和作用；
2. 熟悉树木修剪的技法；
3. 掌握园林树木整形修剪技艺；
4. 掌握不同园林树木整形修剪方法。

【技能点】

1. 能根据树木形态进行行道树、庭荫树的修剪；
2. 能根据树木形态进行花灌木的修剪；
3. 能根据树木形态进行绿篱的修剪。

相关知识

1. 园林树木修剪目的和作用

1）园林树木修剪的目的和作用

（1）园林树木整形修剪的概念

修剪是指对植株的某些器官，如芽、干、枝、叶、花、果等进行剪截、疏除或其他处理的具体操作。

整形是指为提高园林植物观赏价值，按其习性或人为意愿而修整成为各种优美的形状与树姿。

整形是目的，修剪是手段，两者紧密相关，常常结合在一起进行，是统一于栽培目的之下的技术措施，一般来说，整形着重于幼树及新植树木，修剪则贯穿于树木一生中。

（2）修剪目的和作用

整形修剪是园林树木养护管理中的一个重要环节，它的主要作用有以下几点：

①美化树形。园林树木在生长过程中，受到环境和人为因素影响，如上有架空线，下有人流、车辆等，这样就需要调整树形，而在操作中又需要结合园林树木美化城市的作用。所以通过整形修剪，使树木在自然美的基础上，创造出人工与自然相结合的美。

②协调比例。在园林景点中，园林树木有时起衬托作用，不需过于高大，以便和某些景点、建筑物相互烘托，所以就必须通过整形修剪，及时调整树木与环境比例，达到良好效果。对树木本身来说，通过整形修剪，可协调冠高比例，确保其观赏需要。

③调整树势。园林树木因环境不同，生长情况各异，通过整形修剪可调整树势的强

弱。通过整形修剪可去劣存优，促使局部生长，使过旺部分弱下来，而修剪过重，则对整体又有削弱作用，这就叫“修剪的双重作用”。具体是“促”还是“抑”，因树种而异，因修剪方法、时期、树龄、剪口芽状况等而异。

④改善透光条件，减少病虫害。有些园林树木如自然生长或修剪不当，往往枝条密生，树冠郁闭，内膛枝生长势弱且冠内湿度较大，这样就产生了病虫害的滋生环境。通过正确的整形修剪，保证树冠内通风透光，可减少病虫害的发生。

⑤促进开花结果。正确修剪可使养分集中到留下的枝条，促进大部分短枝和辅养枝成为花果枝，形成较多花芽，增加结果量。

2）修剪的时期

（1）冬季修剪

又叫休眠期修剪（一般在12月至翌年2月）。耐寒力差的树种最好在早春进行，以免伤口受风寒之害。落叶树一般在冬季落叶到第二年春季芽萌发前进行。冬季修剪对观赏树木树冠的形成、枝梢生长、花果枝形成等有很大影响。

（2）夏季修剪

又叫生长期修剪（一般在4月至10月）。从芽萌动后至落叶前进行，也就是说，新梢停止生长前进行。具体修剪的日期还应根据当地气候条件及树种特性而不同。如对花果树修剪，要剪除内膛枝、直立枝、徒长枝、交叉枝、下垂枝及病虫枝等，使营养集中于骨干枝，有利于开花结果。

3）修剪的技法

树木修剪的基本方法可以概括为“截、疏、伤、变、放”五字诀。

（1）截

又称短剪，指对一年生枝条的剪截处理。枝条短截后，养分相对集中，可刺激剪口下侧芽的萌发，增加枝条数量，促进营养生长或开花结果。短截程度对产生的修剪效果有显著影响。

轻短截。剪去枝条全长的1/5～1/4，主要用于观花、观果类树木强壮枝的修剪。枝条经短截后，多数半饱满芽受到刺激而萌发，形成大量中短枝，易分化更多花芽。

中短截。自枝条长度1/3～1/2的饱满芽处短截，使养分较为集中，促使剪口下发生较多的营养枝，主要用于骨干枝和延长枝的培养及某些弱枝的复壮。

重短截。自枝条中下部，全长2/3～3/4处短截，刺激作用大，促使基部隐芽萌发，适用于弱树、老树和老弱枝的复壮更新。

极重短截。仅在春梢基部留2～3个芽，其余全部剪去，修剪后会萌生1～3个中、短枝，主要应用于竞争枝的处理。

回缩。又称缩剪，指对多年生枝条（枝组）进行短截的修剪方式。在树木生长势减弱、部分枝条开始下垂、树冠中下部出现光秃现象时采用此法，多用于衰老枝的复壮和结果枝的更新，促使剪口下方的枝条旺盛生长或刺激休眠芽萌发长枝，达到更新复壮的目的。

截干。对主干粗大的主枝、骨干枝等进行的回缩措施称为截干，可有效调节树体水分吸收和蒸腾平衡间的矛盾，提高移栽成活率，在大树移栽时多见。此外，可利用促发隐芽的作用，进行壮树的树冠结构改造和老树的更新复壮。

摘心。是摘除新梢顶端生长部位的措施，摘心后削弱了枝条的顶端优势，改变营养物质的输送方向，有利于花芽分化和结果。摘除顶芽可促使侧芽萌发，从而增加了分枝，促使树冠早日形成。而适时摘心，可使枝、芽得到足够的营养，充实饱满，提高抗寒力。

（2）疏

又称疏删或疏剪，即从分枝基部把枝条剪掉的修剪方法。疏剪能减少树冠内部的分枝数量，使枝条分布趋向合理与均匀，改善树冠内膛的通风与透光，增强树体的同化功能，减少病虫害的发生。并促进树冠内膛枝条的营养生长或开花结果。疏剪的主要对象是弱枝、病虫害枝、枯枝、交叉枝、干扰枝、萌蘖枝、下垂枝等各类枝条。特别是树冠内部萌生的直立性徒长枝，芽小、节间长、粗壮、含水分多、组织不充实，宜及早疏剪以免影响树形；但如果有生长空间，可改造成枝组，用于树冠结构的更新、转换和老树复壮。

疏剪对全树的总生长量有削弱作用，但能促进树体局部的生长。疏剪对局部的刺激作用与短截有所不同，它对同侧剪口以下的枝条有增强作用，而对同侧剪口以上的枝条则起削弱作用。应注意的是，疏枝在母树上形成伤口，从而影响养分输送，疏剪的枝条越多，伤口间距越接近，其削弱作用越明显。疏剪多年生的枝条，对树木生长的削弱作用较大，一般宜分期进行。

疏剪强度是指被疏剪枝条占全树枝条的比例，剪去全树10%的枝条者为轻疏，强度达10%～20%时称中疏，疏剪20%以上枝条的则为重疏。实际应用时，疏剪强度依树种、长势和树龄等具体情况而定，一般情况下，萌芽率强、成枝力强的树种，可多疏枝；幼树宜轻疏，以促进树冠迅速扩大；进入生长与开花盛期的成年树应适当中疏，以保持营养生长与生殖生长的平衡，防止开花、结果的大小年现象发生；衰老期的树木，为保持有足够的枝条组成树冠，应尽量少疏；花冠木类，轻疏能促进花芽的形成，有利于提早开花。此外还包括：

抹芽。抹除枝条上多余的芽体，可改善留存芽的养分状况，增强其生长势。如每年夏季对行道树主干上萌发的隐芽进行抹除，一方面可使行道树主干通直；另一方面可以减少不必要的营养消耗，保证树体健康的生长发育。

去蘖（又称除萌）。榆叶梅、月季等易生根蘖的园林树木，生长季期间要随时去除萌蘖，以免扰乱树性，影响接穗树冠的正常生长。

（3）伤

用各种方法损伤枝条的韧皮部和木质部，以达到削弱枝条的生长势、缓和树势的方法称为伤。伤枝多在生长期内进行，对局部影响较大，而对整个树木的生长影响较小，是整形修剪的辅助措施之一，主要的方法有：

①环状剥皮（环剥）　用刀在枝干或枝条基部的适当部位，环状剥去一定宽度的树皮，以在一段时期内阻止枝梢碳水化合物向下输送，有利于环状剥皮上方枝条营养物质的积累和花芽分化，这适用于发育盛期开花结果量较小的枝条。实施时应注意：

剥皮宽度要根据枝条的粗细和树种的愈伤能力而定，一般以1个月内环剥伤口能愈合为限，约为枝直径的1/10左右（2～10mm），过宽伤口不易愈合，过窄愈合过早而不能达到目的。环剥深度以达到木质部为宜，过深伤到木质部会造成环剥枝梢折断或死亡，过浅则韧皮部残留，环剥效果不明显。实施环剥的枝条上方需留有足够的枝叶量，以供正常光合作用之需。

环剥是在生长季应用的临时性修剪措施，多在花芽分化期、落花落果期和果实膨大期进行，在冬剪时要将环剥以上的部分逐渐剪除。环剥也可用于主枝，但须根据树体的生长状况慎重决定，一般用于树势强旺、花果稀少的青壮树。伤流过旺、易流胶的树种不宜应用环剥。

②刻伤　用刀在芽（或枝）的上（或下）方横切（或纵切）而深及木质部的方法，刻伤常在休眠期结合其他修剪方法施用。主要方法有：

a. 目伤。在芽或枝的上方进行刻伤，伤口形状似眼睛，伤及木质部以阻止水分和矿质养分继续向上输送，以在理想的部位萌芽抽枝，反之，在芽或枝的下方进行刻伤时，可使该芽或该枝生长势减弱，但因有机营养物质的积累，有利于花芽的形成。

b. 纵伤。指在枝干上用刀纵切而深达木质部的方法，目的是为了减少树皮的机械束缚力，促进枝条的加粗生长。纵伤宜在春季树木开始生长前进行，实施时应选树皮硬化部分，小枝可纵伤一条，粗枝可纵伤数条。

c. 横伤。指对树干或粗大主枝横切数刀的刻伤方法，其作用是阻滞有机养分向下输送，促使枝条充实，有利用花芽分化达到促进开花、结实的目的。作用机理同环剥，只是强度较低而已。

d. 折裂。为曲折枝条使之形成各种艺术造型，常在早春芽萌动时进行。先用刀斜向切入，深达枝条直径的1/2～2/3处，然后小心地将枝弯折，并利用木质部折裂处的斜面支撑定位，为防止伤口水分损失过多，往往在伤口处进行包裹。

③扭梢和折梢（枝）。多用于生长期内生长过旺的枝条，特别是着生在枝背上的徒长枝，扭转弯曲而未伤折者称扭梢；折伤而未断离者则称折梢。扭梢和折梢均是部分损伤传导组织以阻碍水分、养分向生长点输送，削弱枝条长势以利于短花枝的形成。

（4）变

是变更枝条生长的方向和角度，以调节顶端优势为目的整形措施，并可改变树冠结构，有曲枝、弯枝、拉枝、抬枝等形式，通常结合生长季修剪进行，对枝梢施行弯曲、缚扎或扶立、支撑等技术措施。直立诱引可增强生长势；水平诱引具中等强度的抑制作用，使组织充实易形成花芽；向下弯曲诱引则有较强的抑制作用，但枝条背上部易萌发强健新梢，须及时去除，以免适得其反。

（5）放

营养枝不剪称为放，也称长放或甩放，适宜于长势中等的枝条。长放的枝条留芽多，抽生的枝条也相对增多，可缓和树势，促进花芽分化。丛生灌木也常应用此措施，如连翘，在树冠上方往往甩放3～4根长枝，形成潇洒飘逸的树形，长枝随风飘曳，观赏效果极佳。

（6）其他

①摘叶（打叶）。主要作用是改善树冠内的通风透光条件，提高观果树木的观赏性，防止枝叶过密，减少病虫害，同时起到催花的作用。如丁香、连翘、榆叶梅等花灌木，

在8月中旬摘去一半叶片，9月初再将剩下的叶片全部摘除，在加强肥水管理的条件下，则可促其在国庆节期间二次开花。而红枫的夏季摘叶措施，可诱发红叶再生，增强景观效果。

②摘蕾。实质上为早期进行的疏花、疏果措施，可有效调节花果量，提高存留花果的质量。如杂种香水月季，通常在花前摘除侧蕾，而使主蕾得到充足养分，开出漂亮而肥硕的花朵；聚花月季，往往要摘除侧蕾或过密的小蕾，使花期集中，花朵大而整齐，观赏效果增强。

③摘果。摘除幼果可减少营养消耗、调节激素水平，枝条生长充实，有利花芽分化。对紫薇等花期延续较长的树种栽培，摘除幼果，花期可由25天延长至100天左右；丁香开花后，如不是为了采收种子也需摘除幼果，以利来年依旧繁花。

④断根。在移栽大树或山林实生树时，为提高成活率，往往在移栽前1～2年进行断根，以回缩根系、刺激发生新的须根，有利于移植。进入衰老期的树木，结合施肥在一定范围内切断树木根系的断根措施，有促发新根、更新复壮的效用。

4）修剪的注意事项

（1）剪口的处理

枝条短剪时，剪口可采用平剪口或斜剪口。平剪口位于剪口芽顶尖上方，呈水平状态，小枝短剪中常用。斜剪口45°的斜面，从剪口芽的对侧向上剪，斜面上方与剪口芽齐平或稍高，斜面最低部分与芽基部相平，这样剪口伤面较小，易于愈合，芽可得到充足的养分与水分，萌发后生长较快。疏剪的剪口应与枝干齐平或略凸，有利于剪口愈合。

（2）剪口芽的选留

剪口芽的方向、质量，决定新梢生长方向和枝条的生长势。选择剪口芽应慎重，从树冠内枝条分布状况和期望新枝长势的强弱考虑，需向外扩张树冠时，剪口芽应留在枝条外侧，如欲填补内膛空虚，剪口芽方向应朝内；对生长过旺的枝条，为抑制它生长，以弱芽当剪口芽；扶弱枝时选留饱满的壮芽。

有些对生叶序的树种，它们的侧芽是两两对生的，为了防止内向枝过多影响树形的完美和良好的通风透光，在短截的同时，还应把剪口处对生芽朝树冠内膛生的芽抹掉，如腊梅、水曲柳、美国白蜡等。

此外，呈垂直生长的主干或主干枝，由于自然枯梢等原因，需要每年修剪其延长枝，选留的剪口芽方向应与上年留芽方向相反，保证枝条生长不偏离主轴。

（3）剪口芽距剪口距离

一般在0.5cm左右，过长水分养分不易流入，芽上段枝条易干枯形成残桩，雨淋日晒后易引起腐烂。剪口距芽太近，因剪口的蒸腾使剪口芽易失水干枯，修剪时机械挤压也容易造成剪口芽受伤。剪口距剪口芽的距离可根据空气湿度决定，干燥地区适当长些，湿润地区适当短些。

（4）剪口的保护

短截与疏枝的伤口不大时，可以任其自然愈合。但如果用锯锯除大的枝干，造成伤口面比较大，表面粗糙，常因雨淋，病菌侵入而腐烂。因此伤口要用锋利的刀削平整，用2%的硫酸铜溶液消毒，最后涂保护剂，起防腐、防干和促进愈合的作用，效果较好的保护剂有两种：

①保护蜡　用松香2500g、蜡黄1500g，动物油500g配制。先把动物油放入锅中加温火，再将松香粉与蜡黄放入，不断搅拌至全部熔化熄火冷却后即成。使用时用火熔化，蘸涂锯口。熬制过程中防止着火。

②豆油铜素剂　用豆油1000g，硫酸铜1000g和熟石灰1000g制成。先将硫酸铜与熟石灰加入油中搅拌，冷却后即可使用。此外，调和漆、黏土浆也有一定的效果。

5）常用修剪工具

（1）剪子。适用于较细枝条的剪截。

圆口弹簧剪：即普通修枝剪，适用于剪截3cm以下的枝条。操作时，用右手握剪，左手压枝向剪刀小片方向猛推，要求动作干净、利落，不产生劈裂。

小型直口弹簧剪：适用于夏季摘心、折枝及树桩盆景小枝的修剪。

高枝剪：装有一根能够伸缩的铝合金长柄，可用于手不能及的高空小枝的修剪。

太平剪：又称绿篱剪、长刃剪，适用于绿篱、球形树和造型树木的修剪，它的条形刀片很长、刀面较薄，易形成平整的修剪面，但只能用来平剪嫩梢。

长把修枝剪：其剪刃呈月牙形、没有弹簧、手柄很长，能轻快修剪直径1cm以内的树枝，适用于高灌木丛的修剪。

（2）锯。适用于较粗枝条的剪截。

手锯：适用于花、果木及幼树枝条的修剪。

单面修枝锯：适用于截断树冠内中等粗度的枝条，弓形的单面细齿手锯锯片很窄，可以伸入到树丛当中去锯截，使用起来非常灵活。

双面修枝锯：适用于锯除粗大的枝干，其锯片两侧都有锯齿，一边是细齿，另一边是由深浅两层锯齿组成的粗齿。在锯除枯死的大枝时用粗齿，锯截活枝时用细齿。另外锯把上有一个很大的椭圆形孔洞，可以用双手抓握来增加锯的拉力。

高枝锯：适用于修剪树冠上部较大枝。

油锯：适用于特大枝的快速、安全锯截。

应用传统的工具来修剪高大树木，费工费时还常常无法完成作业任务，国外在城市树木管护中已大量采用移动式升降机辅助作业，能极有效地提高工作效率。

6）修剪的程序

修剪的程序概括地说就是“一知、二看、三剪、四检查、五处理”。

“一知”。修剪人员必须掌握操作规程、技术及其他特别要求。修剪人员只有了解操作要求，才可以避免错误。

“二看”。实施修剪前应对植物进行仔细观察，因树制宜，合理修剪。具体是要了解植物的生长习性、枝芽的发育特点、植株的生长情况、冠形特点及周围环境与园林功能，结合实际进行修剪。

“三剪”。对植物按要求或规定进行修剪。修剪时最忌无次序，修剪观赏花木时，首先要观察分析树势是否平衡，如果不平衡，分析造成的原因，如果是因为枝条多，特别是大枝多造成生长势强，则要进行疏枝。在疏枝前先要决定选留的大枝数及其在骨干枝上的位置，将无用的大枝先剪掉，待大枝条整好以后再修剪小枝，宜从各主枝或各侧枝的上部起，向下依次进行。对于普通的一棵树来说，则应先剪上部，后剪下部；先剪内膛枝，后剪外围枝。几个人同剪一棵树时，应先研究好修剪方案，才好动手去做。

“四检查”。检查修剪是否合理，有无漏剪与错剪，以便修正或重剪。

“五处理”。包括对剪口的处理和对剪下的枝叶、花果进行集中处理等。

7）大枝的疏剪

对较粗大的枝干，回缩或疏枝时常用锯操作。从上方起锯，锯到一半的时候，往往因为枝干本身重量的压力造成劈裂。从枝干下方起锯，可防枝干劈裂，但是因枝条的重力作用夹锯，操作困难故在锯除大枝时，采用分步作业法。首先从枝干基部下方向上锯入深达枝粗的1/3左右时，再从上方锯下，则可避免劈裂与夹锯。大枝锯除后，留下的剪口较大而且表面粗糙，因此应用利刀修削平整光滑，以利愈合。同时涂抹防腐剂等，保护伤口防止腐烂。如图2-2所示。

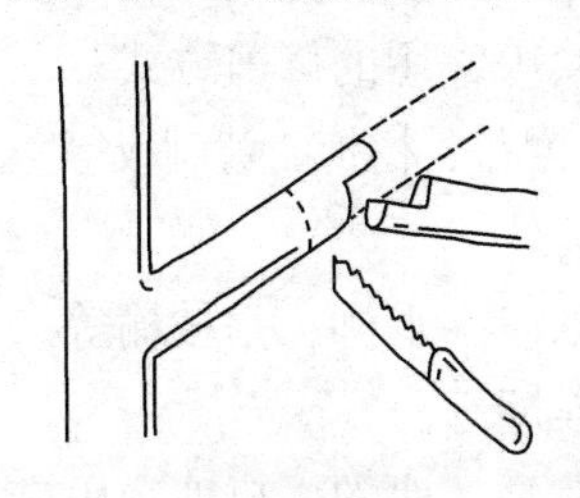

图2-2 大枝剪截方法

疏剪大枝必须在分枝点处剪去，仅留分枝点处凸起的部位，这样伤口小。修剪时防止留残桩，否则不易愈合并易腐烂。

2. 园林树木整形技艺

1）整形技艺的依据

（1）根据园林树木在园林中的功能

园林中应用树木的目的不同，对整形修剪的要求也不同。即使同一种树木在不同的应用中，其修剪方法也不同。

（2）根据树种品种特性

不同树种，其生长、开花结果习性（如发芽、抽枝、分枝角度、枝条硬度、花芽形成难易及修剪的敏感程度等）也不尽相同。因此，整形修剪的方法和轻重程度也不一样。

（3）根据自然条件及生长势

在不同的自然条件下，树木生长势不一样，其修剪方法、修剪程度就不一样。如：自然条件中，水、肥、光等差的，生长势弱的，就需要轻剪，以保证其观赏效果。

（4）根据栽培环境的需要

如行道树上方有架空线时，在定植时要剪去中央领导枝（抹头），将树木修成圆头形，待其将接近电线时，修成杯状树形。

（5）根据修剪反应

修剪反应是合理修剪的依据，也是检验修剪是否适度的重要标准。由于枝条生长势和生长状态不同，应用同一种剪法其反应也不一样。所以要调查树木的修剪反应，明确修剪是否合理，在以后修剪中能做到心中有数，合理修剪。修剪时还要考虑树龄、树势、结果枝量和花量等来确定。所以修剪时要全面综合考虑，来确定修剪方法、时期，修剪成合理树形。

2）整形技艺

园林树木整形修剪主要是为了保持合理的树冠结构，维持树冠上各级枝条之间的从属关系，促进整体树势的平衡，达到观花、观果、观叶和赏形等目的。整形的方式依据园林树木在园林中的不同用途分别采用自然式整形、人工式整形和自然人工混合式整形。

（1）自然式整形

一株树木整体形成的姿态叫株形，由树干发生的枝条集中形成的部分叫树冠。各种树种在自然状态有大致固定的株形，叫做自然式株形。以自然生长形成的树冠为基础，仅对树冠生长作辅助性的调节和整理，使之形态更加优美自然。各个树种因分枝习性、生长状况不同，形成了各式各样的树冠形式，保持树木原有的自然冠形基础上，适当修剪，称自然式整形。自然式的树形可分为如下几种类型：

塔形（圆锥形）。单轴分枝的植物形成的冠形之一。有明显的中心主干。如雪松、水杉、落叶松等应用最广。

圆柱形。单轴分枝的植物形成的冠形之一。中心主干明显，主枝长度从下至上相差甚小，故植株上下几乎同粗。塔柏、杜松、龙柏、铅笔柏、蜀桧等常用的修剪方式。

圆球形。合轴分枝的植物形成的冠形之一。如元宝枫、栾树、樱花、杨梅、黄刺玫等。

卵圆形。壮年期的桧柏、加杨等。

垂枝形。有一段明显的主干，所有枝条似长丝垂悬。如龙爪槐、垂柳、垂枝榆等。

拱枝形。主干不明显，长枝弯曲成拱形，如迎春、金钟、连翘等。

丛生形。主干不明显，多个主枝从基部萌蘖而成。如贴梗海棠、棣棠、玫瑰、山麻杆等。

匍匐形。枝条匍地生长。如偃松、偃桧等。

倒卵形。如千头柏、刺槐等。

在研究和了解树种的自然冠形的基础上，依据不同的树种灵活掌握，对有中央领导干的单轴分枝型树木，应注意保护顶芽、防止偏顶而破坏冠形；需抑制或剪除扰乱生长平衡、破坏树形的交叉枝、重生枝、徒长枝等，维护树冠的匀称完整。

常见的自然式植物造型形式有：

①直干造型。利用一直向上伸长的树干与自然树冠的造型方式，适于树干直立乔木（图 2-3）。

②双干造型。以直立而粗的干为主干，比其细而低的干为副干，由两根干构成树形的造型方式（图 2-4）。

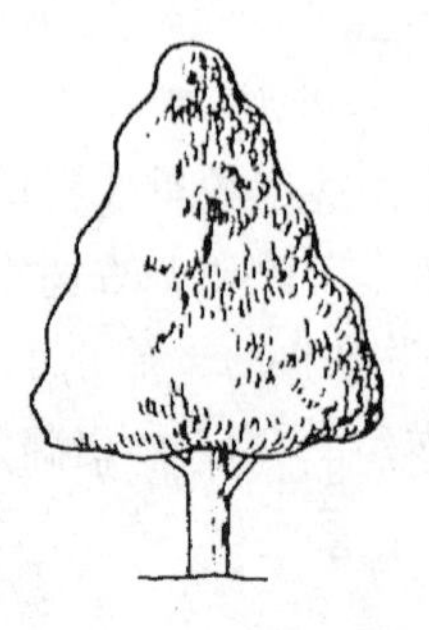

图 2-3　直干造型

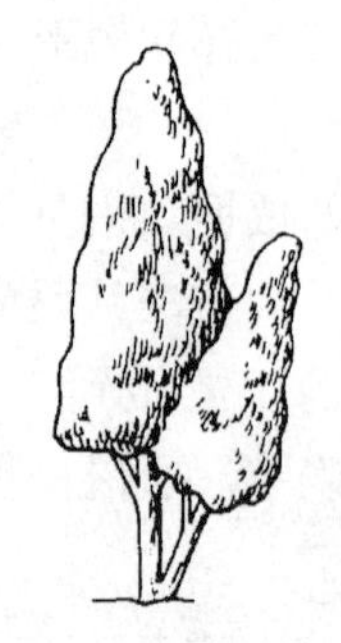

图 2-4　双干造型

③曲干造型。模仿耐风雪而形成的树木姿态，使树干弯曲的造型方式。如果从苗木时开始用金属丝使其弯曲，造型比较易于实现。到成株时把植株倾斜栽植，把树干弯曲束缚在支柱上，经 4～5 年能完成曲干造型（图 2-5）。

④斜干造型。把干呈斜向栽植，使枝水平伸展的整形方式，松树等采用这种造型（图 2-6）。

⑤多干造型。以 3～5 根干构成的整形方式（图 2-7），干数如再多则称为丛生造型。

⑥丛生造型。使地表上多数干分枝呈丛生形的整形方式（图 2-8）。

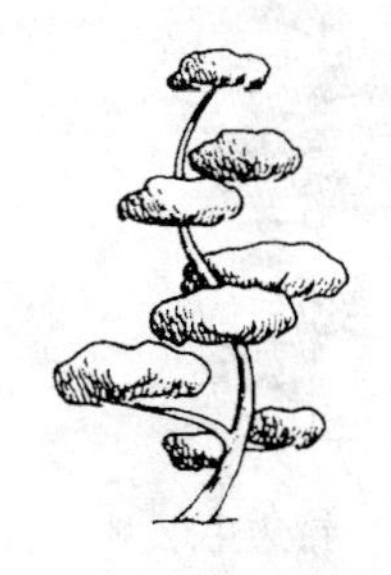

图 2-5　曲干造型

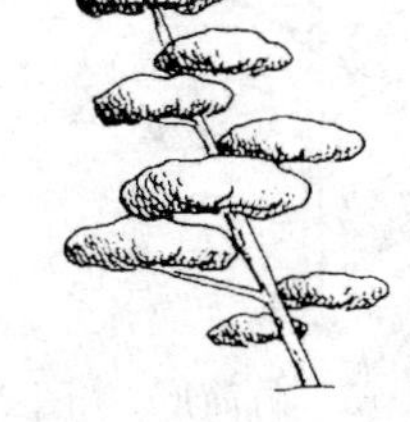

图 2-6　斜干造型

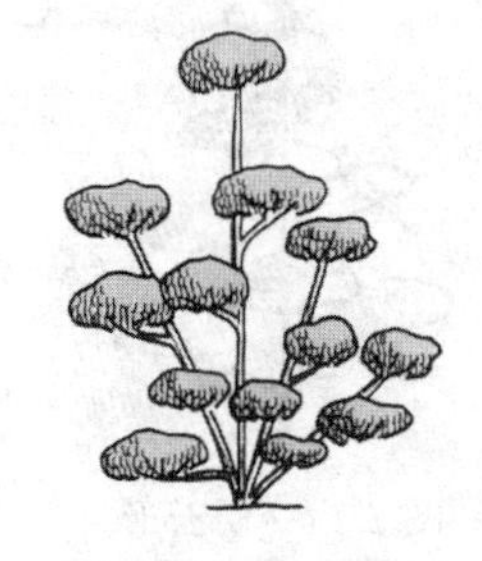

图 2-7　多干造型

图 2-8　丛生造型

（2）人工式整形

依据园林景观配置需要，适用于黄杨、小叶女贞、龙柏等枝密、叶小的树种。常见树形有规则的几何形体、不规则的人工形体，以及亭、门等雕塑形体，原在西方园林中应用较多，但近年来在我国也有逐渐流行的趋势。根据植物习性与环境特点，人工整形常见的类型有：

①圆锥形。把自然株形按圆锥形进行整形，或将直干造型的树冠修剪成圆锥形（图 2-9）。

②圆筒形。由自然株形整形为圆筒形，或把直干造型的树木剪成圆筒形（图 2-10）。

③球形。把树冠修剪成球形或半球形的整形方式。灌木剪枝时常采用这种整形方式（图 2-11）。

④散球形。清理多余的分枝，把枝顶端的叶修剪成多个球形，整理后叶繁茂的部分称为球（图 2-12）。

图 2-9　圆锥形造型

图 2-10　圆筒形造型

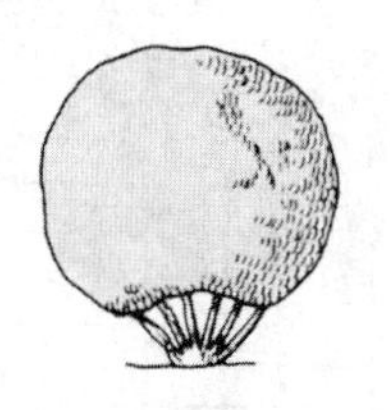

图 2-11　圆球形造型

图 2-12　散球形造型

⑤车字形。直立的干把繁茂部分似串成分层球状的整形方式，因树形似“车”字而得名（图 2-13）。

⑥层云形。把枝条左右交互留下并修剪成球状的整形方式，由“车”字原形变化而来（图 2-14）。

⑦竹筒形。把由直立干长出的横枝于近基部全部剪断的方法，把由切口处长出的枝条修剪成球状，有珍珠状的感觉。它适于占空间较大的树木整枝（图 2-15）。

⑧镶边主干型。把直立长出的横枝从基部剪掉的整形方法。用于缩小枝过于扩张的大树树冠的整形（图 2-16）。

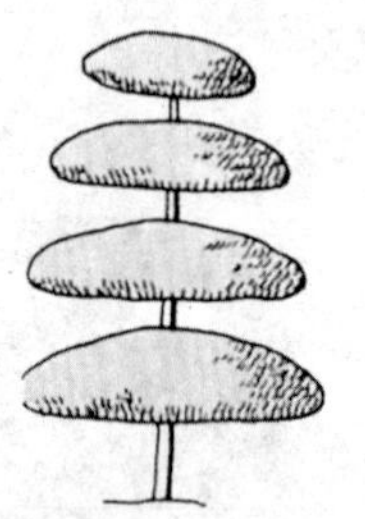

图 2-13　车字形

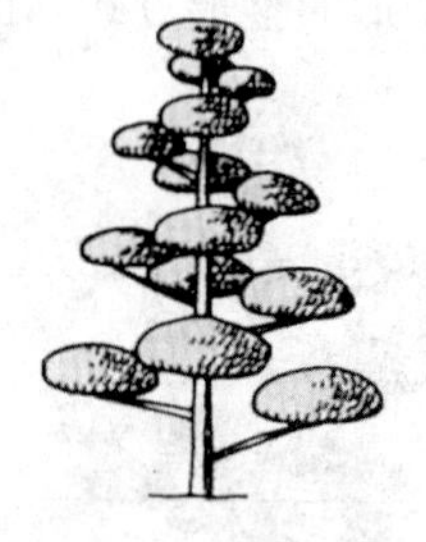

图 2-14　层云形

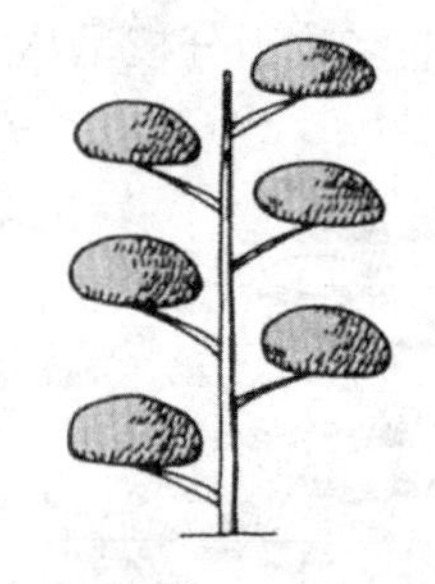

图 2-15　竹筒形

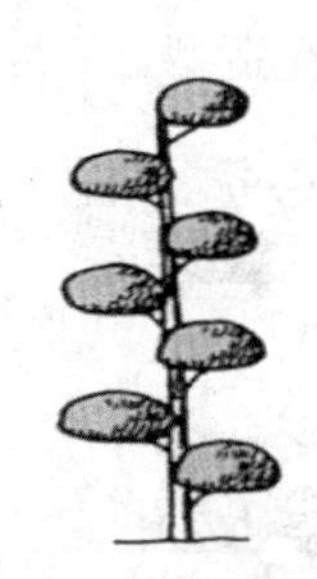

图 2-16　镶边主干型

⑨垂枝形。使由主干长出的顶枝及横枝自然下垂的一种整形（图 2-17）。

⑩象形。修剪成动物或几何形状的整形。用于萌芽力旺盛、叶茂密的树种（图 2-18）。

⑪棚架型。把攀缘性树木的藤蔓牵引到棚架上的整形方法（图 2-19）。

图 2-17　垂枝形

图 2-18　象形整型

图 2-19　棚架型

⑫篱笆型。把攀缘性树木的藤蔓诱引到篱笆上为半绿篱状的整形方法（图 2-20）。

⑬柱干型。把攀缘性树木的藤蔓绕在原木或杆上的整形方法。可以不太占空间地进行培育（图 2-21）。

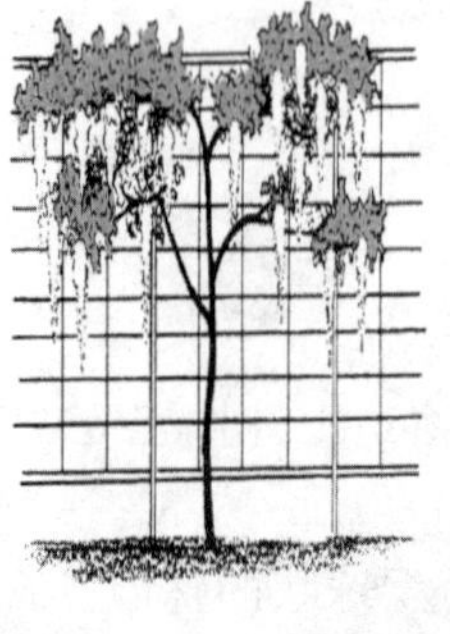

图 2-20　篱笆型

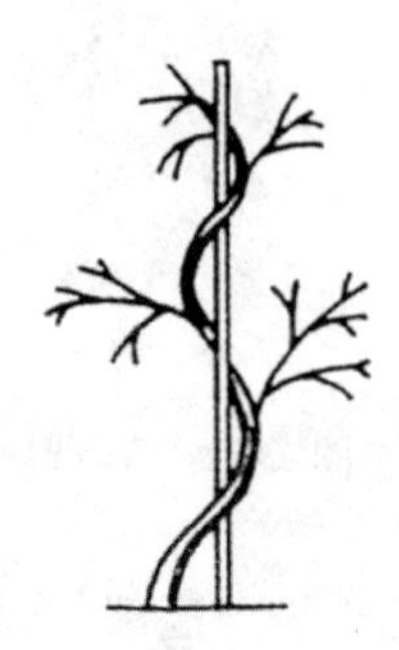

图 2-21　柱干型

（3）自然与人工混合式整形

在自然树形的基础上，结合观赏和树木生长发育要求而进行的整形方式。

①杯状形。树木仅一段较低的主干，主干上部分生 3 个主枝，均匀向四周排开；每个主枝各自分生 2 个，每侧枝再各自分生 2 枝，而成 12 枝，形成称为“三股、六杈、十二枝”的树形。杯状形树冠内不允许有直立枝、内向枝的存在，一经出现必须剪除。此种树形方式适用于轴性较弱的树种，在城市行道中较为常见。

②自然开心形。是上述杯状形的改造形式，不同处仅是分枝较低，内膛不空，3 个主枝分布有一定间隔，适用于轴性弱、枝条开展的观花、观果树种，如碧桃、石榴等。

③中央领导干形。在强大的中央领导干上配列疏散的主枝。适用于轴性强、能形成高大树冠的树种，如白玉兰、青桐及松柏类乔木等，在庭荫树、景观树栽植应用中常见。

④多主干形。在 2～4 个领导干上分层配列侧生主枝，形成规则优美的树冠，能缩短开花年龄，延长小枝寿命。多适用于观花乔木和庭荫树，如紫薇、腊梅、桂花等。

⑤冠丛形。适用于迎春、连翘等小型灌木，每灌丛自基部留主枝 10 余个。每年新增主枝 3～4 个。剪掉老主枝 3～4 个，促进灌丛的更新复壮。

⑥架形。属于垂直绿化栽植的一种形式，常见于葡萄、紫藤、凌霄、木通等藤本树种。整形修剪方式由架形而定，常见的有篱壁式、棚架式、廊架式等。

⑦绿篱。适用于杜鹃、冬青、女贞、黄杨等小型的枝叶繁茂、常绿、耐修剪的乔灌木。利用植物本身的自然特性，经过人工的整形修剪形成不同的绿篱形式。

⑧矮绿篱、并生绿篱。把列植灌木修剪整形而成的绿篱。高度在 1m 以下的叫低绿篱，高度 1～2m 的称之为并生绿篱（图 2-22）。

⑨高绿篱。兼有防风、防潮功能造型，约 3～5m 高的绿篱。也可与低绿篱组合成两层绿篱（图 2-23）。

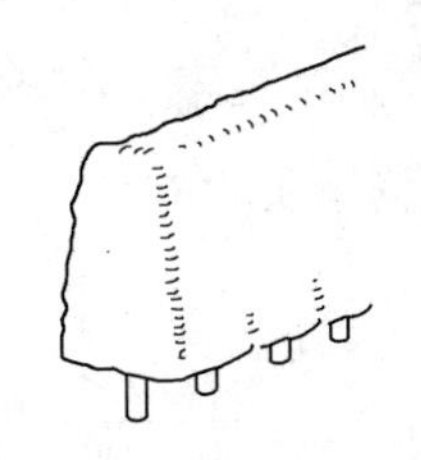

图 2-22 并生绿篱

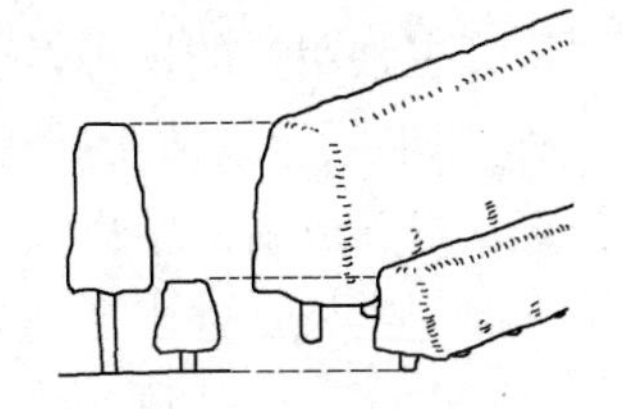

图 2-23 两层绿篱

任务实施

1. 确定修剪时期

园林树木种类很多，从总体上看，一年中的任何时候都可对树木进行修剪，由于生长习性和修剪时所要达到的目的各有不同，所以具体的修剪时间应从实际出发，选择其相适当的修剪季节。

在休眠期，树木生长停滞，树体贮藏的养分充足，地上部分修剪后，营养损失最少，且修剪后的伤口不宜被细菌感染腐烂，对树木生长影响较小。因此大部分树木的修剪工作在此时间内进行。冬季严寒的北方地区，由于修剪后伤口易受冻害，早春修剪为宜。

生长期修剪，是由春至秋末的修剪。树木在夏季着叶丰富时修剪，容易调节光照和枝梢密度，容易判断病虫、枯死与衰弱的枝条，也便于把树冠修整成理想的形状。常绿树种，无真正的休眠期，一般在夏季修剪。幼树整形和控制旺长，更应重视夏季修剪。

2. 修剪前的准备工作

(1) 选择合适的修剪工具

园林日常养护常用的修剪工具有修枝剪、大平剪、修枝锯、高枝剪和高枝锯等。在使用之前要先了解修剪工具的使用方法。

(2) 制订修剪方案

作业前应对计划修剪树木的树冠结构、树势、主侧枝的生长状况、平衡关系等进行详尽观察分析，根据修剪目的及要求，制订具体修剪及保护方案。对重要景观中的树木、古树、珍贵的观赏树木，修剪前需咨询专家的意见，或在专家直接指导下进行。

(3) 培训修剪人员、规范修剪程序

修剪人员必须接受岗前培训，掌握操作规程、技术规范、安全规程及特殊要求。

根据修剪方案，对要修剪的枝条、部位及修剪方式进行标记。然后按先剪下部、后剪上部，先剪内膛枝、后剪外围枝，由粗剪到细剪的顺序进行。一般从疏剪入手，把枯枝、密生枝、重叠枝等先行剪除；再按大、中、小枝的次序，对多年生枝进行回缩修剪；最后，根据整形需要，对一年生枝进行短截修剪。

3. 不同园林用途的修剪技术要求

1) 成片树林的修剪

成片树林的修剪整形，主要是维持树木良好的干形和冠形，解决通风透光条件，修剪比较粗放。

对于杨树、油松等主轴明显的树种，要尽量保护中央领导枝。当出现竞争枝（双头现象），只选留一个；如果领导枝枯死折断，树高尚不足 10m 者，应于中央干上部选一强的侧生嫩枝，扶直，培养成新的中央领导枝。

适时修剪主干下部侧生枝，逐步提高分枝点。分枝点的高度应根据不同树种、树龄而定。同一分枝点的高度应大体一致，而林缘分枝点应低留，使呈现丰满的林冠线。

对于一些主干很短，但树已长大，不能再培养成独干的树木，也可以把分生的主枝当做主干培养。逐年提高分枝，呈多干式。

对于松柏类树木的修剪整形，一般是采用自然式的整形。在大面积人工林中，常进行人工打枝，将处在树冠下方生长衰弱的侧枝剪除。

2) 行道树和庭荫树的修剪

(1) 行道树的修剪

①修剪应考虑的因素

行道树一般为具有通直主干、树体高大的乔木树种。由于城市道路情况复杂，行道树养护过程中必须考虑的因素较多，除了一般性的营养与水分管理外，还包括诸如对交通、行人的影响，与树冠上方各类线路及地下管道设施的关系等。因此在选择适合的行道树树种的基础上，通过各种修剪措施来控制行道树的生长体量及伸展方向，以获得与生长立地环境的协调，就显得十分重要。行道树修剪中应考虑的因素一般包括：

a. 枝下高。为树冠最低分枝点以下的主干高度，以不妨碍车辆及行人通行为度，同时应充分估计到所保留的永久性侧枝，在成年后由于直径的增粗，距地面的距离会降低，因此必须留有余量。枝下高的标准，我国一般掌握在城市主干道为2.5～4m之间，城郊公路以3～4m或更高为宜。枝下高的尺寸在同一条干道上要整齐一致。

b. 树冠开展性。行道树的树冠，一般要求宽阔舒展、枝叶浓密，在有架空线路的人行道上，行道树的修剪作业是城市树木管理中最为重要也最费投入的一项工作。行道树的修剪要点：根据电力部门制订的安全标准，采用各种修剪技术，使树冠枝叶与各类线路保持安全距离，一般电话线为0.5m、高压线为1m以上。

②行道树的主要修剪形状

a. 杯状形修剪。枝下高2.5～4m，应在苗圃中完成基本造型，定植后5～6年内完成整形。离建筑物较近的行道树，为防止枝条扫瓦、堵门、堵窗，影响室内采光和安全，应随时对过长枝条进行短截或疏剪。生长期内要经常进行除荫，冬季修剪时主要疏除交叉枝、并生枝、下垂枝、枯枝、伤残枝及背上直立枝等。

b. 开心形修剪。适用于无中央主轴或顶芽自剪、呈自然开展冠形的树种。定植时，将主干留3m截干；春季发芽后，选留3～5个不同方位、分布均匀的侧枝并进行短截，促使其形成主枝，余枝疏除。在生长季，注意对主枝进行抹芽，培养3～5个方向合适、分布均匀的侧枝；来年萌发后，每侧枝在选留3～5枝短截，促发次级侧枝，形成丰满、匀称的冠形。

c. 自然式冠形修剪。在不妨碍交通和其他市政工程设施、且有较大生长空间条件时，行道树多采用自然式整形方式，如塔形、伞形、卵球形等。

（2）庭荫树的修剪

庭荫树的枝下高无固定要求，若以人在树下活动自由为限，以2.0～3.0m以上较为适宜；若树势强旺、树冠庞大，则以3～4m为好，能更好地发挥遮阴作用。一般认为，以遮阴为目的的庭荫树，冠高比以2/3以上为宜。整形方式多采用自然形，培养健康、挺拔的树木姿态，在条件许可的情况下，每1～2年将过密枝、伤残枝、病枯枝及扰乱树形的枝条疏除一次，并对老、弱枝进行短截。需特殊整形的庭荫树可根据配置要求或环境条件进行修剪，以显现更佳的使用效果

3）花灌木的修剪

（1）因树势修剪

幼树生长旺盛宜轻剪，以整形为主，尽量用轻短截，避免直立枝、徒长枝大量发生，造成树冠密闭，影响通风透光和花芽的形成；斜生枝的上位芽在冬剪时剥除，防止直立枝发生；一切病虫枝、干枯枝、伤残枝、徒长枝等用疏剪除去；丛生花灌木的直立枝，选择生长健壮的加以摘心，促其早开花。壮年树木的修剪以充分利用立体空间、促使花枝形成为目的。休眠期修剪，疏除部分老枝，选留部分根蘖，以保证枝条不断更新，适当短截秋梢，保持树形丰满。老弱树以更新复壮为主，采用重短截的方法，齐地

面留桩刈除，焕发新枝。

（2）因时修剪

落叶灌木的休眠期修剪，一般以早春为宜，一些抗寒性弱的树种可适当延迟修剪时间。生长季修剪在落花后进行，以早为宜，有利控制营养枝的生长，增加全株光照，促进花芽分化。对于直立徒长枝，可根据生长空间的大小，采用摘心办法培养二次分枝，增加开花枝的数量。

（3）根据树木生长习性和开花习性进行修剪

①春花树种。连翘、榆叶梅、碧桃、迎春、牡丹等先花后叶树种，其花芽着生在一年生枝条上，修剪在花残后、叶芽开始膨大尚未萌发时进行。修剪方法因花芽类型（纯花芽或混合芽）而异，如连翘、榆叶梅、碧桃、迎春等可在开花枝条基部留2～4个饱满芽进行短截；牡丹则仅将残花剪除即可。

②夏秋花树种。如紫薇、木槿、珍珠梅等，花芽在当年萌发枝上形成，修剪应在休眠期进行；在冬季寒冷、春季干旱的北方地区，宜推迟到早春气温回升即将萌芽时进行。在二年生枝基部留2～3个饱满芽重剪，可萌发出茁壮的枝条，虽然花枝会少些，但由于营养集中会产生较大的花朵。对于一年开两次花的灌木，可在花后将残花及其下方的2～3芽剪除，刺激二次枝条的发生，适当增加肥水则可二次开花。

③花芽着生在二年生和多年生枝上的树种。如紫荆、贴梗海棠等，花芽大部分着生在二年生枝上，但当营养条件适合时，多年生的老干亦可分化花芽。这类树种修剪量较小，一般在早春将枝条先端枯干部分剪除；生长季节进行摘心，抑制营养生长，促进花芽分化。

④花芽着生在开花短枝上的树种。如西府海棠等，早期生长势较强，每年自基部发生多数萌芽，主枝上亦有大量直立枝发生，进入开花龄后，多数枝条形成开花短枝，连年开花。这类灌木修剪量很小，一般在花后剪除残花，夏季修剪对生长旺枝适当摘心、抑制生长，并疏剪过多的直立枝、徒长枝。

⑤一年多次抽梢、多次开花的树种。如月季，可于休眠期短截当年生枝条或回缩强枝，疏除交叉枝、病虫枝、纤弱枝及过密枝；寒冷地区可行重短截，必要时进行埋土防寒。生长季修剪，通常在花后于花梗下方第2～3芽处短截，剪口芽萌发抽梢开花，花谢后再剪，如此重复。

4）绿篱、色块和藤本的修剪

（1）绿篱的修剪

绿篱又称植篱、生篱，由萌枝力强、耐修剪的树种呈密集带状栽植，起防范、界限、分隔和模纹观赏的作用。树种不同、形式不同、高度不同，采用的整形修剪方式也不一样。对绿篱进行高度修剪，一是为了整齐美观，二是为使篱体生长茂盛，长久保持设计的效果。

①自然式绿篱的修剪

多用在绿墙、高篱、刺篱和花篱上。为遮掩而栽种的绿墙或高篱，以阻挡人们的视线为主，这类绿篱采用自然式修剪，适当控制高度，并剪去病虫枝、干枯枝，使枝条自然生长，达到枝叶繁茂，以提高遮掩效果。

以防范为主结合观赏栽植的花篱、刺篱，如黄刺玫、花椒等，也以自然式修剪为主，只略加修剪。冬季修去干枯枝、病虫枝，使绿篱生长茂密、健壮，能起到理想的防范作用即可达到目的。

②整形式绿篱的修剪

中篱和矮篱常用于绿地的镶边和组织人流的走向。这类绿篱低矮，为了美观和丰富景观，多采用几何图案式的整形修剪，如矩形、梯形、倒梯形、篱面波浪形等。修剪平面和侧面枝，使高度和侧面一致，刺激下部侧芽萌生枝条，形成紧密枝叶的绿篱，显示整齐美。绿篱每年应修剪2～4次，使新枝不断发生，每次留茬高度1cm，至少也应在“五一”、“十一”前各修整一次。第一次必须在4月上旬修完，最后一次修剪在8月中旬。如图2-24所示。

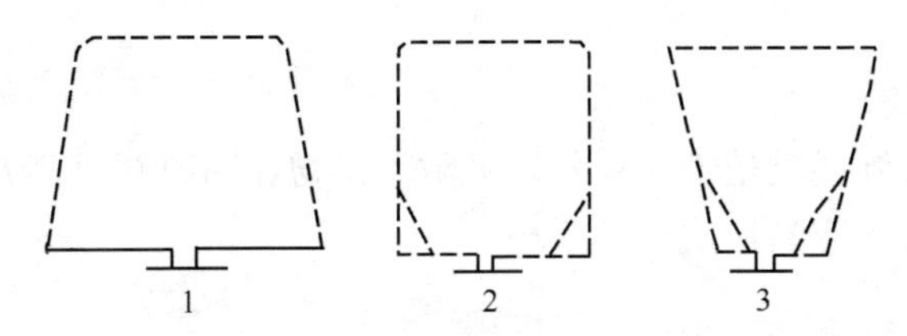

图2-24　绿篱修剪整形的侧断面

1—梯形（合理）；2—一般的修剪形式（长方形），下方易秃空；

3—倒梯形，错误的形式，下枝极易秃空

整形绿篱修剪时，要顶面与侧面兼顾，从篱体横面看，以矩形和基大上小的梯形较好，上部和侧面枝叶受光充足，通风良好，生长茂盛，不易产生枯枝和中空现象，修剪时，顶面和侧面同时进行。只修顶面会造成顶部枝条旺长，侧枝斜出生长。

③更新修剪

是指通过强度修剪来更换绿篱大部分树冠的过程，一般需要三年。

第一年。首先疏除过多的老干。因为绿篱经过多年的生长，在内部萌生了许多主枝，加之每年短截而促生许多小枝，从而造成绿篱内部整体通风、透光不良，主枝下部的叶片枯萎脱落。因此，必须根据合理的密度要求，疏除过多的老主枝，改善内部的通风透光条件。然后，短截主枝上的枝条，并对保留下来的主枝逐一回缩修剪，保留高度一般为30cm；对主枝下部所保留的侧枝，先行疏除过密枝，再回缩修剪，通常每枝留10～15cm长即可。

常绿篱的更新修剪，以5月下旬至6月底进行为宜，落叶篱宜在休眠期进行，剪后要加强肥水管理和病虫害防治工作。

第二年。对新生枝条进行多次轻短截，促发分枝。

第三年。再将顶部剪至略低于所需要的高度，以后每年进行重复修剪。

对于萌芽能力较强的种类，可采用平茬的方法进行更新，仅保留一段很矮的主枝干。平茬后的植株，因根系强大、萌枝健壮，可在1～2年中形成绿篱的雏形，3年左右恢复成形。

（2）图案色块修剪

常用于大型模纹花坛、高速公路互通区绿地的修剪。图案式修剪要求边缘棱角分明、图案的各部分植物品种界限清楚、色带宽窄变化过渡流畅、高低层次清晰。为了使图案不致因生长茂盛形成边缘模糊，应采取每年增加修剪次数的措施，使图案界限得以保持。

（3）藤本类修剪整形

在自然风景中，对藤本植物很少加以修剪管理，但在一般的园林绿地中则有以下几种修剪处理方式：

①棚架式

对卷须类及缠绕类藤本植物，多用此种方式进行修剪与整形。剪时，应在近地面处重剪，使发生数条强壮主蔓，然后垂直诱引主蔓至棚架的顶部，并使侧蔓均匀地分布架上，则可很快地成为荫棚。除了每隔几年将病、老或过密枝疏剪外，一般不必每年修剪整形。

②凉廊式

常用于卷须类及缠绕类植物，偶尔用吸附类植物。因凉廊有侧方格架，所以主蔓勿过早诱引至廊项，否则容易形成侧面空虚。

③篱垣式

多用于卷须类及缠绕类植物。将侧蔓进行水平诱引后，每年对侧枝施行短剪，形成整齐的篱垣形式。

④附壁式

多用吸附类植物为材料。方法很简单，只需将藤蔓引于墙面即可自行吸盘或吸附根而逐渐布满墙面。例如爬墙虎、常春藤等均用此法。修剪时应注意使壁面基部全部覆盖，各蔓枝在壁面上应分布均匀，勿使互相重叠交错为宜。

⑤直立式

对于一些茎蔓粗壮的种类，如紫藤等，可以修剪整形成直立灌木式。此式如用于公园道路旁或草坪上，可以收到良好的效果。

4. 修剪后的检查工作

检查是否漏剪、错剪，进行补剪或纠正，维持原有冠形。

5. 清理现场

修剪完毕后，应整理工具，收集修剪下来的枝条。收集下来的枝条，可打成碎屑经1～2年的分解后作为优良的土壤改良剂或做土壤的覆盖材料或禽舍、牲畜圈的垫料。

【思考与练习】

1. 整形修剪的意义是什么？
2. 主要修剪方法有哪些？
3. 大枝疏剪的切口位置及疏剪的方法是什么？
4. 主要修剪工具有哪些？
5. 行道树、庭荫树的修剪方法有哪些？

【技能训练】　行道树、庭荫树的修剪

1. 实训目的

掌握行道树、庭荫树修剪技术。

2. 实训材料

(1) 场地与材料：行道树、庭荫树现场，待修剪的行道树、庭荫树；

(2) 器材：普通修枝剪、高枝剪、高枝锯、手锯、斧头、木凳、安全绳等。

3. 实训内容

(1) 根据行道树、庭荫树整形修剪的特点和要求，结合修剪树木的株形确定修剪方案。

(2) 选择正确的修剪方法，按顺序依次具体修剪。行道树修剪成杯状树冠，疏剪多余分枝。庭荫树修剪成自然式树冠，剪去枯枝、病虫枝、交叉枝、过密枝、重叠枝，对弱枝进行短截，促生长。对强枝进行疏剪，抑制生长，使其树冠分布均匀。

(3) 检查是否漏剪、错剪，进行补剪或纠正，维持原有冠形。

(4) 修剪完毕，清理现场。

4. 实训要求

(1) 实训前准备好修剪工具，剪刀锋利，上树工具无松动。

(2) 实训中严禁打闹，确保工具使用安全。

(3) 实训中修剪时思想集中，以免错剪，必须有专人维护现场，树上树下互相配合。

5. 实训报告

总结修剪程序、修剪方法，完成实训报告。要求按实际操作树木品种总结行道树、庭荫树的修剪方法，归纳总结修剪过程中遇到的问题及解决办法。

6. 结果评价

<table>
<tr><td>训练任务</td><td colspan="6">行道树、庭荫树的修剪</td></tr>
<tr><td>评价类别</td><td>评价项目</td><td colspan="2">评价子项目</td><td>自我评价
20%</td><td>小组评价
20%</td><td>教师评价
60%</td></tr>
<tr><td rowspan="5">过程性评价
60%</td><td rowspan="3">专业能力
45%</td><td colspan="2">方案制订能力 15%</td><td></td><td></td><td></td></tr>
<tr><td rowspan="2">方案实施
能力</td><td>行道树修剪 15%</td><td></td><td></td><td></td></tr>
<tr><td>庭荫树修剪 15%</td><td></td><td></td><td></td></tr>
<tr><td rowspan="2">素质能力
15%</td><td colspan="2">工作态度 8%</td><td></td><td></td><td></td></tr>
<tr><td colspan="2">团队合作 7%</td><td></td><td></td><td></td></tr>
<tr><td rowspan="3">结果评价
40%</td><td colspan="3">方案科学性、可行性 15%</td><td></td><td></td><td></td></tr>
<tr><td colspan="3">行道树修剪结果 10%</td><td></td><td></td><td></td></tr>
<tr><td colspan="3">庭荫树修剪结果 15%</td><td></td><td></td><td></td></tr>
<tr><td colspan="4">评分合计</td><td></td><td></td><td></td></tr>
<tr><td>班级：</td><td colspan="3">姓名：</td><td>第　组</td><td colspan="2">总得分：</td></tr>
</table>

任务3 园林植物病虫害的防治

园林植物病虫害种类多、分布广、为害重、防治难，且各个地区都分布有本地重点发生的优势种。因此，一切防治措施都应该建立在害虫生物学特性和病害发病规律的基础之上，做到防治及时、方法多样、用药准确；又由于园林植物生长环境的特殊性，园林植物病虫防治必须遵循生态学原理，采用综合治理措施，才能确保园林植物的健康生长。本任务根据害虫对寄主的为害和取食习性，分食叶害虫、枝干害虫、吸汁害虫和根部害虫（详见草坪养护）四大类，分别介绍了园林植物主要害虫的发生与为害、形态特征、发生规律和防治措施，园林植物叶、花、果病害及枝干部病害的症状、发病规律及防治方法。

子任务1 叶部病害防治

【知识点】

1. 掌握园林植物叶部病害防治的基本理论知识；
2. 掌握当地园林植物主要病害的发生规律。

【技能点】

1. 能进行显微镜的操作；
2. 能识别叶部病害的症状特点；
3. 能调查叶部病害的发生情况并选择适当的药剂进行防治；
4. 能制订叶部病害综合防治方案。

相关知识

1. 病害概述

1）基本概念

园林植物由于所处的环境不适，或受到生物的侵袭，使得正常的生理机能受到干扰，细胞、组织、器官受到破坏，甚至引起植株死亡，降低生态和观赏价值或造成经济损失，这种现象叫园林植物病害。

导致园林植物病害的原因称病原。病原可分为生物性病原和非生物性病原两大类。生物性病原包括真菌、细菌、病毒、支原体、寄生性种子植物、藻类以及线虫和螨类等。其中，引起病害的真菌和细菌统称为病原菌。凡是由生物性病原引起的病害都具有传染性，因此又称为传染性病害或侵染性病害，受侵染的植物称为寄主。非生物性病原包括各种环境胁迫因素，如温度过高或过低、水分过多或过少、湿度过大或过小、营养缺乏或过剩、光照不足或过强以及污染物的毒害等。非生物性病原引起的病害不具传染性，故又称非侵染性病害，也叫生理病害。

2）病害症状及诊断

园林植物受侵染后，首先出现生理和代谢的紊乱，然后导致外部形态的变化，其外表所显示出来的各种各样的病态特征称为症状。症状包括病状和病症两方面。病状是植物本身所表现的病态模样，是受害植株生理解剖上的病态反映到外部形态上的结果。病症是病原物在寄主体表显现的特征。病状和病症各包括多种类型。

（1）病状类型

①变色型。植物感病后，叶绿素不能正常形成，因而叶片上出现淡绿色、黄色甚至白色。缺氮、铁或光照不足常引起植物黄化。在侵染性病害中，黄化是病毒病害和支原体病害的常见特征。

②坏死型。坏死是细胞或组织死亡的现象，常见的有腐烂、溃疡、斑点等。生物侵染、自然灾害和机械损伤等可导致坏死型病状出现。

③萎蔫型。植物因病而出现失水状态称为萎蔫。病原菌的侵染引起输导组织损伤或干旱胁迫都可导致植物萎蔫。

④畸形。畸形是因细胞或组织过度生长或发育不足引起的病状，常见的有丛生、瘿瘤、变形、疮痂等，畸形多由生物性病原引起。

⑤流脂或流胶型。植物细胞分解为树脂或树胶流出，俗称流脂病或流胶病。流脂病多发于针叶树，流胶病多发于阔叶树。流脂和流胶病的病原较为复杂，可以是生物性的，也可以是非生物性的，或两者兼而有之。

（2）病症类型

①霉状物。病原真菌在植物体表产生的各种颜色的霉层，如青霉、灰霉、黑霉、霜霉等。

②粉状物。由病原真菌引起，在植物表面形成各种颜色的粉状物，如白粉等。

③锈状物。病原真菌在植物体表所产生的黄褐色锈状物。

④点状物。病原真菌在植物体表产生的黑色、褐色小点，这些小点多为真菌的繁殖体。

3）检查园林植物叶部病害的方法

（1）检查叶片上是否有斑点出现

叶片上若有斑点，一般周围有轮廓，比较规则，后期上面又生出黑色颗粒状物，这时再切片用显微镜检查。叶片细胞里有菌丝体或子实体，为传染性叶斑病，根据子实体特征再鉴定为哪一种。病斑不规则，轮廓不清，大小不一，查无病菌的则为非传染性病斑。传染性病斑在一般情况下，干燥的多为真菌侵害所致。斑上有溢出的脓状物，病变组织一般有特殊臭味，多为细菌侵害所致。

（2）看叶片表面是否有白粉物

叶片正面出现白粉物多为白粉病或霜霉病。白粉病在叶片上多呈片状，霜霉病则多呈颗粒状。如黄栌白粉病、葡萄霜霉病。叶片背面（或正面）生出黄色粉状物，多为锈病。如毛白杨锈病、玫瑰锈病等。

(3) 检查叶片黄绿相间或皱缩变小、节间变短、丛枝、植株矮小情况

出现上述情况多为病毒所引起。叶片黄化，整株或局部叶片均匀褪绿，进一步白化，一般由类菌质体或生理原因引起。如翠菊黄化病等。

(4) 检查松树的针叶是否枯黄

松树的针叶如果先有少量叶子枯黄，夏季逐渐传染扩大，到秋季又在病叶上生出隔断，上生黑点的则多为针枯病，很快整枝整株全部针叶焦枯或枯黄半截，或者当年针叶都枯黄半截的，则多为土壤、气候等条件所引起。

(5) 辨认叶片、枝和果上是否出现斑点

叶片、枝和果上的病斑上常有轮状排列的突破病部表皮的小黑点，由真菌引起，如小叶黄杨炭疽病。

一般情况下，一种植物在相同的外界条件下，受到某种病原物侵染后，所表现的症状是大致相同的。对于已知的比较常见的病害，其症状也是比较明显的，专业人员较易作出判断。因此，症状是病害的标记，是诊断病害的主要根据之一。但由于不同的病原物可以引起相似的症状，相同的病原物在不同的植物、同一植物不同发育期或不同环境条件下，都可表现出不同的症状，因此遇到不能准确判断的非典型病害时，常常要借助显微镜观察病原物，鉴定出病原菌的种类，有时为了帮助判断，甚至要采用人工诱发病害的办法。非侵染性病害的症状常常表现为变色、萎蔫、不正常脱落（落叶、落花、落果）等，有的与侵染性病害的症状相似，必须深入现场调查和观察。非侵染性病害往往是大面积同时发生，病株或病叶表现症状的部位有一定的规律性。对于缺乏营养引起的病害，可通过化学方法进行营养诊断，找出缺少的元素，这样可准确判断致病的原因。

2. 叶部病害侵染循环的特点

(1) 侵染来源

园林植物种类繁多，有草本、木本、蕨类、苔藓等，侵染来源比较复杂。

①初侵染来源

病落叶是初侵染的主要来源，病菌以菌丝体、子实体或休眠体在病落叶上越冬。有病种苗及无性繁殖器官也是重要的初侵染来源。此外，昆虫、转主寄主等都有可能成为次年的初侵染来源。

②再侵染来源

许多园林植物叶部病害，在整个生长季节都有多次的再侵染。再侵染来源单纯，初侵染形成的有病植物均可为再侵染源。

潜育期的长短是决定再侵染次数的重要因素。一般来说，叶病害潜育期较短，如月季白粉病，在最适的条件下潜育期只有 3d，较长的约有 1 个月，叶、花、果病害潜育期一般为 7～15d。

(2) 病原物的传播方式

病原物的传播，主要依赖被动传播的方式到达新的侵染点。风、雨、昆虫等是叶病病原物传播的动力和媒介。人的行为在病害的传播中起着至关重要的作用。

多数叶部病害的病原物是由气流传播的。细菌、产生子实体的或与胶状物混合的真菌则依靠雨水的淋洗、溅打等传播，只有雨水把病原菌分散后，才能靠风作远距离传

播。如白粉病等由气流传播，菊花黑斑病等则由风雨传播。病毒病害、支原体病害等主要由昆虫介体传播，如美人蕉花叶病毒等由蚜虫等传播。人的行为，如运输、切花、打枝等均可传播病害。

（3）叶部病害的特点

①侵入途径

叶部病害病原物的侵入途径主要有直接侵入，气孔、皮孔、伤口侵入几种。病原真菌、细菌、病原线虫等主要是直接侵入及从自然孔口侵入，如白粉病、锈病等。有的病原物既能从伤口侵入也能直接侵入，如芍药褐斑病，病毒从轻微伤口侵入。

②病原菌扩散的特点

病原真菌侵入后在细胞间隙或细胞内扩展。由于叶片组织很薄，扩展往往横穿组织，因此叶片上下表皮的叶斑都很明显。有些病原菌的定植有选择性，如月季黑斑病主要在角质层下定植。

3. 叶部病害的防治原则

减少侵染来源和喷药保护，是防治园林植物叶部病害的主要措施。

减少侵染来源的基本方法是园林栽培技术措施，并辅以化学防治。栽植场所的卫生在减少侵染源上起重要作用，如收集病落叶并处理，剪除有病部分等；使用无病的种苗等；在园林种植规划设计工作中，避免某种病害多种寄主植物的混植；有病地段秋季深翻，或覆盖塑料薄膜等措施，均能减少侵染来源。在生长季节及时摘除病叶等也能减少再侵染的来源。

生长季节一旦病害发生严重，化学防治成为基本的措施。叶、花、果病害潜育期短，侵染次数多，病害发生时要求迅速扑灭，只有喷化学药剂才能控制，如芍药褐斑病、月季黑斑病等。

改善环境条件控制病害发生、水肥的科学管理及通风透光等是主要方法。

任务实施

1. 准备工作

（1）地点：园林植物病害为害现场、校内绿地、园林植物病害实训室。

（2）材料：各种叶部病害为害状、盒装标本及病原玻片标本。

（3）工具：显微镜、放大镜、镊子、解剖针、各种防治病害的器具和药剂等。

2. 叶部病害的识别

对校园内园林绿地进行病害调查，调查的叶部病害经识别为以下几种：

（1）月季白粉病

①症状：病菌危害叶片、嫩梢和花等。早春，病芽展开的叶片上下两面布满白粉。叶片皱缩反卷，变厚，有时为紫红色。生长季节叶片受侵染，叶上首先出现褪绿黄斑，逐渐扩大，以后着生一层白粉状物，严重时全叶披上白粉层。嫩梢和叶柄发病时病斑略肿大，向反面弯曲。花蕾被满粉层，萎缩干枯。病轻的花蕾开出畸形花朵。

②发病规律：病原菌以菌丝体在病组织中越冬，也可以闭囊壳越冬。翌年产生分生孢子进行侵染。孢子借风雨传播，分生孢子可进行多次侵染。温暖潮湿季节发病迅速，

5～6 月、9～10 月为发病盛期。

（2）芍药白粉病

①症状：病原菌侵染芍药地上部的绿色部分，叶片发病最重。发病初期，叶片上有零星的白色小粉斑，逐渐扩大为圆形的白粉斑。病重时，粉斑汇合覆盖整个叶面，叶背也有白粉斑。8～9 月白粉层上布满黑色小点粒—— 病原菌的闭囊壳。病重时，茎秆、叶柄上全都覆满白粉，但黑色小粒点比较稀少。

②发病规律：病原菌以菌丝体、闭囊壳在病枯枝落叶上，或在病植株的残体内越冬，成为翌年发病的重要来源。分生孢子由风传播，或水滴滴溅传播。一般树下遮阴处种植的芍药极易发病，栽植密度过大、株丛过大，雨后排水不及时，偏施氮肥等都会加重白粉病的发生。

（3）月季黑斑病

①症状：该病主要侵害月季的叶片，也侵害叶柄、嫩梢、花梗和花等部位。发病初期，叶片正面出现褐色小斑点，逐渐扩展为圆形、近圆形或不规则形黑褐色病斑，直径为 2～12mm，边缘呈放射状。后期，病斑上着生许多黑色疱状小点，即为病原菌的分生孢子。病斑之间相互连接使叶片变黄、脱落。嫩枝、叶柄上的病斑为紫褐色的长椭圆形斑，稍下陷。花蕾上多为紫褐色的椭圆形斑。

②发病规律：露地栽培，病原菌以菌丝体在叶痕及枯枝落叶上越冬，翌年春天产生分生孢子进行初侵染，分生孢子由雨水、灌溉水的喷溅传播。分生孢子由表皮直接侵入，在 22～30℃，潜伏期 3～4d，一般为 10～11d。多雨、多雾、通风不良均有利于发病。

（4）丁香叶斑病

①症状：

a. 丁香黑斑病。发病初期，叶片上有褪绿斑，后逐渐扩大成圆形或近圆形病斑，褐色或暗褐色，有轮文但不明显，最后变成灰褐色，病斑上密生黑色霉点。

b. 丁香褐斑病。叶片上病斑常为不规则多角形，褐色，后期病斑中央变成灰褐色，边缘深褐色。病斑背面着生暗灰色霉层，发病严重时病斑上也有少量霉层。

②发病规律：

a. 丁香黑斑病。病菌以菌丝体或分生孢子在染病落叶上越冬，由风雨传播。该病害在苗木上发病重。

b. 丁香褐斑病。病菌以子座或菌丝体在染病落叶上越冬，由风雨传播。雨水多、露水重、种植密度大、通风不良有利于病害的发生。

（5）杨树叶锈病

①症状：发生在杨树叶片上。早春展叶时，芽、叶片上布满黄色粉堆，粉堆下组织变黄褐色，后期叶背面散生大量黄色粉堆，严重时结成块状，叶部受害隆起，引起早期落叶。

②发病规律：病菌以菌丝体在冬芽内越冬，随冬芽的萌动而发育，形成夏孢子堆，病芽不能正常生长，形成畸形芽，成为重要的侵染源。

（6）海棠锈病

①症状：主要危害海棠的叶片，也可危害叶柄、嫩枝、果实。感病初期，叶片正面出现橙黄色、有光泽的小圆斑，病斑边缘有黄绿色的晕圈，其后病斑上产生针头大小的黄褐色小颗粒，即病菌的性孢子器。大约3周后病斑的背面长出黄白色的毛状物，即病菌的锈孢子器。叶柄、果实上的病斑明显隆起，多呈纺锤形，果实畸形并开裂。嫩梢发病时病斑凹陷，病部易折断。

秋冬季病菌为害转主寄主桧柏的针叶和小枝，最初出现淡黄色斑点，随后稍隆起，最后产生黄褐色圆锥形角状物或楔形角状物，即病菌的冬孢子角。翌年春天，冬孢子角吸水膨胀为橙黄色的胶状物，犹如针叶树“开花”。

②发病规律：病菌以菌丝体在桧柏上越冬，可存活多年。翌年3、4月份冬孢子成熟，春雨后，冬孢子角吸水膨大萌发产生担孢子，担孢子借风雨传播到海棠上，萌发产生芽管直接由表皮侵入；经6～10d的潜育期，在叶正面产生性孢子器；约3周后在叶背面产生锈孢子器。锈孢子借风雨传播到桧柏上入侵新梢越冬。

该病的发生与气候条件关系密切。春季多雨气温低或早春干旱少雨发病轻，春季温暖多雨则发病重。该病发生与园林植物的配置关系十分密切。该病菌需要转主寄主才能完成其生活史，故海棠与桧柏类针叶树混栽发病就重。

3. 叶部病害的防治措施

1）白粉病的防治措施

（1）清除侵染来源。秋冬季结合清园扫除枯枝落叶，或结合修剪整枝除去病梢、病叶，并集中烧毁或填埋，以减少侵染来源。

（2）加强栽培管理，提高园林植物的抗病性。适当增施磷、钾肥，合理使用氮肥；种植不要过密。适当疏伐，以利于通风透光；及时清除感病植株，摘除病叶，剪去病枝。

（3）喷药防治。发芽前喷施石硫合剂；生长季节用25%粉锈宁可湿性粉剂2000倍液，或70%甲基托布津可湿性粉剂1000～1200倍液，或50%退菌特800倍液进行喷雾。

2）叶斑病的防治措施

（1）加强栽培管理，控制病害的发生。适当控制栽植密度，及时修剪，以利于通风透光；增施有机肥、磷肥、钾肥，适当控制氮肥，提高植株抗病能力。

（2）选用抗病品种和健壮苗木。在园林植物配置上，可选用抗性品种避免种植感病品种，可减轻病害的发生。

（3）清除侵染来源。彻底清除病株残体及病死植株，并集中烧毁。休眠期在发病重的地块喷洒3°Be的石硫合剂，或在早春展叶前喷洒50%多菌灵可湿性粉剂600倍液。

（4）发病期喷药防治。在发病初期及时喷施杀菌剂，如50%托布津可湿性粉剂1000倍液，或50%退菌特可湿性粉剂500倍液，或65%代森锌可湿性粉剂500倍液。

3）锈病的防治措施

（1）合理配置园林植物。合理配置园林植物是防止转主寄主的锈病发生的重要措施。为了预防海棠锈病，在园林植物配置上要避免海棠和圆柏类针叶树混栽；如因景观需要必须一起栽植，则应考虑将圆柏类针叶树栽在下风向，或选用抗性品种。

（2）清除侵染来源。结合庭院清理和修剪，及时除去病枝、病叶、病芽，并集中烧毁。

（3）化学防治。在休眠期喷洒 3°Be 石硫合剂可以杀死在芽内及病部越冬的菌丝体；生长季节喷洒 25%粉锈宁可湿性粉剂 300～500 倍液，或 12.5%烯唑醇可湿性粉剂 3000～6000 倍液，或 65%的代森锌可湿性粉剂 500 倍液，可起到较好的防治效果。

【思考与练习】

1. 园林植物叶部病害的侵染循环的特点有哪些？
2. 锈病的症状如何？发病规律如何？应如何进行防治？
3. 叶斑病的症状有何特点？怎样进行防治？
4. 简述白粉病的形态特征。
5. 本地区针叶树、阔叶树有哪些主要叶斑病？症状如何？

【技能训练】 园林植物病害的田间诊断

1. 实训目的

通过对当地园林植物发病情况的观察和诊断，逐步掌握各类植物的病害的发生特点及诊断要点，熟悉病害诊断的一般程序，为植物病害的调查研究与防治提供依据。

2. 实训材料

放大镜、记录本、标本夹、手锯、剪枝剪、图书、记录本等。

3. 实训内容

（1）非侵染性病害的诊断。对当地已发病的园林植株进行观察，注意病害的分布、植株的发病部位、病害是成片还是有发病中心、发病植物所处的小环境等。如果观察到的植物病害症状是叶片变色、枯死、落花、落果、生长不良等现象，病部又找不到病原物，且病害在田间的分布比较均匀而成片，可判断为是非侵染性病害；诊断时还应结合地形、土质、施肥、耕作、灌溉和其他特殊环境条件，进行认真分析。

（2）真菌性病害的诊断。对已发病的园林植物进行观察时，若发现其病状有：①坏死型：有猝倒、立枯、溃疡、穿孔和叶斑病等。②腐烂型：苗腐、根腐、茎腐、花腐、果腐病等。③畸形：有根肿、癌肿等。④萎蔫型：有枯萎等。除此之外，病害在发病部位多数具有以下病症：霜霉、白粉、霉污、锈粉等，则可诊断为真菌病害。

（3）细菌性病害的诊断。田间诊断时若发现其症状是坏死、萎蔫、腐烂和畸形等不同病状，但其共同特点是在植物的受病部位能产生大量的细菌，以致当气候潮湿时从病部气孔、伤口等处有大量黏稠状物——菌脓溢出，可以判断为细菌性病害，这是诊断细菌病害的主要依据。

（4）病毒性病害的诊断。植物病毒性病害没有病症，常具有花叶、黄化、条纹、坏死斑纹和环斑、畸形等特异性病状，田间比较容易识别。但有时常与一些非侵染性病害相混淆。因此，诊断时应注意病害在田间的分布、发病与地势、土壤、施肥等的关系；发病与传毒昆虫的关系；症状特征及其变化是否有点到面的传染现象等而进行诊断。

4. 实训要求

（1）实训前认真预习，观看各种病害图片、标本，熟悉真菌、细菌、病毒病害的症状特点。

（2）实训中仔细观察园林植物生长地的地形、土质、施肥、耕作、灌溉和其他特殊环境条件，对比真菌、细菌、病毒病害的症状区别。

5. 实训报告

实训报告应阐述园林植物病害田间诊断结果，包括病害类别（非侵染、真菌、细菌、病毒等），症状表现，诊断依据等；在田间病害诊断过程中应注意哪些问题？

6. 结果评价

训练任务	园林植物病害的田间诊断				
评价类别	评价项目	评价子项目	自我评价 20%	小组评价 20%	教师评价 60%
过程性评价 60%	专业能力 45%	非侵染性病害的识别 15%			
		园林植物真菌病害的识别 15%			
		园林植物细菌病害的识别 15%			
	素质能力 15%	工作态度 8%			
		团队合作 7%			
结果评价 40%	实训报告 15%				
	园林植物病害识别结果 25%				
评分合计					
班级：	姓名：		第　组	总得分：	

子任务 2　枝干病害防治

【知识点】

1. 掌握园林植物枝干病害防治的基本理论知识；

2. 掌握当地园林植物主要枝干病害的发生规律。

【技能点】

1. 能进行显微镜的操作；

2. 能识别当地常见枝干病害的症状；

3. 能对当地常见枝干病害的发生、为害情况进行调查；

4. 能制订综合防治方案，并能组织实施。

相关知识

1. 枝干病原及症状类型

引起枝干病害的病原，几乎包括了侵染性病原和非侵染性病原等各种因素。如真菌、细菌、支原体、寄生性种子植物等病原生物，都能危害植物的枝干，其中以真菌病害为主。非侵染源病原中高温引起的日灼伤，低温引起的冻裂伤口和枯梢等较为常见。

枝干病害的症状类型主要有：腐烂及溃疡、枯枝、肿瘤、丛枝、黄化、萎蔫、立木腐朽、流胶流脂等。不同症状类型的茎干病害，发展严重时，最终都能导致枝干的枯萎死亡。

2. 检查园林植物枝干病害的方法

（1）观察阔叶树的枝叶是否枯黄或萎蔫

如果阔叶树的整枝或整株发生枯黄或萎蔫，先检查有没有害虫，再取下萎蔫枝条，检查其维管束和皮层下木质部，如发现有变色病斑，则多是真菌引起的导管病害，影响水分输送造成；如果没有变色病斑，可能是由于茎基部或根部腐烂病或土壤气候条件不好造成的非传染性病害。

（2）辨别树木及花卉的干、茎皮层起泡、流水、腐烂情况

若树木的树干局部细胞坏死多为腐烂病，后期在病斑上生出黑色颗粒状小点，遇雨生出黄色丝状物的，多为真菌引起的腐烂病；只起泡流水，病斑扩展不太大，病斑上还生黑点的，多为真菌引起的溃疡病，如杨柳腐烂病和溃疡病。

树皮坏死，木质部变色腐朽，病部后期生出病菌的子实体（木耳等），是有真菌中担子菌所引起的树木腐朽病。

草本花卉茎部出现不规则的变色斑，发展较快，植株枯黄或萎蔫的多为疫病。

（3）检查树木根部皮层腐烂、易剥落的情况多为紫纹羽病、白纹羽病和根朽病等

树木根部皮层腐烂、易剥落的情况多为紫纹羽病、白纹羽病和根朽病等，前者根上有紫色菌丝层；白纹羽病有白色的菌丝层；后期病部生出病菌的子实体（蘑菇等）的多为根朽病，根部长瘤子，表皮粗糙的，多为根癌肿病。幼苗根际变色下陷，造成幼苗死亡的，多为幼苗立枯病。

（4）观察树木小枝枯梢的情况

树木枝梢从顶端向下枯死，多由真菌或生理原因引起，前者一般先从星星点点的枝梢开始，发展起来有个过程，如柏树赤枯病等；后者一般是一发病就大部或全部枝梢出问题，而且发展较快。

（5）检查树干树枝是否流脂流胶

树干树枝是否流脂流胶原因较复杂，一般由真菌、细菌、昆虫或生理原因引起。如雪松流灰白色树脂、油松流灰白色松脂（与生理和树蜂产卵有关）、栾树春天流树液（与天牛、木蠹蛾危害有关）、毛白杨树干破裂流水（与早春温差、树干生长不匀称有关）、合欢流黑色胶（是由吉丁虫危害引起）等。

3. 侵染循环的特点

引起园林植物枝干的病原物可以在感病植物的病斑内、病株残体上、转主寄主以及土壤内越冬，这些越冬场所都是病害重要的侵染来源。病原物的侵入途径，因其种类而异，真菌和细菌大多通过枝干表面的各种伤口、坏死的皮孔侵入寄主；有的病原菌还需要在寄主的死组织上过一段腐生生活，然后才过渡到活组织中侵染危害。有的锈菌是通

过松树针叶侵入树干皮层危害的；寄生性种子植物是直接穿透枝干皮层组织侵入寄主的；支原体只能通过极轻微的伤口侵入寄主植物。

枝干病害的病原物多借风雨和气流传播，如皮层腐烂和溃疡病及枝干锈病菌；支原体和松材线虫及某些真菌可借昆虫介体传播；寄生性种子植物，可由土壤或鸟传播；带病植株和鳞茎、球茎等繁殖材料，是病害远距离传播的主要媒介。

枝干病害的潜育期通常较叶、花、果病害长，一般多在15d以上，少数病害可长达12年或更长时间。腐烂病和溃疡病还有潜伏侵染的特点。

4. 枝干病害的防治原则

园林植物枝干病害的防治常因病原物的习性与病害的特点而异，通常可采用以下措施：

(1) 清除侵染来源。剪除病枝，拔除病株，铲除枝干锈病的转主寄主，是减少和控制侵染来源的重要手段。防治介体昆虫也是极为重要的。

(2) 改善养护管理措施，增强花木生长势，提高抗病力。对于一些死养生物引起的枝干病害，如杨树腐烂病、溃疡病和因气温不适宜引起的日灼和冻伤等，都是行之有效的。

(3) 化学防治。可用化学药剂和生物制剂涂刷病斑。为提高防治效果和节省用药量，通常先刮除病部组织再行涂药，还可采用注射药液的方法。

(4) 选育抗病品种。在枝干病害的防治上，选育抗病品种是很有前途的。防治榆枯萎病，目前主要着重研究抗病育种的方法，如中国榆是抗枯萎病的。

5. 农药施用技术及要求

若对枝干病害采取化学防治，用药时一般采用涂抹的施用形式。

树木发生腐烂病后，可在刮除病斑后涂抹杀菌剂防治病害。

涂抹施药要求：选准药剂；涂抹要均匀细致；需要刮树皮时应注意刮除轻重程度，不能刮掉活皮；用药浓度必须准确，不发生药害。

任务实施

1. 准备工作

(1) 地点：园林植物病害为害现场、校内绿地、园林植物病害实训室。

(2) 材料：各种枝干病害为害状、盒装标本等。

(3) 工具：显微镜、放大镜、镊子、各种防治病害的器具、药剂等。

2. 枝干病害的识别

对校园内园林绿地进行调查，调查的枝干病害经识别为以下几种：

(1) 杨树水泡溃疡病

①症状：本病多发生在杨树等的枝干部。一般在皮孔的边缘形成水泡状溃疡，初为圆形，极小，不易识别，其后水泡变大，直径0.5～2cm，泡内充满淡褐色液体，随后水泡破裂，液体流出，遇空气变成黑褐色，并把病斑周围染成黑褐色，最后病斑干缩下陷，中央有一纵裂小缝。严重受害的树木，病斑密集连接，植株逐渐枯死。有的病斑第二年会继续扩大，后期出现黑色针头状分生孢子器。

②发病规律：于4月开始发病，5月底至6月为发病第一高峰，病菌来源于上年秋

季病斑上越冬的分生孢子和子囊孢子。7～8月气温增高时病势减缓。9月出现第二次高峰，病原菌来源于当年春季病斑形成的分生孢子，在7～8月雨季时，飞散萌发而侵染寄主。10月以后停止发生。孢子主要通过树皮表面的机械伤口侵入，也可由皮孔或表皮直接侵入。

（2）杨树烂皮病

①症状：发生在树干及枝条上，表现为干腐及枯枝两种类型。干腐主要发生在主干、大枝及枝干分叉处。初期病部呈暗褐色水肿状斑，皮层组织腐烂变软，病斑失水后树皮干缩下陷，有时龟裂，有明显的黑褐色边缘。后期病斑上生出许多针头状黑色小突起，即病菌分生孢子器，潮湿时从中挤出橘红色卷丝状分生孢子角。枯枝型主要发生1～4年生幼树或大树枝条上，初期病部呈暗灰色，症状不明显，当病部迅速扩展绕枝干一周后，其上部枯死。枯枝上散生许多小黑点，即病菌的分生孢子器。

②发病规律：病菌以菌丝、分生孢子器或子囊壳在病组织内越冬。翌年春季，产生分生孢子进行传播，孢子萌发通过各种伤口侵入寄主组织。每年3月中下旬开始发病，形成新病斑，老病斑继续扩展。4月中旬至5月下旬为发病盛期，10月停止发展。树皮含水量与病害有密切关系，树皮含水量低有利于病害的发生。

3. 溃疡病、烂皮病的综合防治

（1）适地适树。在北方城市街道不栽或少栽垂柳，多栽一些抗干旱、耐践踏的乡土树种。

（2）严把苗木质量关，尽量减少移栽过程中苗木水分的损失。苗木要健壮无病，根幅大，挖时少伤根，运输中采取保湿措施。

（3）保护伤口，剪口要平，并涂药保护，如石硫合剂。

（4）加强检疫，防止危险性病害扩展蔓延。

（5）清除侵染来源。及时清除病死枝条和植株，结合修剪去除其他枯枝或生长衰弱的植株及枝条，刮除老病斑，减少侵染来源，可减轻病害的发生。

（6）在采取上述措施为主的同时，辅以化学防治。在发病初期施用农药，如0.1%升汞液、100倍40%福美砷、50%退菌特、70%甲基托布津、50%多菌灵及腐烂敌等刮皮涂干。

【思考与练习】

1. 园林植物枝干病害的侵染循环的特点有哪些？
2. 园林植物枝干病害的防治原则有哪些？
3. 常见的杀菌剂有哪些？
4. 本地区有哪几种主要的溃疡病？如何识别？

【技能训练】 园林植物病害的识别与防治

1. 实训目的

通过实训，识别当地主要园林植物病害症状，了解当地园林植物主要病害的种类、发生和为害情况，掌握当地园林植物主要病害的发生规律，学会制订科学的防治方案，并能组织实施。

2. 实训材料

（1）场地与材料：园林植物病害为害现场、园林植物主要病害标本。

（2）器材：数码相机、放大镜、修枝剪、记录本以及相关图书资料等。

3. 实训内容

（1）园林植物病害的症状观察和识别：分次选取病害危害严重的园林绿地，仔细观察各类病害的病状，并采集病害标本，在教师的指导下，查对资料图片，利用放大镜，初步鉴定各类病害的种类。

（2）主要病害的发生，危害情况调查：根据病害的为害情况，调查病害的发病率，确定当地园林植物主要病害种类。

（3）病害发生规律的了解：针对当地为害严重的主要病害，查阅相关资料，了解它们在当地的发生规律。

（4）防治方案的制订和实施：根据主要病害在当地的发生规律，特别是侵染过程、侵染循环和传播途径等，制订综合防治方案，提出当前的应急防治措施并组织实施，做好防治效果调查。

4. 实训要求

（1）实训前从图书馆借取有彩图的相关图书，并查阅相关资料，查看相关图片，了解当地园林植物病害的主要种类、症状等；

（2）观察和调查中要仔细认真，并做好拍照和记录。

5. 实训报告

总结本次实训的原始记录，完成实训报告。要求阐述当地园林植物病害的种类，主要病害的发生为害严重程度，主要病害的发生规律，以及综合防治方法和应急措施，防治效果等。

6. 结果评价

训练任务	园林植物病害的识别与防治				
评价类别	评价项目	评价子项目	自我评价 20%	小组评价 20%	教师评价 60%
过程性评价 60%	专业能力 45%	园林植物常见病害防治方案的制订 30%			
		园林植物常见病害症状的识别 15%			
	素质能力 15%	工作态度 8%			
		团队合作 7%			
结果评价 40%	实训报告 15%				
	防治效果 25%				
评分合计					
班级：	姓名：		第　组	总得分：	

子任务3　食叶害虫防治

【知识点】

1. 掌握园林植物虫害防治的基础知识；
2. 掌握当地主要食叶害虫的生活史。

【技能点】

1. 能识别当地主要食叶害虫的形态特征及为害状；
2. 能对当地主要食叶害虫的发生情况进行调查；
3. 能制订综合防治方案，并组织实施。

相关知识

1. 园林害虫概述

1）害虫的形态特征

危害园林植物的动物主要有昆虫、螨类和软体动物等，以昆虫为主。

昆虫的成虫由头、胸、腹3部分组成，胸部有3对共6只足，通常有2对翅。

螨类的主要特征是头、胸和腹部愈合，不分节，有4对足，通常无翅，能吐丝。

软体动物身体柔软，不分节，不对称，如蜗牛、蛞蝓等。

2）园林植物害虫的分类

危害园林植物的昆虫种类很多，根据昆虫的取食方式和危害寄主的部位可分为刺吸、食叶、蛀干和地下害虫4类，分属于以下7个目。

（1）鳞翅目。包括蝶、蛾两类，成虫身体和翅的表面密被鳞片和鳞毛，幼虫多足、咀嚼式口器。常见的害虫有凤蝶、刺蛾、木蠹蛾、螟蛾、枯叶蛾、天蛾、尺蛾、舟蛾、夜蛾等。

（2）鞘翅目。俗称甲虫，前翅硬化为角质，后翅为膜质，口器咀嚼式，幼虫寡足型。常见害虫有天牛、叶甲、吉丁虫、金龟子、小蠹、象甲等。

（3）同翅目。刺吸式口器，前翅全部为革质或膜质，后翅膜质。常见害虫有蚜虫、介壳虫、蝉、叶蝉、木虱、粉虱等。

（4）膜翅目。两对翅均为膜质，前大后小，幼虫多为无足型，如蜜蜂、白蚁等。

（5）半翅目。刺吸式口器，前翅基部革质，端部膜质，如蝽类等。

（6）双翅目。成虫只一对膜质前翅，后翅退化为平衡棒，包括蚊类、蝇类、虻类。

（7）直翅目。口器咀嚼式，前翅革质狭长，后翅膜质，多数种类后足发达，能跳跃。常见害虫有蝗虫、蟋蟀、蝼蛄等。

2. 害虫的危害症状

害虫危害园林植物后会出现各种症状，可以根据这些症状判断害虫的种类和危害的程度，从而有针对性地采取防治措施。虫害的常见症状有如下几种。

（1）虫粪及排泄物

咀嚼口器害虫啃食植物叶片或其他器官，经消化和吸收后形成粪便排出，在危害部位或地面能见到颗粒状虫粪；蛀干害虫在树干或枝条的木质部危害，也会向外排泄虫粪或木屑；刺吸口器的害虫吸取植物汁液同时排出蜜露，有时蜜露凝聚成球落在地面上形成亮点，招引蚂蚁取食。

（2）叶片缺损或穿孔

食叶害虫危害后常造成叶片缺损或穿孔。刺蛾、叶蜂、天蛾等幼虫取食后，叶缘出现缺损；蓑蛾取食后，叶片常出现穿孔。

（3）叶片斑点

刺吸式口器害虫危害叶片后，常留下各种颜色的斑点。介壳虫危害后，一般形成黄色或红色的块状斑；网蝽、叶螨危害后，留下黄褐色的点状斑；叶蝉危害后，常形成黄白色的小方块状斑。

（4）卷叶

卷叶蛾、卷叶象等害虫危害叶片时，常将叶片卷起，在里面取食或产卵，有纵卷、反卷或包卷等各种形状。

（5）畸形或肿瘤

瘿螨、瘿蜂等害虫可使叶片形成膨大的虫瘿。

（6）枯梢

有些危害枝梢的害虫，如松梢螟、杉梢螟等，可将树木的嫩梢咬断，从而出现枯梢现象。

（7）落叶或枯死

园林植物被天牛、木蠹蛾等蛀干害虫危害后，植物的生理代谢被破坏，生长衰弱，出现落叶和枯枝现象，甚至全株死亡。如柏双条杉天牛发生时，常造成柏类整枝或整株枯死；光肩星天牛危害严重时，常导致杨、柳类树木落叶或枯死。

3. 农药施用技术及要求

若对食叶害虫采取化学防治，用药时一般采用喷雾施用形式以及涂抹的形式。

（1）喷雾施药方法

将农药与水按一定要求的比例配成药液，通过喷雾机械雾化并均匀喷洒在植物上。配制的药液要均匀一致。高大树木通常使用高压机动喷雾机喷雾，矮小花木常用小型机动喷雾机或手压喷雾器喷雾。

（2）喷雾施药要求

喷药时必须尽量成雾状，叶面附药均匀，喷药范围应互相衔接，“上下内外要打到”，“喷得仔细，打得周到”，达到“枝枝有药，叶叶有药”，打一次药，有一次效果；使用高射程喷雾机喷药时，应随时摆动喷枪，尽一切可能击散水柱，使其成雾状，减少药液流失；喷药前应做好虫情调查，做到“有的放矢，心中有数”；喷药后要做好防治效果检查，记好病虫防治日记；配药浓度要准确，应按说明书的要求去做。严格遵守其中的“注意事项”，对于标签失落不明的农药勿用。不能发生药害。

（3）涂抹施药方法

涂抹施药指的是将药剂涂抹在树木树干上防治病虫的方法。

涂抹药环阻杀上下树木的害虫，将触杀剂类药剂配以其他黏着剂在树干上涂宽20～30cm药环毒杀上、下树害虫。

涂抹内吸剂药剂毒杀树木地上部害虫害螨，将树皮适当轻刮并涂一定浓度内吸剂毒杀树木枝干、叶上的害虫、害螨，如在榆树干上涂抹氧化乐果可毒杀榆绿叶甲。

任务实施

1. 准备工作

（1）地点：园林植物虫害为害现场、校内绿地、园林植物虫害实训室。

（2）材料：各种叶部虫害为害状、盒装标本。

（3）工具：捕虫网、毒瓶及各种防治虫害的器具、药剂等。

2. 食叶害虫的识别

对校园内园林绿地进行害虫调查，调查的虫害经识别为以下几种：

（1）美国白蛾 *Hyphantria cunea* Drury

又名秋幕毛虫，属鳞翅目、灯蛾科。

①形态特征

a. 成虫：为白色中型蛾子，雌蛾触角锯齿状，翅纯白色；雄蛾触角双栉齿状，前翅翅面多散生黑褐色斑点，也有的个体无斑。

b. 卵：近球形，直径0.5mm，初产时绿色或黄绿色，有光泽，后变成灰绿色，近孵化时灰褐色，顶部黑褐色。卵块大小为2～3cm，表面覆盖雌蛾脱落的毛和鳞片，呈白色。

c. 幼虫：老熟幼虫体长28～35mm，体色为黄绿至灰黑色，背部两侧线之间有一条灰褐色至灰黑色宽纵带，体侧面和腹面灰黄色，背部毛瘤黑色，体侧毛疣上着生白色长毛丛，混杂有少量的黑毛，有的个体生有暗红色毛丛。

d. 蛹：暗红褐色，椭圆形。茧灰白色，薄、松、丝质，混以幼虫体毛。

②生物学特性

该虫在我国1年发生2代，以蛹在树干皮缝及墙缝、树干孔洞及枯枝落叶层中结薄茧越冬。翌年5月上旬越冬蛹羽化成虫，第1代幼虫期在6月至7月上旬，7月上旬开始化蛹，7月下旬成虫羽化。第2代幼虫于8月上旬孵化，9月中旬化蛹。成虫具有趋光性。

6月上旬、8月上旬两代幼虫为害多种植物的叶片，7月、9月为为害盛期，初孵幼虫至4龄前吐丝结成网幕，营群集生活，初孵幼虫只取食叶肉，残留叶脉，形成孔洞。进入5龄后分散取食。

（2）黄刺蛾 *Cnidocampa flavescens* Walker

又名洋辣子，属鳞翅目、刺蛾科。

①形态特征

a. 成虫：头和胸黄色，腹背黄褐色，前翅内半部黄色，外半部为褐色，有2条暗褐色斜线在翅尖上汇合于一点呈倒“V”字形，里面的1条深至中室下角，为黄色与褐色的分界线，后翅灰黄色。

b. 卵：扁平，椭圆形，淡黄色。

c. 幼虫：老熟幼虫体长19～25mm，头小，黄褐色，胸、腹部肥大，黄绿色，体背上有1块紫褐色“哑铃”形大斑。体两侧下方还有9对刺突，刺突上生有毒毛。腹足退化，但具吸盘。

d. 蛹：椭圆形，黄褐色，茧灰白色，质地坚硬，表面光滑，茧壳上有几道褐色长短不一的纵纹，形似雀蛋。茧均结在茎干分叉点或小枝杈上。

②生物学特性

此虫在辽宁、陕西等地1年发生1代，在北京、江苏、安徽等地1年发生2代。以老熟幼虫在小枝分叉处、主侧枝以及树干的粗皮上结茧越冬。翌年4～5月间化蛹，5～6月出现成虫。成虫羽化多在傍晚，产卵多在叶背，卵期7～10d。初孵幼虫取食卵壳，而后取食叶的下表皮及叶肉组织，留下上表皮，形成圆形透明小斑。虫口密度高时，危害小斑即可结成块，进入4龄时取食叶片呈孔洞状，5龄后可取食老全叶，仅留主脉和叶柄，幼虫有7龄。7月份老熟幼虫吐丝并分泌黏液作茧化蛹。

(3) 蓝目天蛾 *Smerinthus planus* Walker

又名柳天蛾，蓝目灰天蛾。属鳞翅目、天蛾科。

①形态特征

a. 成虫：触角黄褐色栉齿状（雄虫发达）。翅灰褐色，前翅有数条横线，顶端有云状纹，中部近前缘有一半月形斑；后翅中央为紫红色，近后缘处有一大形眼状斑，其周围为淡紫灰色，中央为深蓝色。

b. 卵：椭圆形，绿色，有光泽。

c. 幼虫：老熟幼虫体长60～90mm，绿色或黄绿色，头顶尖，两侧各具1黄色条纹。胸部和腹部1～8节的两侧各具1条由细小颗粒所形成的黄色斜纹线。胸足褐色，腹足绿色，端部褐色。

d. 蛹：长椭圆形，初化时暗红色，后为黑褐色。

②生物学特性

在东北、西北、华北1年发生2代，以蛹在根际土壤中越冬。翌年5月中旬成虫羽化，卵多散产在叶背或枝条上，卵期7～14d。6月上旬幼虫孵化危害，初孵幼虫先吃去大半卵壳，后爬向较嫩的叶片，将叶子吃成缺刻，到5龄后食量大而危害严重，常将叶子吃光，仅留叶柄，树下有成片绿色圆筒形虫粪。7月下旬第1代成虫羽化，成虫具趋光性；8月份为第2代幼虫危害期，9月上旬幼虫入土8cm左右化蛹越冬。

(4) 槐尺蛾 *Semiothisa cineraria* Bremer et Grey

又名吊死鬼，国槐尺蛾，属鳞翅目、尺蛾科。

①形态特征

a. 成虫：通体黄褐色，触角丝状，复眼圆形、黑褐色，前翅有明显的3条黑色横线，近顶角处有一长方形褐色斑纹。后翅只有2条横线，中室外缘上有一黑色小点。

b. 卵：椭圆形，初产时浅绿色，孵化前渐变成灰褐色。

c. 幼虫：初孵幼虫黄褐色，随着取食虫体逐渐变绿色，经 4 次蜕皮为老熟幼虫，老熟幼虫身体紫红色。幼虫生有胸足 3 对、腹足 1 对、臀足 1 对，头壳和身体上有黑点或不同长短的黑色线条。

d. 蛹：初化蛹肢翅部翠绿色，渐变成黑褐色，雌蛹大于雄蛹，臀棘黑褐色，长约 1mm。

②生物学特性

1 年 3～4 代，以蛹在土壤 2～3cm 深处越冬。翌年 5 月上中旬槐树萌芽时越冬代成虫羽化。卵产在叶的背面。卵经 6～8d 孵化幼虫，初孵幼虫 1～2mm，黄绿色。幼虫在树冠顶部的枝梢取食嫩叶边缘呈缺刻状，幼虫期 4 龄。幼虫常以臀足攀附枝干挺直躯体伪装成绿枝状以麻痹天敌。幼虫有吐丝下垂习性，故又称“吊死鬼”。成虫有趋光性。

（5）舞毒蛾 *Lymantria dispar* Linnaeus

又名舞舞蛾、秋千毛虫等，属鳞翅目、毒蛾科。

①形态特征

a. 成虫：雌、雄异形。雌蛾体污白色。触角黑色双栉齿状。前翅有 4 条黑褐色锯齿状横线，中室端部横脉上有“<”形黑纹（开口向翅外缘），内方有一黑点。后翅斑纹不明显。腹部粗大，末端具黄棕色或暗棕色毛丛。雄蛾体瘦小，茶褐色。触角羽毛状。前翅翅面上具有与雌蛾相同的斑纹。

b. 卵：块状，卵块上覆有很厚的黄褐色绒毛。

c. 幼虫：老熟幼虫头黄褐色，具“八”字形黑纹，胴部背线两侧的毛瘤前 5 对为黑色，后 6 对为红色，毛瘤上生有一棕黑色短毛。

d. 蛹：暗褐色或黑色，胸背及腹部有不明显的毛瘤，着生稀而短的褐色毛丛。无茧，仅有几根丝缚其蛹体与基物相连。

②生物学特性

1 年 1 代，以完成胚胎发育的幼虫在卵内越冬。卵块在树皮上、梯田堰缝、石缝中等处。翌年 4～5 月树发芽时开始孵化。1～2 龄幼虫昼夜在树上群集叶背，白天静伏，夜间取食。幼虫有吐丝下垂，借风传播习性。3 龄后白天藏在树皮缝或树干基部石块杂草下，夜间上树取食。6 月上、中旬幼虫老熟后大多爬至白天隐藏的场所化蛹。成虫于 6 月中旬至 7 月上旬羽化，盛期在 6 月下旬。雄虫有白天飞舞的习性（故得名）。舞毒蛾繁殖的有利条件是在干燥而温暖的疏林。

（6）杨扇舟蛾 *Clostera anachoreta* Fabricius

属鳞翅目、舟蛾科。

①形态特征

a. 成虫：体淡灰褐色，触角栉齿状（雄蛾发达），前翅灰白色，顶角处有一块赤褐色扇形大斑，斑下有一黑色圆点，翅面上有灰白色波状横线 4 条。后翅灰白色，较浅，中央有 1 条色泽较深的斜线。雄虫腹末具分叉的毛丛。

b. 卵：馒头形，红褐色。

c. 幼虫：老熟幼虫头部黑褐色，背面淡黄绿色，两侧有灰褐色纵带。第 1、8 腹节背中央各有一个大黑红色瘤。

d. 蛹：褐色，末端具分叉的臀棘，被椭圆形灰白色茧。

②生物学特性

发生代数因地而异，1 年 2～8 代，越往南发生代数越多。以蛹结薄茧在土中、树皮缝和枯叶卷苞内越冬。成虫有趋光性。卵产于叶背，单层排列呈块状。初孵幼虫有群集习性，剥食叶肉，使被害叶成网状，3 龄以后分散取食，常缀叶成苞，夜间出苞取食。老熟后在卷叶内吐丝结薄茧化蛹。

（7）白杨叶甲 *Chrysomela populi* Linnaeus

又名白杨金花虫，属鞘翅目、叶甲科。

①形态特征

a. 成虫：体近椭圆形，体蓝黑色，有金属光泽，触角短，第 1～6 节为蓝黑色，具光泽，第 7～11 节为黑色，无光泽。前胸背板蓝紫色，鞘翅红色。近翅基四分之一处略收缩，末端圆钝。

b. 卵：长 2mm，椭圆形，橙黄色。

c. 幼虫：老熟幼虫橘黄色，头部黑色。前胸背板有黑色“W”形纹，其他各节背面有 2 列黑点，第 2、3 节两侧各有一个黑色刺状突起。

d. 蛹：初为白色，近羽化时为橙黄色。蛹背有成列黑点。

②生物学特性

1 年发生 1～2 代，以成虫在落叶杂草或浅土层中越冬。翌年 4 月份寄主发芽后开始上树取食，并交尾产卵。卵产于叶背或嫩枝叶柄处，块状。初龄幼虫有群集习性，2 龄后开始分散取食，取食叶缘呈缺刻状。幼虫于 6 月上旬开始老熟附着于叶背悬垂化蛹。6 月中旬羽化成虫，6 月下旬至 8 月上中旬成虫开始越夏越冬。

（8）黄褐天幕毛虫 *Malacosoma neustria testacea* Motschlspy

属鳞翅目、枯叶蛾科。

①形态特征

a. 成虫：雄成虫体长 13～15mm，体色浅褐色，雌成虫体长 15～18mm，体色深褐色。雄成虫前翅中央有 2 条平行的褐色横线，雌成虫前翅中央有 1 条深褐色宽带。后翅淡褐色，斑纹不明显。

b. 卵：圆形，灰白色，顶部中央凹陷，卵块产于枝条上呈“顶针”状。

c. 幼虫：头部灰蓝色，胴部背面中央有一明显白带，两边是橙黄色横线，气门黑色，体背各节具黑色长毛。胴部第 11 节上有一个暗色突疣，老熟幼虫体长 50～60mm。

d. 蛹：初化蛹羽翅绿色、腹部红褐色，后逐渐变成深褐色。蛹体外被白色丝质双层茧，茧层间有黄色粉状物。

②生物学特性

天幕毛虫每年发生 1 代，以幼虫在卵壳中越冬。翌年 4 月下旬梨树、桃树开花时幼虫从卵壳中钻出，先在卵环附近为害嫩叶，并在小枝交叉处吐丝结网张幕而群聚网幕上为害。幼虫白天潜居网幕上，夜间出来取食为害。将网幕附近的叶片食尽后，再转移他处另张网拉幕。近老熟时分散活动，虫龄越大食量也越多，易暴食成灾。6 月上中旬老熟幼虫寻找密集叶丛结茧化蛹。蛹经10～13d羽化成虫。雌虫交尾后寻找适宜的当年生小枝产卵，卵粒环绕枝干排成“顶针”状。

3. 食叶害虫的防治

(1) 灯蛾类的防治措施

①加强植物检疫，并做好虫情监测，一旦发现检疫害虫，应尽快查清发生范围，并进行封锁和除治。

②物理防治。

a. 人工防治。幼虫在4龄前群集于网幕中，为害状比较明显，应抓住这一时机发动人工摘除网幕，消灭幼虫。5龄后，在离地面1m处的树干上围草诱集幼虫化蛹，再集中烧毁。

b. 诱杀法。根据灯蛾成虫具有趋光性，于成虫羽化期设置灯光诱杀。还可用性引诱剂诱杀成虫。

③化学防治。幼虫期，用敌杀死、辛硫磷、速灭杀丁等喷雾杀虫，具体用药浓度可参照药品说明书。

④生物防治。可用苏云金杆菌（1×10^8 孢子/mL）和灯蛾型多角体病毒防治幼虫。还可释放周氏啮小蜂防治美国白蛾。同时要保护和利用灯蛾绒茧蜂、小花蝽、草蛉、胡蜂、蜘蛛、鸟类等天敌。

(2) 刺蛾类的防治措施

①消灭越冬虫茧。刺蛾以茧越冬历时很长，可结合抚育、修枝、松土等园林技术措施，铲除越冬虫茧。尤其黄刺蛾虫茧明显，可人工摘杀虫茧降低其虫口数。

②诱杀成虫。利用成虫的趋光性，设置黑光灯诱杀成虫。

③人工摘虫叶。利用初孵幼虫有群居习性、受害叶片呈透明枯斑，容易识别，可组织人力摘除虫叶，消灭幼虫。

④药剂防治。幼虫期喷施50%敌杀死1500倍液。

⑤生物防治。用孢子含量 1×10^{11}/g以上的青虫菌可湿性粉剂，加水500～1000倍液，对幼虫有较好的防治效果。

⑥保护和利用天敌。如上海青蜂、赤眼蜂、刺蛾紫姬蜂等。

(3) 天蛾类的防治措施

①物理防治。根据天蛾有土中化蛹习性，冬、春季在根部附近挖过冬蛹，消灭虫源；及时检查，根据植株为害状及树下虫粪，随时捕杀幼虫；根据成虫具有趋光性，可设置灯光诱杀成虫。

②化学防治。虫口密度大时，可喷50%辛硫磷乳油1000～1500倍液，90%敌百虫或80%敌敌畏乳油800～1000倍液，20%菊杀乳油2000倍液。

③生物防治。应用 10×10^9/mL含孢量的青虫菌浓缩液加水500～1000倍液喷施。同时要注意保护胡蜂、螳螂、绒茧蜂类天敌昆虫。

(4) 尺蛾类的防治措施

①结合肥水管理，人工挖出虫蛹。

②在行道树上可结合卫生清扫，人工捕杀落地准备化蛹的幼虫。

③初龄幼虫期喷施杀虫剂，如75%辛硫磷乳油、80%敌敌畏乳油1000～1500倍液、2.5%三氟氯氰菊酯乳油3000～10000倍液。

④利用黑光灯诱杀成虫。

(5) 毒蛾类的防治措施

①消灭越冬虫体，如刮除舞毒蛾卵块，搜杀越冬幼虫等。

②对于有上、下树习性的幼虫，可用溴氰菊酯毒笔在树干上画1～2个闭合环（环宽1cm），可毒杀幼虫，死亡率达86%～99%，残效8～10d。也可绑毒绳等阻止幼虫上、下树。

③低矮的林木、花卉可结合其他管理措施，人工摘除卵块及群集的初孵幼虫。

④灯光诱杀成虫。

⑤幼虫越冬前，可在干基束草诱杀越冬幼虫。

⑥药剂防治。幼虫期喷施5%定虫隆乳油1000～2000倍液或50%敌杀死乳油1500倍液等。

⑦保护天敌。

(6) 舟蛾类的防治措施

①消灭越冬蛹。可结合松土、施肥等挖除蛹。

②人工摘除卵块、虫苞，特别是第1、2代，可抑制其扩大成灾。

③初龄幼虫期喷施杀螟松乳油1000倍液、辛硫磷乳油15000倍液。

④利用黑光灯诱杀成虫。

⑤保护和利用天敌。如黑卵蜂、舟蛾赤眼蜂、小茧蜂等。有条件的可使用青虫菌、苏云金杆菌等微生物制剂。

(7) 叶甲类的防治措施

①消灭越冬虫源。清除墙缝、石砖、落叶、杂草下等处越冬的成虫，减少越冬基数。

②老熟幼虫群集树杈、树皮缝等处化蛹时，集中搜集杀死。

③人工振落捕杀成虫或人工摘除卵块。

④化学防治。各代成虫、幼虫发生期喷洒2.5%溴氰菊酯4000～6000倍液。

(8) 枯叶蛾类的防治措施

①消灭越冬虫体。可结合修剪、肥水管理等消灭越冬虫源。

②物理机械防治。人工摘除卵块或孵化后尚群集的初龄幼虫及蛹茧；灯光诱杀成虫；幼虫越冬前，干基绑草绳诱杀。

③化学防治。发生严重时，可喷洒2.5%溴氰菊酯乳油4000～6000倍液、50%敌敌畏乳油2000倍液、50%磷胺乳剂2000倍液、25%灭幼脲Ⅲ号1000倍液喷雾防治。

④生物防治。用白僵菌、青虫菌、松毛虫杆菌等微生物制剂使幼虫致病死亡。保护、招引益鸟。

【思考与练习】

1. 本地区有哪几种常见的叶甲？怎样识别和防治？
2. 如何控制食叶害虫的危害？
3. 如何调查本地区食叶害虫？
4. 论述本地区美国白蛾的综合治理的技术措施。
5. 比较本地区主要食叶蛾类的成虫与幼虫的形态、生物学特性。

【技能训练】　园林植物食叶害虫的识别与防治

1. 实训目的

通过实训，识别当地园林植物主要食叶害虫的形态特征和为害状，了解当地园林植物主要食叶害虫的种类，发生和为害情况，掌握当地园林植物主要食叶害虫的发生规律，学会制订科学的防治方案，并能组织实施。

2. 实训材料

（1）场地与材料：园林植物食叶害虫为害现场，园林植物的主要食叶害虫生活史标本；

（2）器材：数码相机，剪刀，放大镜，记录本，铅笔以及相关图书资料等。

3. 实训内容

（1）园林植物食叶害虫田间识别和为害状观察：分次选取为害严重的园林绿地，仔细观察食叶害虫为害状，并采集害虫标本，在教师的指导下，查对资料图片，利用放大镜初步鉴定各类害虫的种类和虫态。

（2）主要食叶害虫发生、为害情况调查：调查食叶害虫的为害情况，确定当地园林植物食叶害虫的优势种类。

（3）发生规律的了解：针对当地为害严重的优势种类食叶害虫，查阅相关资料，了解它们在当地的发生规律。

（4）防治方案的制订和实施：根据优势种类食叶害虫在当地的发生规律，制订综合防治方案，并提出当前的应急防治措施，组织实施，做好防治效果调查。

4. 实训要求

（1）实训前从图书馆借取具有彩图的相关图书，并查阅相关资料和查看相关图片，了解当地园林植物病虫害的主要种类、形态特征和为害状等。

（2）观察和调查中要仔细认真，并做好拍照和记录，标本采集要做到全面采集。

5. 实训报告

总结本次实训的原始记录，完成实训报告。要求阐述当地园林植物食叶害虫种类，主要食叶害虫的发生为害严重程度，主要食叶害虫的发生规律，以及综合防治方法和应急措施，防治效果等。

6. 结果评价

训练任务	园林植物食叶害虫的识别与防治				
评价类别	评价项目	评价子项目	自我评价 20%	小组评价 20%	教师评价 60%
过程性评价 60%	专业能力 45%	食叶害虫防治方案的制订 30%			
		主要食叶害虫的识别 15%			
	素质能力 15%	工作态度 8%			
		团队合作 7%			
结果评价 40%	实训报告 15%				
	防治效果 25%				
评分合计					
班级：	姓名：		第　组	总得分：	

子任务4　蛀干害虫的防治

【知识点】

1. 掌握园林植物蛀干虫害防治的基础知识；
2. 掌握当地园林植物主要蛀干害虫的生物学特性。

【技能点】

1. 能识别当地园林植物主要蛀干害虫的形态特征及为害状；
2. 能对当地园林植物主要蛀干害虫的发生情况进行调查；
3. 能制订综合防治方案，并组织实施。

相关知识

1. 园林植物病虫害防治方法

病虫害防治方法，按其作用原理和所用技术可分为五类，即植物检疫、园林防治、生物防治、物理机械防治、化学防治。

（1）植物检疫

植物检疫是按照国家颁布的植物检疫法规，由专门机构实施，目的在于禁止或限制危险性生物从国外传到国内，或由国内传到国外，或传入后限制其在国内的传播的一种措施，以确保农林业的安全生产。

植物检疫是一项专业性很强的工作，这项工作抓得好，可以从源头上杜绝危害生物的传播。在当今社会，经济一体化步伐加快，国际贸易往来频繁，旅游业越来越兴旺，加强植物检疫工作显得尤为重要。

（2）园林防治

园林防治是利用园林栽培技术措施，改变或创造某些环境因子，使其有利于园林植物生长发育，而不利于病虫的侵袭和传播，从而避免或减轻病虫害的发生。主要有以下一些措施：

①种苗选择。不同的树种的病虫危害也不一样，应尽量选择那些病虫害少的种类；同一树种，不同的种源、家系和品种，在种苗种植前，要进行病虫检验，确保种植的种苗无病虫害或病虫少，如种苗上有少量病虫应在种植前进行处理。

②多树种种植。多树种种植有利于增强树种多样性和食物链的完整性，利用物种之间的相互制约来控制病虫害的种群数量，防止病虫害的大发生。

③合理配置。合理配置主要是利用空间上的阻隔，防治病虫害的发生和蔓延。病原菌和害虫往往有比较固定的寄主或取食对象，用不同的树种进行配置或混交，可起到隔离作用，防治病虫害的发生和蔓延。但要注意，能够相互传染病害的植物不要配置在一起，如海棠与圆柏、龙柏、铅笔柏等树种的近距离配置，常造成海棠锈病的发生。

④加强水肥管理。适宜的水肥条件是植物健壮生长的基础，水肥过多过少都容易引起病虫害的发生。水肥过多，树木徒长，不仅降低抗病虫害能力，而且也降低抗寒性，植物冻伤后容易遭受病虫侵袭；土肥不足，容易出现生理性病害，植物生长衰弱，增大了病虫入侵的可能性。因此，为了培育健壮树势，增强抗病虫能力，合理施肥和灌溉是非常必要的。

⑤保持清洁的环境卫生。保证园林植物生长环境的卫生是减少病虫害侵染来源的重要措施。其主要工作有：及时清理被病虫为害致死或治疗无望的植株，将其掩埋或销毁；及时修剪病虫严重的枝叶；杂草是病虫繁殖传播的温床，要及时清理杂草。

（3）生物防治

利用有益生物及其天然产物防治害虫和病原物的方法称为生物防治。生物防治是综合防治的重要内容，它的优点是不污染环境，对人畜和植物安全，效果持久等，但也存在明显的局限性，如技术要求复杂，许多技术目前仍不完善，其效果受环境和寄主要求条件较多，生物防治制剂的开发周期长，成本高等。生物防治技术主要有以下几种：

①利用害虫天敌。自然界天敌昆虫种类很多，可分捕食性天敌和寄生性天敌两类，前者如瓢虫、草蛉、食蚜蝇、食虫虻、蚂蚁、胡蜂、步甲等，后者有寄生蜂和寄生蝇等。另外，一些鸟类、爬行类、两栖类动物以害虫为食，对控制害虫的种群数量起着重要的作用，如啄木鸟和灰喜鹊是森林和树木的卫士。保护和利用天敌有很多途径，其中重要的是合理使用农药，减少对天敌的伤害，其次要创造有利于天敌栖息繁衍的环境条件，如保持树种和群落的多样性，保护天敌安全越冬，必要时补充寄主以招引天敌等。

②利用病原微生物。利用某些细菌、真菌、病毒等微生物使昆虫生病并使之死亡，是一种非常有效的生物防治措施，例如，用白僵菌可防治松毛虫。病原微生物也可用于病害防治，如用野杆菌放射菌株 84 防治细菌性癌病，在世界许多国家都已成功，用它防治月季细菌性根癌病，防治效果非常理想。

③利用昆虫激素。昆虫激素是由内分泌器官分泌的、能控制昆虫的生长发育和繁殖

的物质，通过人工合成这些激素，使其过量地作用于昆虫，能干扰昆虫正常的生长发育和繁殖，从而控制昆虫的种群数量。目前用得最多的是保幼激素和性激素，前者能使昆虫保持幼稚状态，后者能干扰昆虫的雄雌交配，也可以引诱昆虫以便捕杀。

④利用农业抗生素。农用抗生素是细菌、真菌和放线菌的代谢产物，通过工厂生产出来，在较低的浓度下能抑制或消灭病原微生物及一些害虫。杀虫剂主要有阿维菌素、绿宝苏等，杀菌剂主要有井冈霉素、灭菌素、多抗霉素、春雷霉素等。

(4) 物理机械防治

利用人工、器械或各种物理因子如光、电、色、温度、湿度等防治病虫的方法称为物理方法。它操作简便，节省经费，不污染环境，但在田间大面积实施受到一些限制，难以收到彻底的结果，一般可作为辅助性防治手段，主要有以下措施。

①热处理。染病的苗木可用35～40℃的热风处理1～4周，或用40～50℃的温度浸泡10min至3h，带病毒且含水量低的种子也可以进行热处理。种苗热处理关键是要把握好温度和时间，不能超过种苗的忍受范围，否则会对种苗造成伤害。一般先用少量种苗做实验，温度要慢慢升高，让种苗有一个适应过程。

对染病的温室或栽培土壤可用90～100℃的热蒸汽处理30min；盛夏时将土壤翻耙，让太阳暴晒，也能杀死病原菌。

②机械阻隔作用。常用地膜覆盖阻隔病原物。许多叶部病害的病原物是在病残体(根系或枯落物)上越冬，早春地膜覆盖后可阻止病原物向上侵染叶片，且由于覆膜后土壤湿度、温度提高，加速病残体腐烂，减少侵染源，如芍药地膜覆盖后可显著减少叶斑病的发生。

③其他措施。包括利用简单的机械进行人工捕杀，拔除或修剪病虫害植株或受害器官，利用昆虫的趋光性和对颜色的趋性诱杀等。

(5) 化学防治

化学防治具有见效快、效果好、使用方便等优点，但也存在许多显而易见的缺点，如污染环境，破坏生态平衡杀伤天敌及其他有益生物，使害虫和病原菌产生抗药性，使用不当易对植物产生药害，引起人畜中毒等。因此，园林植物病虫害防治主要做好预防和综合防治工作，尽量减少化学农药的使用，特别是不能使用一些剧毒的、残效期长的农药，不得不使用少量农药时，也要选择高效、低残效期短的种类，并讲究科学使用，将副作用减少到最低水平。

按防治对象不同，农药可分为杀虫剂、杀螨剂、杀菌剂、除草剂、杀线虫剂等。园林植物病虫害防治常用的是前三种。杀虫剂按其作用方式可分为触杀作用、胃毒作用、内吸作用和熏蒸作用等，杀菌剂对真菌、细菌等有抑制或中和其有毒代谢产物等作用。

2. 农药施用技术及要求

对于枝干害虫若采取化学防治，用药时一般采用虫孔注射、涂抹、熏蒸等施用形式。

(1) 虫孔注射施药技术及要求

①注射施药方法

用注射器将配好的药液注入虫孔防治蛀干害虫的方法。常用于防治树木主干及主枝上发生的蛀干害虫，注射施药时除准备注射器、药液及堵孔物外，还要准备梯子、安全带等。

②注射施药要求

找准蛀食排粪孔；注射时，虫孔、排粪孔内均要注满药液，注射后用泥团堵住孔口；一虫多孔时，应先堵塞注射孔以上或以下的虫孔，然后注射；配药浓度准确，不能用原药直接注射。

③树干钻孔施药技术及要求

必须按规定的用药量准确配制和使用。钻孔部位在树基部 20cm 以上，打孔多个时，各孔之间的距离不少于 20cm，并且各孔之间应成螺旋式排列上升。钻头直径 0.5～0.8cm，长 5～10cm。钻孔时钻头与树干成 45°角，最深处不能达到树木髓心。钻孔数量可根据树木种类、直径、虫口密度、天气情况决定。一般树干直径大、虫口密度大、降雨量大时钻孔数量就应该多，反之则少。树干直径 5～10cm，可钻孔 2～3 个；树干直径 10cm 以上，可钻 3～5 个孔；最多可钻 7 个孔。下一次注射时，宜在原钻孔处进行。

（2）涂抹施药技术及要求

①涂抹施药方法

蛀干害虫在初蛀入树木时会排出粪屑，而且蛀入树木较浅，及时涂抹内吸性强的药剂可杀死初孵幼虫，如小木蠹蛾幼虫初孵时可涂抹菊杀乳油或氧化乐果等，防治效果很好。

②涂抹施药要求

选准药剂；涂抹要均匀细致；需要刮树皮时应注意刮除轻重程度，不能刮掉活皮；用药浓度必须准确，不发生药害。

（3）熏蒸施药技术及要求

①熏蒸施药方法

利用易挥发或易分解产生毒气及能够汽化的药剂来防治病虫害的方法。熏蒸法适用密闭的条件下进行，主要用于防治蛀干害虫，也可防治温室病虫。

施入虫孔防治蛀干害虫，具体操作是将固体或液体药剂塞入或注入虫孔，并立即封孔。

②熏蒸施药要求

用药量要准确；药环境要密封好；熏蒸温室病虫后要通风。

任务实施

1. 准备工作

（1）地点：园林植物害虫为害现场、校内绿地、园林植物虫害实训室。

（2）材料：各种枝干虫害为害状、盒装标本。

（3）工具：毒瓶、小刀及各种防治虫害的器具、药剂等。

2. 蛀干害虫的识别

在校园内园林绿地进行枝干害虫调查，调查的害虫经识别为以下几种：

(1) 光肩星天牛 *Anoplophora glabripennis* Motsch.

属鞘翅目、天牛科。

①形态特征

a. 成虫：雌虫体长22～35mm，雄虫体长20～29mm，亮黑色。头比前胸略小，触角12节，自第3节起各节基部灰蓝色，雌虫触角约为体长的1.3倍，末节末端灰白色，雄触角约为体长的2.5倍，末节末端黑色。前胸两侧刺状侧刺突1个，鞘翅基部光滑，每翅具大小不同的白绒毛斑约20个。

b. 卵：乳白色，长椭圆形，两端略弯曲，将孵化时黄色。

c. 幼虫：初孵幼虫乳白色，老熟幼虫体带黄色，长约50mm。前胸大而长，背板后半部"凸"字形区色较深，其前沿无深色细边。

d. 蛹：乳白色至黄白色，触角前端卷曲呈环形，前胸背板两侧各有侧刺突一个。

②生物学特性

1年发生1代，少数2年1代，以幼虫在树干内越冬。越冬的老熟幼虫翌年直接化蛹，越冬幼虫3月下旬开始活动取食，4月底5月初开始在隧道上部做略向树干外倾斜的椭圆形蛹室化蛹。6月上旬咬羽化孔飞出，6月中旬至7月上旬为盛期，10月上旬还可见成虫活动。6月中旬至7月下旬产卵，卵期约11d，每雌产卵约32粒，9～10月产的卵第2年孵化。

成虫白天活动，8～12时最活跃，阴天栖于树冠，取食杨、柳叶片和直径18mm以下的嫩枝皮层补充营养，嫩枝受害后易风折或枯死。补充营养后2～3d交尾，可交尾数次。产卵刻槽圆形，每槽有卵1粒，产卵后分泌胶状物堵塞刻槽。从树干根际直至直径4cm的树梢处均分布刻槽，但以树干枝杈处多，约20%的空槽外无胶状堵塞物。

(2) 白杨透翅蛾 *Paranthrene tabaniformis* Rottemburg

又名杨透翅蛾，属鳞翅目，透翅蛾科。

①形态特征

a. 成虫：外形似胡蜂，青黑色，腹部5条黄色横带。头顶1束黄毛簇，雌蛾触角栉齿不明显，端部光秃，雄蛾触角具青黑色栉齿2列。褐黑色前翅窄长，后翅全部透明。

b. 卵：椭圆形，黑色，表面微凹，上有灰白色多角形不规则刻纹。

c. 幼虫：老熟幼虫体长30～33mm，初龄幼虫淡红色，老熟黄白色。

d. 蛹：体长12～23mm，纺锤形，褐色。

②生物学特性

多为1年1代，以3～4龄幼虫在寄主内越冬。翌年4月中、下旬树液开始流动时为害，取食寄主的髓心。5月上中旬幼虫老熟在树干内部向树的上部蛀化蛹室。6月上中旬成虫羽化，将蛹壳的2/3带出羽化孔，遗留下的蛹壳长时间不掉，极易识别。

成虫飞行能力较差，夜晚则静止于枝叶上。卵多产于1～2年生幼树叶柄基部、有绒毛的枝干上、旧的虫孔内、受机械损伤的伤疤处及树干缝隙内；枝干粗糙，绒毛较多的则落卵量较多，受害严重。幼虫孵化后多在嫩枝的叶腋、皮层及枝干伤口处或旧的虫孔内蛀入，再钻入木质部和韧皮部之间，围绕枝干钻蛀虫道，使被害处形成瘤状虫瘿；

钻入木质部后沿髓部向上蛀食，蛀道长2～10cm，虫粪和碎屑被推出孔外后常吐丝缀封排粪孔；幼虫蛀入树干后常不转移，只有当被害处枯萎、折断而不能生存时才另选适宜部位入侵。幼虫随苗木调运是其扩大为害范围的主要原因。

（3）杨干象 *Cryptorrhynchus lapathi* Linnaeus

属鞘翅目、象虫科。

①形态特征

a. 成虫：长椭圆形，黑褐色至棕褐色，全身被灰褐色鳞片，其间散生白色鳞片，形成不规则横带。前胸背板两侧和鞘翅后端1/3处及腿节白色鳞片较密，并混生有直立的黑色毛簇。喙弯曲，复眼黑色，触角9节，呈膝状。前胸背板宽大于长，中间有一条细隆线，鞘翅后端1/3处向后倾斜，形成一个三角形斜面，雌成虫臀板末端尖形，雄成虫臀板末端圆形。

b. 卵：椭圆形，乳白色，渐变成乳黄色。

c. 幼虫：乳白色，渐变成乳黄色，弯曲。疏生黄色短毛，头黄褐色。前胸具一对黄色硬背板。足退化，在足痕处生有数根黄毛，胴部弯曲，略呈马蹄状。

d. 蛹：乳白色，渐变成黑褐色，离蛹，腹部背面散生许多小刺，前胸背板上有数个突出的小刺，腹部末端有一对向内弯曲的褐色小钩。

②生物学特性

多1年1代，以卵及初孵幼虫越冬。翌年4月中旬越冬幼虫开始活动，越冬卵也相继孵化为幼虫。幼虫先在韧皮部与木质部之间蛀道为害，于5月上旬钻入木质部为害化蛹。

成虫发生于6月中旬到7月中旬，羽化期约1个月，成虫盛期为7月中旬。成虫出现后，爬到嫩叶片上取食进行补充营养，成虫假死性较强，多半在早晨交尾和产卵。将卵产2年生以上幼树或枝条的叶痕裂皮缝的木栓层中。幼虫蛀道初期，在坑道末端的表皮上咬一针刺状小孔，由孔中排出红褐色丝状排泄物。常由孔口渗出树液，坑道处的表皮应颜色变深，呈油浸状，微凹陷。随着树木的生长，坑道处的表皮形成刀砍状一圈一圈的裂口，促使树木大量失水而干枯，并且非常容易造成风折。幼虫在5月下旬于近坑道末端向上钻入木质部，蛀成直径3～6mm、长35～76mm的圆形羽化孔道，在孔道末端筑成直径4～6.5mm、长10～18mm的椭圆形蛹室。蛹室两端用丝状木屑封闭，整个羽化孔道充满幼虫咀嚼剩下的碎屑。幼虫化蛹时头部向下，蛹期6～12d。成虫大都在早晚或夜间羽化。羽化后，一般经过10～15d爬出羽化孔，在原幼虫坑道处留下一个圆孔。该虫为国内检疫对象。

（4）芳香木蠹蛾 *Cossus cossus orientalis* Gaede

鳞翅目、木蠹蛾科。

①形态特征

a. 成虫：体粗壮、灰褐色。触角单栉齿状；头顶毛丛和鳞片鲜黄色，中胸前半部为深褐色，后半部白、黑、黄相间；后胸一黑横带。前翅前缘8条短黑纹，中室内3/4处及外侧2条短横线，后翅中室白色、其余暗褐色，端半部具波状横纹。

b. 卵：近圆形，初白色，后暗褐或灰褐色，卵壳纵隆脊间具刻纹。

c. 幼虫：体粗壮，扁圆筒形，末龄幼虫头黑色，体长 58～90mm，胴体背面紫红色，腹面桃红色，前胸背板“凸”形的黑色斑的中央一白色纵纹。

d. 蛹：略向腹面弯曲，红棕色或黑棕色，腹节背面 2 行刺列。

②生物学特性

两年发生 1 代，第一年以幼虫在寄主内越冬，第二年幼虫老熟后至秋末，从排粪孔爬出，坠落地面，钻入土层 30～60mm 处做薄茧越冬，成虫 4 月下旬开始羽化，5 月上、中旬为羽化盛期，多在白天羽化，趋光性弱，性引诱力强，卵单产或聚产于树冠枝干基部的树皮裂缝、伤口、枝杈或旧虫孔处，无被覆物，卵期 13～21d。初孵幼虫常几头至几十头群集为害树干及枝条的韧皮部及形成层，随后进入木质部，形成不规则的共同坑道。至 9 月中、下旬幼虫越冬，第二年继续为害至秋末入土结茧越冬。

3. 蛀干害虫的防治技术

1）天牛类防治措施

（1）植物检疫。在天牛严重发生的疫区和保护区之间严格执行检疫制度。对可能携带危险性天牛的调运苗木、幼树实行检疫，检验是否带有天牛的卵、入侵孔、羽化孔、虫瘿、虫道和活虫体等，并按检疫法进行处理。

（2）预测预报。健全对危险性天牛的监控组织机构，落实责任制度和科学的监控手段，定期检查，发出预报，对指导天牛类害虫的防治相当重要。

（3）园林栽培技术防治。

①选择适宜于当地气候、土壤等条件的抗虫树种营造抗虫林，尽量避免栽植单一绿化树种。

②加强树木管理：定时清除树干上的萌生枝叶，保持树干光滑，改善园林通风透光状况，阻止成虫产卵，改变卵的孵化条件，提高初孵幼虫的自然死亡率。

（4）生物技术防治。保护、利用天敌，如啄木鸟对控制天牛的为害有较好的效果；在天牛幼虫期释放管氏肿腿蜂；也可用麦秆蘸取少许寄生菌粉与西维因的混合粉剂插入虫孔。

（5）人工物理防治。对有假死性的天牛可振落捕杀，也可组织人工捕杀，锤击产卵刻槽或刮除虫疱可杀死虫卵和小幼虫。在树干 2m 以下涂白或缠草绳，防止双条杉天牛、云斑白条天牛等成虫在寄主上产卵。用沥青、清漆等涂桑树剪口、锯口，防止桑天牛产卵。

（6）药剂防治。

①药剂喷涂枝干：对在韧皮下为害尚未进入木质部的幼龄幼虫防效显著。常用药剂有 50％辛硫磷乳油、40％氧化乐果乳油、50％杀螟松乳油、25％杀虫脒盐酸盐水剂、90％敌百虫晶体 100～200 倍液，加入少量煤油、食盐或醋效果更好；涂抹嫩枝虫瘿时应适当增大稀释倍数。

②注孔、堵孔法：对已蛀入木质部，并有排粪孔的大幼虫，如桑天牛、星天牛类等使用磷化锌毒签、磷化铝片、磷化铝丸等堵最下面 2～3 个排粪孔，其余排粪孔用泥堵死，进行毒气熏杀效果显著。用注射器注入 50％马拉硫磷乳油、50％杀螟松乳油、40％氧化乐果乳油 20～40 倍液，或用药棉蘸 2.5％溴氰菊酯乳油 400 倍液塞入虫孔，

药效达100%。

③防治成虫：对成虫有补充营养习性的，在其羽化期间用常用药剂的500～1000倍液喷洒树冠和枝干，或40%氧化乐果乳油、2.5%溴氰菊酯乳油500倍液喷干。

2）透翅蛾类的防治技术

（1）加强检疫。对引进或输出的杨树苗木和枝条要严格检疫，及时剪除虫瘿，以防止传播和扩散。

（2）园林栽培技术防治。选用抗虫品种和树种。并应及时清除虫害苗和枝条，在白杨透翅蛾重害区，可栽植银白杨或毛白杨诱集成虫产卵，待幼虫孵化后彻底销毁。

（3）人工防治。白杨透翅蛾成虫羽化集中，并在树干上静止或爬行，可在早春3月人工捕杀，结合修剪铲除虫疤，烧毁虫疤周围的翘皮、老皮以消灭幼虫。

（4）生物防治。保护利用天敌，在天敌羽化期减少农药使用，或用蘸白僵菌、绿僵菌的棉球堵塞虫孔。在成虫羽化期应用信息素诱杀成虫，效果明显。

（5）化学防治。成虫羽化盛期，喷洒40%氧化乐果1000倍液，或2.5%溴氰菊酯4000倍液，以毒杀成虫，兼杀初孵幼虫。幼虫越冬前及越冬后刚出蛰时用40%氧化乐果和煤油以1∶30倍液，或与柴油以1∶20倍液涂刷虫斑或全面涂刷树干，幼虫侵害期如发现枝干上有新虫粪立即用上述混合药液涂刷，或用50%杀螟松乳油与柴油液以1∶5倍液滴入虫孔，或用50%杀螟松乳油、50%磷胺乳油20～60倍液在被害处1～2cm范围内涂刷药环。幼虫孵化盛期在树干下部间隔7d喷洒2～3次40%氧化乐果乳油或50%甲胺磷乳油1000～1500倍液，可达到较好的防治效果。

3）杨干象的防治技术

（1）加强植物检疫工作。属国内检疫对象，应做好产地、调运检疫工作。

（2）化学防治。于4月下旬至5月中旬用40%氧化乐果乳剂10倍液或白僵菌点涂幼虫排粪孔和蛀食的隧道，毒杀幼虫；在幼虫危害期，用打孔机在树干基部打孔深1～1.5cm，每株打4～6孔，用注药器或注射器每孔注入40%乐果乳油1∶1药液，距注药孔3m以内幼虫均可毒杀；于6月下旬至7月中旬每隔10d喷一次2.5%敌杀死4000倍液毒杀成虫。

（3）园林防治。剪掉并烧毁被害枝条。

4）木蠹蛾的防治技术

（1）园林栽培措施防治。结合冬季修剪及时剪、伐新枯死的带虫枝和树，消灭越冬幼虫。

（2）物理机械防治。灯光诱杀成虫或刮除树皮缝处的卵块；根据其幼虫喜群居的特点，寻找新鲜粪屑之处，用细铁丝或其他利器从虫孔伸入钩杀幼虫。

（3）化学防治。幼虫孵化后未侵入树干前，可喷施20%菊杀乳油2000倍液或50%杀螟松乳油1000～1500倍液等杀初孵幼虫；幼虫初侵入期，往排粪屑处喷20%菊杀乳油150～200倍液或涂刷5～10倍的菊杀乳油；对已侵入木质部蛀道较深的幼虫，可用棉球蘸10倍的50%敌敌畏乳油塞入虫孔，外用黄泥封口，熏杀蛀孔内幼虫；树干涂白涂剂以防成虫产卵。

【思考与练习】

1. 如何识别天牛的成虫和幼虫？怎样控制天牛的危害？
2. 如何防治蛀干象甲的危害？
3. 怎样识别透翅蛾的成虫和幼虫？如何控制其危害？
4. 怎样识别木蠹蛾的幼虫和成虫？如何防治？
5. 比较本地区常见危害植物的天牛种类的成虫、幼虫的形态、习性和被害状。

【技能训练】　园林植物蛀干害虫的识别与防治

1. 实训目的

通过实训，识别当地园林植物主要蛀干害虫的形态特征和为害状，了解当地园林植物主要蛀干害虫的种类，发生和为害情况，掌握当地园林植物主要蛀干害虫的发生规律，学会制订科学的防治方案，并能组织实施。

2. 实训材料

(1) 场地与材料：园林植物害虫为害现场，园林植物的主要害虫生活史标本。

(2) 器材：数码相机，剪刀，放大镜，镊子，挑针，记录本，铅笔以及相关图书资料等。

3. 实训内容

(1) 园林植物蛀干害虫田间识别和为害状观察：分次选取为害严重的园林绿地，仔细观察蛀干害虫为害状，并采集蛀干害虫标本，在教师的指导下，查对资料图片，利用放大镜初步鉴定各蛀干害虫的种类和虫态。

(2) 主要蛀干害虫发生、为害情况调查：根据田间蛀干害虫的情况，调查害虫的虫口密度和为害情况，确定当地园林植物蛀干害虫的优势种类。

(3) 发生规律的了解：针对当地为害严重的优势种类蛀干害虫，查阅相关资料，了解它们在当地的发生规律。

(4) 防治方案的制订和实施：根据优势种类蛀干害虫在当地的发生规律，制订综合防治方案，并提出当前的应急防治措施，组织实施，做好防治效果调查。

4. 实训要求

(1) 实训前从图书馆借取具有彩图的相关图书，并查阅相关资料和查看相关图片，了解当地园林植物病虫害的主要种类、形态特征和为害状等。

(2) 观察和调查中要仔细认真，并做好拍照和记录，标本采集要做到全面采集。

5. 实训报告

总结本次实训的原始记录，完成实训报告。要求阐述当地园林植物蛀干害虫种类，主要蛀干害虫的发生为害严重程度，主要蛀干害虫的发生规律，以及综合防治方法和应急措施，防治效果等。

6. 结果评价

训练任务	园林植物蛀干害虫的识别与防治				
评价类别	评价项目	评价子项目	自我评价 20%	小组评价 20%	教师评价 60%
过程性评价 60%	专业能力 45%	蛀干害虫防治方案的制订 30%			
		主要蛀干害虫的识别 15%			
	素质能力 15%	工作态度 8%			
		团队合作 7%			
结果评价 40%	实训报告 15%				
	防治效果 25%				
评分合计					
班级：	姓名：		第　组	总得分：	

子任务 5　吸汁害虫防治

【知识点】

1. 掌握园林植物吸汁害虫防治的基础知识；
2. 掌握当地园林植物主要吸汁害虫的生物学特性。

【技能点】

1. 能识别当地园林植物主要吸汁害虫的形态特征及为害状；
2. 能对当地园林植物主要吸汁害虫的发生情况进行调查；
3. 能制订综合防治方案，并组织实施。

相关知识

1. 农药的使用技术

若对吸汁害虫采取化学防治，用药时一般可采用喷雾施用形式和埋土根施形式。

（1）埋土根施农药方法

将药剂施于植物根部附近土壤里，通过植物根系吸收传导药剂或直接触杀病虫防治病虫害的方法。埋土根施内吸剂药可防治蚜虫、红蜘蛛、粉虱等，防治地下害虫、线虫及根部病害常埋土根施触杀剂或杀菌剂类农药。

埋土根施农药具体操作因施药防治对象不同而异：防治树木地上部害虫的，要在植株根际附近四周挖 4～5 个穴，穴深以见到吸收根为准，然后将计算好的药量均匀洒在几个穴，覆土，作好树堰浇水。防治地下害虫或根部病害的可在根际近处开环形沟将药剂施入并覆土。

（2）埋土根施农药要求

挖穴要均匀，穴的远近视植株大小而异，通常在树木胸径 8～12 倍范围处内，穴内要见吸收根；用药量要准确；施药后立即覆土；埋药后必须浇水，保持土壤经常湿润。

（3）喷雾试药方法同食叶害虫防治。

2. 农药配制计算

农药配制计算常用方法是倍数法。

当农药被稀释 100 倍以上时，计算公式为：农药用量＝水的用量/稀释倍数。

如配制 800 倍敌敌畏乳液 1600kg，求农药用量。

农药用量＝1600kg/800＝2kg。

3. 常用杀虫剂及杀螨剂

农药的种类繁多，用于园林植物病虫害的防治，应选用高效、低毒、低残留、无异味、无污染的药剂，以免影响观赏。

（1）敌百虫（Dipterex）：为高效、低毒、低残留、广谱性杀虫剂，胃毒作用强，兼有触杀作用，对人畜安全，残效期短，可用于防治地下害虫。对双翅目、鳞翅目、膜翅目、鞘翅目等多种害虫均有很好的防治效果，但对一些刺吸式口器害虫，如蚧类、蚜虫类效果不佳，生产上常用 90％晶体敌百虫稀释 800 倍液喷雾。

（2）氧乐果（Omethoate）：具触杀、内吸和胃毒作用，是一种广谱性杀虫、杀螨剂，主要用于防治刺吸式口器的害虫，如蚜、蚧、螨等，也可防治咀嚼式口器的害虫，该药对人畜高毒，对蜜蜂也有较高的毒性，使用时应注意。常见的剂型有 40％乳油，20％粉剂。一般使用浓度为 40％乳油稀释 1000～2000 倍液喷雾，也可用于内吸涂环，樱花、梅花及桃花忌用。

（3）辛硫磷（Pnoxim）：为高效、低毒、低残留杀虫剂，具有触杀及胃毒作用。对白蚁、蚜虫、蓟马、螨类、龟蜡蚜及鳞翅目幼虫均有良好的防治效果。施于土壤中可以有效地防治地下害虫，残效期可达 15d 以上。常用剂型有 50％乳油。常用 50％辛硫磷乳油稀释 1000～2000 倍喷雾。

（4）灭幼脲又称灭幼脲Ⅲ号、苏脲Ⅰ号。属低毒杀虫剂，对人畜和天敌安全。有强烈的胃毒作用，还有触杀作用，能抑制和破坏昆虫新表皮中几丁质的合成，从而使昆虫不能正常脱皮饿死，日间残效期 15～20d，施药后 3～4d 开始见效。制剂多为 25％、50％胶悬剂。一般用 50％胶悬剂加水稀释 1000～2500 倍。

（5）氰戊菊酯（Azomsark，Fenvalethrin）又名杀灭菊酯、速灭杀丁，是我国产量最高的拟除虫菊酯类农药。有很强的触杀作用，还有胃毒和驱避作用，击倒力强，杀虫速度快，可用于防治多种害虫，如蚜虫、蓟马、黑刺粉虱、松毛虫等。常见剂型有 20％乳油，多用 20％乳油稀释 3000～4000 倍喷雾。

（6）溴氰菊酯（Deltamethrin，Decis）又名敌杀死，对人畜毒性中等。溴氰菊酯主要以触杀作用为主，也有一定的驱避与拒食作用，击倒速度快，对松毛虫、杨柳毒蛾、榆蓝叶甲等害虫有很好的防治效果。常见剂型为 2.5％乳油、2.5％可湿性粉剂。使用方法为 2.5％乳油稀释 2000～3000 倍喷雾。

（7）联苯菊酯（Biphenthrin，Talstar）又名天王星、虫螨灵，是最突出的杀虫、杀螨剂。对人畜毒性中等，对天敌的杀伤力低于敌敌畏等有机磷类农药，但高于其他菊酯类农药。该药具有强烈的触杀与胃毒作用，作用迅速，持效期长，杀虫谱广，对鳞翅目、鞘翅目、缨翅目及叶蝉、粉虱、瘿螨、叶螨等均有较好的防治效果。常见剂型为10%乳油、10%可湿性粉剂。使用方法为10%乳油稀释5000～6000倍喷雾。

(8) 磷化铝（Aluminum phosphide）对人畜剧毒。除对仓库粉螨无效外，对其他多种害虫都有效。制剂有56%磷化铝片剂和56%磷化铝粉剂。该品也可制成毒签防治多种天牛幼虫。

(9) 克螨特（Comite，Omite）对人畜毒性较低，对天敌无害。克螨特为广谱性杀螨剂，具有胃毒和触杀作用，对成螨、若螨效果良好，杀卵效果较差。常见剂型有73%乳油，使用方法为73%乳油稀释3000倍喷雾。

任务实施

1. 准备工作

(1) 地点：园林植物虫害为害现场、校内绿地、园林植物虫害实训室

(2) 材料：各种吸汁虫害为害状、盒装标本

(3) 工具：剪子、放大镜及各种防治虫害的器具、药剂等。

2. 吸汁害虫的识别

在当地园林绿地内进行调查，调查的虫害经识别为以下几种：

(1) 松大蚜 *Cinara pinitabulaeformis* Zhang et Zhang

属同翅目、蚜科。

①形态特征

a. 无翅孤雌蚜：体长2.8～3.3mm。黑褐色至黑色。腹部膨大，其上散生黑色颗粒状物，并被白蜡质粉，末端钝圆。触角6节，第3节最长。

b. 有翅孤雌蚜：体长3.4mm。黑褐色，有黑色刚毛，足上尤多；腹部末端稍尖。翅膜质透明，前缘黑褐色；雄成虫与无翅孤雌蚜极为相似，仅体略小，腹部稍尖。

c. 卵：长1.8～2.0mm，宽1～1.2mm。长椭圆形，黑色。

d. 若蚜：体长为1mm，体态与无翅成虫相似。由于母蚜胎生出的若蚜为淡棕黄色，4～5d后变为黑褐色。

②生物学特性

以卵在松针上越冬。4月下旬或5月上旬卵孵化为若虫，中旬出现无翅型成虫，全为雌性，进行孤雌胎生繁殖。若虫长成后继续胎生繁殖。到6月中旬，出现有翅胎生雌成虫，继续进行飞迁繁殖。从5月中旬到10月上旬期间，可以同时看到成虫和各龄期的若虫。10月中旬出现有翅雄成虫，与有翅雌成虫交配后产越冬卵。若虫长成后，3～4d即可繁殖后代。因此，繁殖力很强。

(2) 白蜡蚧 *Ericerus pela* Chavannes

属同翅目、蚧科。

①形态特征

a. 雌成虫：体长1.2～1.4mm，宽1～1.2mm。背部隆起，形似半边蚌壳。初期背部呈黄绿色，腹面膜质、浅黄绿色。随着生长发育，背部逐渐变为淡红褐色，上有大小不等的黑绿色斑点。触角细小，6 节。春季虫体膨大，直径 9～10mm，有的可达 15mm。此时虫体变为红褐色。

b. 雄成虫：体长 2mm，翅展 4mm，头褐色，触角丝状，胸部横径大于头部，足细，褐色。前翅较透明，后翅为平衡棒，腹部灰白色，顶部生有 3 枚刚毛。

c. 卵：长卵形，分雌、雄卵，雄卵一头稍细。初产卵产于卵囊内液体中，后包被于白色蜡粉或蜡丝中。雄卵在母壳出口部，雄卵在壳底部。

d. 雌若虫：1 龄雌若虫近长卵形，大小为 0.5mm×0.3mm，深褐色，红色单眼 1 对，触角 6 节，灰色，生有长毛。2 龄雌若虫近卵形，大小为 0.8mm×0.6mm，背部稍隆起，中脊灰白色。

e. 雄若虫：1 龄雄若虫卵形，大小为 0.4mm×0.2mm，体色较浅。2 龄雄若虫阔卵形，大小为 0.7mm×0.5mm，浅黄褐色，背脊隆起。

f. 蛹：仅雄虫具蛹。可分为前蛹期和真蛹期。前蛹卵圆形，黄褐色，大小为 1.8mm×1mm，真蛹大小为 2mm×1mm，触角 10 节。

②生物学特性

在辽宁省每年发生 1 代，以受精雌成虫越冬。翌年春季随着树液流动和树芽膨大开始活动。4 月下旬产卵，5 月初至 5 月 20 日为产卵盛期。由于雌成虫发育不整齐，产卵期延续到 6 月初。发育成熟的卵在母壳中孵化，5 月末为孵化盛潮。孵化的若虫在母壳中短期停留后从臀裂处爬出。雌若虫先有一段不固定时间称为“游杆”，选择适宜叶片后转入“定叶”，雄若虫没有“游杆”习性，而直接“定叶”。5 月上旬为“定叶”盛期。定叶后取食汁液，雄若虫第 2d 体背出现白色蜡丝，经 5～7d 虫体为白色蜡质包被，又经 8～10d 蜕皮进入 2 龄；2 龄雄若虫离叶爬到枝条上群集不再移动，固定雄若虫开始二次蜕皮，此时放蜡，枝条上出现白色蜡层。8 月中下旬为真蛹期，9 月初成虫羽化，9 月中下旬为成虫盛期。雄成虫不擅飞翔，羽化后在雌虫上爬行，寻找交尾机会，交尾后 1～2d 死亡。而受精雌成虫则在寄主枝条上越冬。

(3) 大青叶蝉 *Cicadelln viridis* (Linnaeus)

又名青叶蝉、大绿浮尘子，属同翅目、叶蝉科。

①形态特征

a. 成虫：雌虫体长 9.4～10.1mm，雄虫体长 7.2～8.3mm，头胸部黄绿色，头顶有 1 对黑斑，复眼绿色。前胸背板淡黄绿色，其后半部深青绿色，小盾片淡黄绿色。后翅烟黑色，半透明。腹部背面蓝黑色，两侧及末节灰黄色。

b. 卵：白色微黄，长 1.6mm，长卵形，中间微弯，一端稍细，表面光滑。

c. 若虫：共 5 龄，初孵化黄绿色，复眼红色。2～6h 后，体色变淡黄、浅灰或灰黑色。3 龄后出现翅芽，老熟若虫体长 6～7mm。

②生物学特性

1 年发生 3～5 代，以卵越冬。3 代发生期为 4 月中旬至 7 月上旬，6 月中旬至 8 月中旬，7 月下旬至 11 月中旬，均以卵在林木嫩枝和枝干部皮层内越冬。

初孵若虫喜群聚取食，寄主叶面或嫩茎上常见 10～20 多个若虫群聚为害，受惊后由叶面斜行或横行向叶背逃避，或跳跃而逃。成虫趋光性很强，喜集中在潮湿背风处生长茂密、嫩绿多汁的寄主上昼夜刺吸为害，经1个多月的补充营养后才交尾产卵。

雌虫交尾后1d即可产卵，雌虫用锯状产卵器刺破寄主植物表皮，形成月牙形产卵痕，将成排的卵产于表皮下。

(4) 柏小爪螨 *Oligonychus perditus* Pritchard et Baker

属蜱螨目、叶螨科。

①形态特征

雌螨：体长0.43mm，椭圆形，褐绿色，足及颚体橘黄色。

雄螨：体长0.37mm，长椭圆形，褐绿色，背部褐色，足4对。

幼螨：体长0.1mm，近圆形，全体浅红色，足3对。

若螨：体长0.13mm，近圆形，浅褐色，足4对。

②生物学特性

在辽阳地区一年9代，以卵在树干皮层缝间或少部分在枝条和柏树针叶基部越冬，4月中旬越冬卵孵化。初孵幼虫经4～5d脱皮成为若螨，11月中旬产卵越冬，每一雌螨可产卵8粒，完成1个世代18～24d。

3. 吸汁害虫的防治技术

(1) 蚜虫类的防治措施

①园林栽培技术措施。结合林木抚育管理，冬季剪除有卵枝叶或刮除枝干上的越冬卵。

②化学防治。植物发芽前，喷施晶体石硫合剂50～100倍液消灭越冬卵。在成蚜、若蚜特别是第一代若蚜发生期，用50%灭蚜威2000倍液，50%马拉硫磷乳油，或20%氰戊菊酯乳油3000倍液喷雾。亦可在树干基部打孔注射或在刮去老皮的树干上用50%久效磷乳油、50%氧化乐果乳油5～10倍液涂5～10cm宽的药环。

③注意保护和利用天敌。避免在天敌羽化期、寄生率达到50%的情况下用药。

④蚜虫的预测预报。蚜虫的防治关键是第一代若虫为害期及为害前期。鉴于蚜虫繁殖快，世代多，经常成灾的可能性大，因此，蚜虫的测报显得十分重要。

⑤诱杀。温室和大棚内，采用黄绿色粘胶板诱杀有翅蚜虫。

(2) 介壳虫的防治措施

①植物检疫。强化检疫措施，严禁疫区携虫苗木、接穗外运和引进。有虫苗木可用6.6g/m^3、52%磷化铝片剂熏蒸2d。

②园林栽培技术措施。进行合理密植，选育抗虫树种。改善土肥条件，增加植株抗虫力。剪去病虫枝、清除受害株，以清除虫源，减少虫口密度。

③生物防治。对效果已经明确的天敌应加以保护利用，或人工饲养释放，当天敌寄生率达50%或羽化率达到60%时严禁化学防治。

④化学防治。喷药、涂干、灌根、注射等施药方式如下。

a. 喷药：春季喷施0.5～1°Be石硫合剂。生长季节用50%杀螟松乳油、50%久效磷乳油600～800倍液，40%氧化乐果乳油、75%辛硫磷乳油800～1000倍液喷雾。

b. 树干涂药环：树木萌芽时在粗糙树干刮约15cm环带，不要伤及韧皮部，用40%氧化乐果乳油50倍液涂环，涂药后用塑料纸包扎。

c. 灌根：除去树干根际泥土，后用40%氧化乐果乳油100倍液浇灌并覆土，或用50%久效磷乳油500倍液灌根，涂环及灌根后要及时浇水一次，以促使药液输导，提高杀虫效果。

d. 树干涂胶：对在土壤越冬，有上树习性害虫的可用废机油、柴油或蓖麻油1份充分熬煮后加入压碎的松香1份配制粘虫胶，在树干涂30cm宽的环带阻止若虫上树。

（3）叶蝉类防治措施

①灯光诱杀。在成虫为害期，利用灯光诱杀，消灭成虫。

②园艺防治。加强管理，勤除草，清洁庭院，结合修剪剪除被害枝以减少虫源。

③药剂防治。在若虫、成虫为害期，可喷40%氧化乐果、50%杀螟松、50%辛硫磷等药剂1000～1500倍液。

（4）叶螨类防治措施

①检疫措施。对苗木进行严格检疫，防止调运带有害螨的栽植材料，以杜绝其蔓延和扩散。

②越冬期防治。叶螨越冬的虫口基数直接关系到翌年的虫口密度，因而必须做好有关防治工作，以杜绝虫源。对木本植物，刮除粗皮、翘皮，结合修剪，剪除病、虫枝条。树干束草，诱集越冬雌螨，来春收集烧毁。对花圃地，要勤除杂草，结合翻耕整地，冬季灌水，销毁残株落叶，以便消灭越冬虫口。

③药剂防治。发现红蜘蛛在较多叶片为害时，应及早喷药。防治早期为害，是控制后期猖獗的关键。可喷40%三氯杀螨醇乳油1000～1500倍液，对杀成螨、若螨、幼螨、卵均有效，或40%氧化乐果乳油1500倍，或25%亚胺硫磷乳油1000倍，或50%三硫磷乳油2000倍。冬季可选喷3～5°Be石硫合剂，杀灭在枝干上越冬的成螨、若螨和卵。

④生物防治。叶螨天敌种类很多，包括寄生性的病原微生物和捕食性天敌。应少用对天敌杀伤力强的广谱杀虫剂，选用对天敌杀伤力较小的药剂，还可改变施药方式，如地面施药、树干包扎、分区轮换施药和局部施药等。

【思考与练习】

1. 如何识别蚧类、蚜类害虫？针对他们的生物学特性，应采取哪些防控措施？
2. 蚜虫危害有什么特点？适宜采用什么防治方法？
3. 螨类危害有什么特点？在防治上应抓住什么时机？适宜采用什么防治方法？
4. 本地区有哪些重要的吸汁害虫？怎样识别和防治它们？
5. 吸汁害虫有何危害特点？

【技能训练】　园林植物病虫害防治综合实训

1. 实训目的

通过对当地园林植物病虫害的种类和发生情况的调查，综合应用所掌握的植物病虫害防治基础知识和基本技能，正确分析主要病虫害严重发生的原因，制订切实可行的综合防治方案，并组织实施各项防治措施，使学生达到对当地园林植物病虫害会诊断识别，会分析原因，会制订方案，会组织实施的要求。

2. 实训材料

病虫为害现场、图书资料、标本采集制作工具、放大镜、显微镜、农药及施药器械等。

3. 实训内容

（1）病虫为害现场考察和标本采集：选择一块病虫发生普遍，为害严重的园林绿地，广泛采集病虫标本，并对为害进行观察、描述和拍照，访问当地绿化工人和技术人员，了解过去的栽培管理措施和病虫害发生情况。

（2）病虫种类鉴定：根据图书资料，借助显微镜鉴定病虫害种类。

（3）发生和为害情况的调查：根据植被、病虫种类和为害情况，采取相应的抽样方法，调查有虫株率、虫口密度、发病率和发病指数，确定受害情况，明确主要病虫种类。

（4）原因分析：查阅资料，了解主要病虫发生规律，并结合当地的气候资料和农事操作，分析主要病虫在当地严重发生的原因。

（5）综合防治方案的制订

根据主要病虫发生规律，以时间的顺序制订全年的综合防治方案以及当前的应急防治措施。

（6）防治措施组织和实施：组织实施防治措施，特别要注意化学防治中农药的品种，使用浓度、用量、施药时间、施药方法等的选用和安全操作，并对防治效果进行调查。

4. 实训要求

本实训要求结合校园绿化养护，全过程做好实训记录；提前备齐学生所需要的施药器械、图书资料等；教师要全过程适时跟踪指导。

5. 总结报告

主要阐述园林植物绿地面积、植被种类、园林绿化生产和管理情况以及过去病虫害发生和防治情况等，并说明综合实训的目的、时间地点、主要内容、调查方法等；阐明主要病虫害的种类，主要病虫发生规律和严重发生的原因，综合防治方案，应急防治措施以及防治效果等；结尾段阐明收获体会以及存在的问题和要注意的事项。

6. 结果评价

训练任务	园林植物病虫害防治综合实训				
评价类别	评价项目	评价子项目	自我评价 20%	小组评价 20%	教师评价 60%
过程性评价 60%	专业能力 45%	防治方案制订能力 30%			
		园林植物病虫害的识别能力 15%			
	素质能力 15%	工作态度 8%			
		团队合作 7%			

续表

训练任务	园林植物病虫害防治综合实训			
结果评价 40%	总结报告25%			
	防治效果15%			
评分合计				
班级：	姓名：	第　组	总得分：	

任务4　园林树木树体保护及灾害预防

【知识点】

1. 园林植物常见的灾害种类；
2. 园林树木受损的原因；
3. 园林树木保护与修补的原则和作用。

【技能点】

1. 树木的保护与修补；
2. 园林植物常见灾害的防治。

相关知识

我国幅员辽阔，自然条件复杂，树木种类丰富，分布区域广阔，树木在生长发育过程中会遭受到不同类型自然灾害的侵害。如冻害、冻旱、寒害、霜害、日灼、风害、旱害、涝害、雪害等。因此，只有掌握了各种自然灾害发生的规律，才能采取积极有效的防预措施，保证树木生长健壮。

1. 园林植物常见灾害的种类

1）低温危害

对于园林树木来说，无论是在生长期还是休眠期，低温对其生长都会造成伤害，尤其是在北方地区，季节性温度变化比较明显，这种伤害更为普遍。根据低温对树木伤害机理的不同，可分为冻害、冻旱和寒害三种类型。

（1）冻害

冻害是指树木在休眠期，温度降至冰点以下，植物因细胞间隙结冰引起的伤害。由于植物的不同部位忍受低温的能力不同，在遭遇低温后各部位会呈现出不同程度、不同样式的冻害表现。

①芽

芽组织幼嫩，是抗冻力较弱的器官，分化越完全耐寒力越差。不同部位的芽受害程度不同，顶芽受害最严重，腋芽次之。裸芽受害严重，鳞芽受害较轻。一般叶芽抗寒力比花芽强，腋花芽较顶花芽的抗寒力强。花芽冻害多发生在春季回暖时期，花芽受冻后，内部变褐色，初期从表面上只看到芽鳞松散，不易鉴别，后期则芽不萌发，干缩死亡。

②枝条

枝条的冻害与其成熟度有关。成熟的枝条在休眠期以形成层最抗寒，皮层次之，而木质部、髓部最不抗寒。冻害发生后，髓部、木质部先变色，严重时韧皮部才受伤，如果形成层变色则表明枝条失去了恢复能力。在生长期则相反，形成层抗寒力最差。

幼树在秋季雨水多时贪青徒长，枝条不充实，易受冻害。特别是成熟不足的先端枝条对严寒敏感，常最先发生冻害，轻者髓部变色，较重时枝条脱水干缩，严重时枝条可能冻死。

③枝杈和基角枝

树杈处的冻害位于向内的一侧，因为枝杈或主枝基角部分位置比较隐蔽，所以该处进入休眠较晚。分枝处（主枝或侧枝）的组织成熟较晚，营养物质积累不足，输导组织发育不好，抗寒锻炼迟，遇到冬季昼夜温差幅度大时，易引起冻害。同时枝杈处积雪多，化冻时吸热降低枝杈处温度，也容易引起冻害。

受冻后皮层和形成层变为褐色，干缩凹陷。主枝与树干的夹角越小，枝杈基角冻害也越严重。枝杈处组织不健全，强度低，同时容易滋生病虫害，当枝叶上积雪或冰晶过多，则造成枝干折断和劈裂。

④根颈和根系

树木所有的组织中，根颈停止生长最迟，进入休眠期最晚，而开始活动和解除休眠又较早，因此当气温骤然下降时，根颈未能很好地通过抗寒锻炼，同时近地表处温度变化又强烈，容易引起根颈的冻害。根颈受冻后，树皮先变色，后干枯。可发生在局部，表现为皮层与形成层变褐、腐烂或脱落，也可能成环状，根颈冻害对植株危害很大。

根系无休眠期，较其他上部分耐寒力差。但根系在越冬时活动力明显减弱，故耐寒力较生长期略强。一般粗根较细根耐寒力强，近地面的粗根由于地温低，较下层根系易受冻；新栽的树或幼树因根系小又浅，易受冻害，而大树则相当抗寒。

⑤叶部受害

叶含水量高，并与外界环境接触面大，随气温变化明显，又直接与冰雪接触，组织细嫩，最易遭受冻害。遭受冻害的叶片呈水渍状，而后快速脱水从边缘开始焦枯。叶片大的比叶片小的受害严重；叶片含水量高的比含水量低的受害严重；阔叶比针叶受害严重；持续时间越长受害越严重。

a. 冻裂

树木主干在气温低且变化剧烈的冬季受冻后形成纵裂，树皮成块状脱离木质部或沿裂缝向外侧卷折称为“冻裂”，又称破肚子。冻裂一般不会直接引起树木的死亡，但是，由于树皮开裂，木质部失去保护，容易招致病虫，特别是木腐菌的危害，不但严重削弱树木的生活力，而且会造成树干的腐朽形成树洞。

冻裂在幼树上少，老树上多；针叶树少，落叶树多；群植树少，孤植树多；排水良好处的树木少，地势低洼、排水不良处的树木多；树皮木栓层厚、颜色较浅者少，树皮木栓层薄、颜色较深者多；树枝下枝较高，无遮挡者冻害严重。一般生长过旺的幼树主干易受冻害，这些伤口极易招致腐烂病。

b. 冻拔

又称冻举，在高纬度的寒冷地区，当土壤含水量过高时，土壤冻结并与根系连为一体后，由于水结冰体积膨胀，使根系与土壤同时抬高。解冻时，土壤与根系分离，在重力作用下，土壤下沉，苗木根系外露，似被拔出，倒伏死亡。

冻拔的发生与树木的年龄、扎根深浅有密切关系。树木越小，根系越浅，受害越严重，因此幼苗和新栽的树木易受害。

c. 霜害

由于温度急剧下降至0℃，甚至更低，空气中的饱和水蒸气与树体表面接触，凝结成冰晶，使幼嫩组织或器官产生伤害的现象称为霜害。花芽受到霜冻后，芽体变为褐色或黑色，鳞片松散或芽体爆裂，不能萌发，而后干枯脱落。花蕾和花器受到霜冻后，萼片变成深褐色，花瓣和柱头萎蔫，进而脱落。幼果受到霜冻后，轻者畸形，重者干枯脱落。幼叶受到霜冻后，叶缘变色，叶片萎蔫，甚至干枯。

根据霜冻发生时间及其与树木生长的关系，可以分为早霜危害和晚霜危害。

ⅰ. 早霜。又称秋霜，它的危害是因凉爽的夏季并伴随以温暖的秋天，使生长季推迟。树木的小枝和芽不能及时成熟，木质化程度低而遭初秋霜冻的危害。

ⅱ. 晚霜。又称倒春寒，它的危害是因为树木萌动以后，气温突然下降至0℃或者更低，导致阔叶树的嫩枝、叶片萎蔫，变黑和死亡，针叶树的叶片变红和脱落。

（2）冻旱

①概念

冻旱是一种因土壤结冻而发生的生理型干旱。在寒冷地区，由于冬季土壤结冻，树木根系很难从土壤中吸收水分，而地上部分的枝条、芽、叶痕及常绿树木的叶子仍进行着蒸腾作用，不断地散失水分。这种情况延续一定时间以后，最终因水分平衡的破坏而导致细胞死亡，枝条干枯，甚至整个植株死亡，生产上把这种灾害现象称“抽条（干梢、烧条）”。抽条在我国北方冬春寒冷干燥地区较为普遍。

②发生规律及表现

常绿树木由于叶片的存在，遭受冻旱的可能性较大。在一般情况下，杜鹃、月桂、冬青、松属、云杉和冷杉类的树种，在极端寒冷的天气很少发生冻旱，然而在冬季或春季晴朗时，常有短期明显回暖的天气，树木地上部分蒸腾加速，土壤冻结，根系吸收的水分不能弥补丧失的水分而遭受冻旱危害。

在冻旱发生的早期，常绿针叶树受害后，针叶完全变褐或者从尖端向下逐渐变褐，顶芽易碎，小枝易折。

如大量失水抽条发生在气温回升、干燥多风、地温低的2月中下旬至3月中下旬，轻者可恢复生长，但会推迟发芽；重者可导致整个枝条干枯。发生抽条的树木容易造成树形紊乱，树冠残缺，扩展缓慢，观赏和防护功能都会降低。

（3）寒害

①概念

又称冷害，是指0℃以上的低温对树木所造成的伤害。

②发生规律

寒害多发生于我国南方地区，一般热带树种在温度为0～5℃时，呼吸作用就会受到严重阻碍。喜温树种北移时，寒害是一重要障碍，同时也是喜温树种生长发育的限制因子。

2）高温危害

高温危害是树木在太阳强烈照射下，所发生的一种热害，以仲夏和初秋最为常见。

高温危害的主要种类就是日灼，又称日烧，是高温对植物造成的一种直接伤害，是由太阳辐射热引起的生理病害，在我国各地均有发生。

（1）日灼的种类

树木的日灼因发生时期不同，有夏秋日灼和冬春日灼两种。

①夏秋日灼。夏秋季节气温高，水分少，植物蒸腾作用弱，树体温度难以调节，造成枝干的皮层或其他器官表面局部温度过高，导致皮层组织或器官溃伤、干枯，严重时引起局部组织死亡，枝条表面出现横裂，表皮脱落，日灼部位干裂，甚至枝条死亡的现象。

②冬春日灼。实质上也是一种冻害，多发生在寒冷地区的树木主干和大枝上，而且常发生在日夜温差较大的树干向阳面。受害后，树皮变色，横裂成块斑状；危害严重时韧皮部与木质部脱离；急剧受害时，树皮凹陷，日灼部位逐渐干枯、裂开或脱落，枝条死亡。

（2）伤害表现

①对叶片的伤害。表现为叶脉之间、叶缘处变成浅褐色或深褐色，或形成星散分布的边缘不规则的褪色区或褐色区。在多数叶片褪色时，整个树冠表现出一种灼伤的干枯景象。

②对形成层的伤害。主要是因为温度过高引起细胞原生质凝固，破坏新陈代谢，造成形成层死亡。当阳光强烈照射，地表温度不易向深层土壤传导，过高的地表温度会灼伤幼苗或幼树的根茎形成层，即在根茎处造成一个宽几毫米的环带，有人称之为灼环。由于高温杀死输导组织和形成层，使幼苗倒伏以致死亡。

③对树皮的灼伤。与树木的种类、年龄及其位置有关。皮烧多发生在树皮光滑的薄皮成年树上，特别是耐阴树种，树皮呈斑状死亡或片状脱落。严重时，树叶干枯、凋落，甚至造成植株死亡。

3）风害

在多风地区，树木常发生风害，出现偏冠和偏心的现象。偏冠会给树木整形修剪带来困难，影响树木作用的发挥。偏心的树木易遭受冻害和日灼，影响树体正常发育。北方冬季和早春的大风，易使树木干梢干枯死亡。春季的旱风，常将新梢嫩叶吹焦，缩短花期，不利于传粉受精。夏秋季沿海地区的树木又常遭台风危害，常使枝叶折损，大枝折断，将树吹倒，尤以阵发性大风，对高大的树木破坏性更大。

4）雪害和雨凇

（1）雪害

指树冠积雪太多，压断枝条或树干的现象。通常情况下，常绿树种比落叶树种更易遭受雪灾，落叶树如果在叶片未落完前突降大雪，也易遭雪害；下雪之前先下雨，雪花更易黏附在湿叶上，雪害更重；下雪后又遇大风，将加剧雪害。

（2）雨凇

雨凇是由过冷的雨滴或毛毛雨降落到0℃以下的地物上迅速冻结而成的均匀而透明的冰层。发生雨凇时，会在树上结冰，对早春开花或初结幼果的树体产生一定的影响。

5）涝害和雨害

涝害和雨害是园林绿地中常见的危害树木的灾害，主要由于地势处理不当、降雨量过大、树种选择不当和排水不畅引起的。

树体被水淹后，轻者黄叶、落叶、落花、落果，细根死亡并逐渐涉及大根，出现朽根。重者皮层脱落，木质变色，树冠出现枯枝或叶片失绿等现象，严重时树势下降，甚至全株枯死。

6）旱害

在我国北方大部分地区尤其是西北地区，常出现生长季节缺水，干旱成灾，造成树木生长不良，枝叶干枯，树体衰老加速，寿命缩短。春旱不雨，会使树木萌芽与开花延迟，严重时发生抽条、日灼、落花、落果和新梢过早停止生长以及早期落叶等现象，影响果树的果实产量与质量，园林植物的观赏效果。此时如当年秋季雨水多，树木极易发生二次抽条，推迟枝条的成熟，越冬能力减弱，影响树木以后的生长。

7）根环束

（1）概念

根环束是指树木的根环绕干基或大侧根生长且逐渐逼近其皮层，像金属丝捆住枝条一样，使树木生长衰弱，最终形成层被环割而导致植株的死亡。

（2）危害症状

根环束的绞杀作用，限制了环束处附近区域的有机物运输。根茎和大侧根被严重环束时，树体或某些枝条的营养生长减弱，可导致其死亡。如果树木的主根被严重环束，中央领导干或某些主枝顶梢就会枯死。沿街道或铺装地生长的树木一般比空旷地生长的树木遭受根环束危害的可能性大，而且中、老龄树木受害比幼龄树木多。通常槭树类、栎类、榆类和松类等树种受害较为普遍。

8）雷击伤害

树木遭受雷击以后，木质部可能完全破碎或烧毁，树皮被烧伤或剥落；内部组织严重灼伤而无外部症状，部分或全部根系可能致死。常绿树上部枝干可能全部死亡，而较低部分不受影响。在群植的树木中，直接遭雷击者的周围植株及附近的禾草类和其他植被也可能死亡。

2. 园林树木受损的原因

1）低温危害导致树木受损

（1）内因

①与树种、品种有关。各树种有自身特定的遗传基因组合，结构不同对忍耐低温极限值和范围的能力不同。如樟子松比油松抗冻，油松比马尾松抗冻。

②与原产地有关。原产北方的苗木抗寒能力要强一些，原产南方的苗木虽然经过长期的驯化，但抗寒能力还是差一些。将不耐寒的南方树木栽植在寒冷地区，必然会引起冻害。

③同一树种的不同器官，同一枝条的不同组织，对低温的忍耐力不同。新梢、根颈、花芽抗寒力弱，髓部抗寒力最弱，叶芽形成层耐寒力强。抗寒力弱的器官和组织，对低温特别敏感。

④与枝条的成熟度有关。枝条越成熟抗寒性越强。木质化程度高，抗寒力强。在降温来临之前，如果还不能停止生长而进行抗寒锻炼的树木，都容易遭受冻害。

⑤一般处在休眠状态的植株抗寒力强。植株休眠越深，抗寒力越强。植物抗寒性的获得是秋天和初冬期间逐步发展起来的，这个进程称作“抗寒训练”。通常的植物经过抗寒训练能够具有一定的抗寒能力。

⑥与枝条内部的糖类含量有关。研究表明，在生长季节，植株体内的糖多以淀粉形式存在。生长季末淀粉积累达到高峰，之后植物体内的淀粉开始逐渐分解成为较简单的寡糖类化合物。枝条中淀粉越在低温到来之前分解转化得越彻底，其承受低温的能力就越强。

（2）外因

①气候方面

低温来临的状况与冻害的发生有很大关系。当低温到来的时期早而且突然，植物本身未经抗寒锻炼，人们也没有采用防寒措施时，很容易发生冻害。日极端最低温度愈低，植物受冻害就越大；低温持续的时间越长，植物受冻害愈严重。此外，植物受低温影响后，如果温度急剧回升，则比缓慢回升受害严重。

②水肥管理方面

a. 秋季土壤内水分过多，树木的抗寒力有降低趋势。因水分多，树木生理活动强，枝条不能及时停止生长而木质化，枝条组织老熟硬化程度差，易遭冻害。故秋季雨水多时要注意及时排水，减少灌溉，9 月下旬至 10 月初停止灌水。

b. 秋季应及时停止施肥。如果 9 月份仍继续给树木施用含氮肥料，会促进树木枝叶徒长，不能很好形成顶芽封顶，抗寒锻炼弱，易引起冻害。

③光照方面

阳性树木要求生长在光照充足、直射光强的地方。一则其光合作用要求较强的光照，另外强烈光照能抑制细胞的伸长，使细胞壁增厚，保护组织或木栓层、角质层发达，抗寒能力强。如将阳性树木栽植在阴处，光照不足、水分过多，树木生长差而柔弱，细胞内含水量多，树皮光滑，保护组织不发达，极易遭受低温冻害。

④地理位置方面

地势、坡向不同，小气候不同，导致树木的抗寒力不同。如山南侧的植株比山北侧的植株易受害，因山南侧的温差大。土层深厚的树木较土层浅的树木抗冻害，这是由于土层深厚，根扎得深，根系发达，吸收的养分和水分多，植株健壮。特别是高尔夫球场，多处空旷地段，在没有城市小气候的情况下，绿化苗木发生冻害的情况往往比城市绿地更为严重。

⑤苗木性质

同一品种的实生苗比嫁接苗耐寒。因为实生苗根系发达，根深而抗寒力强。不同砧木品种的耐寒性差异也比较大。桃树在北方地区以山桃为砧木，南方则以毛桃为砧木，因为山桃比毛桃抗寒。同一品种结果多者比少者易受冻害，因为结果消耗大量的养分。施肥不足的抗寒力差，因为施肥不足，植株不充实，物质积累少，抗寒力降低。树木遭受病虫为害时，也容易发生冻害。

2）高温导致树木受损

当气温过高，土壤水分不足时，树木会关闭部分气孔，这是植物的一种自我保护措施。由于蒸腾减少，树体表面温度升高，就会灼伤部分组织和器官，导致树木受损。

3）风害导致树木受损

（1）树种的生物学特性

① 树种特性。主根浅、主干高、树冠大、枝叶密的树种，抗风性弱。相反，主根深、主干短、枝叶稀疏、枝干柔韧性好的树种，抗风性强。

②树体结构。通常髓心大，机械组织不发达，生长迅速而枝叶茂密的树种，风害较重。一些主干已遭虫蛀或有创伤的树木，易遭风害。

（2）环境条件

①在当风口和地势高的地方，风害严重；行道树的走向如果与风方向一致，就成为风力汇集的廊道，风压增加，加剧风害。

②绿地土壤质地。土壤浅薄、结构不良时，树木扎根浅，易遭风害。如绿地偏沙、煤渣土、石砾土，则抗风性较差；若为壤土、偏黏土，则抗风性较强。

③局部绿地因地势较低，排水不畅，雨后积水，造成土壤松软，也会加剧风害。

（3）栽植技术

①苗木质量。栽植苗木时，特别是大树移植，要按规定起苗，根盘不能小于规定尺寸，多风地区种植穴还应适当加大。如果根盘起得小，树身大则易遭风害。同时大树移栽时还要立支柱，以免苗木被风吹歪。

②栽植方式。若栽植的株行距适宜，根系能自由舒展，则树木的抗风性强。反之，则抗风性弱。

③树木修剪。不合理的修剪也会加大风害。对园林树木修剪时，如果对树冠中上部的枝叶不修剪，只对树冠的下半部进行修剪，则会加强树木的顶端优势和枝叶量，使树木的高度、冠幅与根系分布不均衡，头重脚轻，容易遭受风害。

4）雪害导致树木受损

雪害的程度受树形和修剪方法的影响。一般情况下，当树木扎根深、侧枝分布均匀、树冠紧凑时，雪害轻。不合理的修剪会加剧雪害。例如许多城市的行道树从高2.5m左右砍头，然后再培养5～6个侧枝，由于侧枝拥挤在同一部位，树体的外力高度集中，积雪过多极易造成侧枝劈裂。

5）涝害和雨害导致树木受损

（1）树种不同耐水淹的能力不同

一般来说，喜湿的树种受危害的程度较轻，喜干旱的树种其危害较重，如不及时采取措施会使树木因窒息而死亡。

（2）同一树种不同品种间的耐水淹能力不同

例如苹果中的“祝光”、“金星”等品种抗涝力较强，“红香蕉”、“黄香蕉”抗涝力差。

（3）与浸水时间有关

水浸时间越长，而树木并没有表现出明显的受害症状，表示抗涝性越强。反之则抗涝性越弱。

（4）与根系呼吸强度有关

根系呼吸强度高的树种，则抗涝性弱；根的呼吸强度越弱的树种，则抗涝性越强。

（5）与树龄有关

幼树抵抗力较低，抗涝性也较弱，成龄树抗涝性较强。

（6）与栽植深度和土壤类型有关

一般嫁接繁殖的树木，将接口埋于地下易发生涝害。沙壤土上栽植的树木受涝害较轻，在黏壤土上栽植的树木受害较重。

6）雷击导致树木受损

树木遭受雷击的数量、类型和程度差异极大，它不但受负荷电压大小的影响，而且与树种及其含水量有关。树体高大，在空旷地孤立生长的树木，生长在湿润土壤或沿水体附近生长的树木最易遭受雷击。

7）根环束导致树木受损

根环束多发生在土壤板结或铺装不合理的地方，这些地方树木根系无力穿透不适合的土壤，而在穴内客土或土球附近不断偏转生长形成环束根产生危害。在树木移栽中，根系不舒展或根系密集也可引起环束或根茎腐烂。在幼树周围进行不合理的土壤施肥，也可诱发大量的新根，以至根系过于密集，最终导致根环束的形成。在紧实板结的土壤中，形成根环束的情况比疏松的土壤多，软材树种又比硬材树种多。容器中脱出的树木比非容器栽植的树木更易招致根环束的危害。

3. 园林树木保护与修补的原则和作用

病虫害、冻害、日灼及机械损伤等会在树木的树干和主枝上留下伤口，这些伤口如果没有及时治疗、修补，经过长时间的雨水浸蚀和病菌寄生，就会使其内部腐烂形成树洞。此外，人们经常会有意无意地对树木造成损坏，如在树干上刻字留念，长期践踏树盘内的土壤使其变得坚实，拉枝折技等，这些行为都会对树木的生长产生影响。

树体保护应贯彻“防重于治”的精神，做好各方面预防工作，尽量防止各种灾害的发生，同时做好宣传教育工作，使全民意识到保护树木的重要性。对树体上已经造成的伤口，应该及早治疗，防止扩大，根据树干上伤口的部位、轻重和特点，采用不同的治疗和修补方法。

任务实施

1. 树木的保护与修补

1）树木伤口治疗

树干皮部受伤后，为了使伤口尽快愈合，防止扩大蔓延，应及时对伤口进行治疗。

（1）树皮伤口处理

①刮树皮。可通过清除在树皮缝中越冬的病虫，减少老皮对树干加粗生长的约束。刮树皮多在树木休眠期间进行，冬季严寒地区可延至萌芽前。刮树皮时要掌握好深度，将粗裂老皮刮掉即可，不能伤及绿皮以下部位，刮后应涂以保护剂。此法不能用于流胶的树木。

②植树皮。对于伤口面较小的枝干，可于生长季节移植同种树的新鲜树皮。在形成层活跃时期（6～8月）最易成功，操作越快越好。首先对伤口进行清理，然后从同种树上切取与创伤面相等的树皮，创伤面与切好的树皮对好压平后，涂以10%萘乙酸，再用塑料薄膜捆紧即可。

（2）树干伤口处理

①对于枝干因病、虫、冻、日灼或修剪等造成的伤口，首先应当用锋利的刀刮净削平四周，使皮层边缘呈弧形，然后用药剂（2%～5%硫酸铜液，0.1%的升汞溶液，石硫合剂原液）消毒。

②修剪造成的伤口，先将伤口削平，涂以保护剂，选用的保护剂要求容易涂抹、黏着性好、受热不融化、不透雨水、不腐蚀树体组织，同时又有防腐消毒的作用，如铅油、接蜡等均可。大量应用时也可用黏土和鲜牛粪加少量石硫合剂的混合物作为涂抹剂，如用激素涂剂对伤口的愈合更有利，用含有0.01%～0.1%的α-萘乙酸膏涂在伤口表面，可促进伤口愈合。

③由于风折使枝干折裂的树木，应立即用绳索捆缚加固，然后消毒涂保护剂。

④由于雷击使枝干受伤的树木，应将烧伤部位锯除并涂保护剂。

2）补树洞

各种原因造成的伤口长期不愈合，外露的木质部受雨水浸渍，逐渐腐烂，形成树洞，严重时树干内部中空，树皮破裂。由于树干的木质部及髓部腐烂，输导组织遭到破坏，因而影响水分和养分的运输及贮存，严重削弱树势，降低了枝干的坚固性和负载能力，缩短了树体寿命。补树洞主要有以下3种方法：

（1）开放法

①若树洞不深可采用此法。如果树洞很大，给人以奇特之感，欲留做观赏时也可采用此法。

②将洞内腐烂木质部彻底清除，刮去洞口边缘的死组织，直至露出新的组织，用药剂消毒并涂防护剂。同时改变洞形，以利排水，也可以在树洞最下端插入排水管。以后需经常检查防水层和排水情况，防护剂每隔半年左右重涂一次。

（2）封闭法

树洞经处理消毒后，在洞口表面钉上板条，以油灰和麻刀灰封闭（油灰是用生石灰和熟桐油以1∶0.35的比例配制，也可以直接用安装玻璃用的油灰，俗称腻子)，再涂以白灰乳胶颜料粉面，增加美观，还可以在上面压树皮状纹或钉上一层真树皮。

(3) 填充法

可用木炭、玻璃纤维作为树洞的填充材料效果比较好。也可以用枯朽树木修复材料(塑化水泥)进行填充，这是一种新型的填充材料，弹性、韧性、可塑性较强，可溶于水，固化后坚固、防水、防腐、防蛀。

填充过程中要求填充材料必须压实，为加强填料与木质部连接，洞内可钉若干电镀铁钉，并在洞口内两侧挖一道深约4cm凹槽，填充物从底部开始，每20～25cm为一层用油毡隔开，每层表面都向外略斜，以利排水，填充物边缘应不超过木质部，使形成层能在它上面形成愈伤组织。外层用石灰、乳胶、颜色粉涂抹，为了增加美观，富有真实感，在最外面钉一层真的树皮。

3) 吊枝和顶枝

吊枝在果园中应用较多，顶枝在园林中应用较多。大树或古老树木树身不稳、倾斜时，大枝下垂时，需设立支柱支撑。支柱可采用金属、木桩、钢筋混凝土材料。支柱应有坚固的基础，上端与树干连接处应有适当形状的托杆和托碗，并加软垫，以免磨损树皮。设立支柱的同时还要考虑到美观性，与周围环境谐调。

4) 涂白

(1) 涂白剂的配置

常用的石硫合剂涂白剂其配制如下：水5kg，石硫合剂原液和食盐各250g，生石灰1.5kg，动植物油少许。配制时先将生石灰加水化开，后倒入油并不断搅拌制成石灰乳，然后加入石硫合剂原液和盐水，充分搅拌即成。也可加黏着剂，能延长涂白的期限。

(2) 具体要求

涂白剂的配制要准确，注意生石灰的纯度，选择纯度高的；统一涂白高度，隔离带行道树统一涂白高度1.2～1.5m，其他的按1.2m要求进行，同一路段、区域的涂白高度应保持一致，达到整齐美观的效果；涂液时要干稀适当，对树皮缝隙、洞孔、树杈等处要重复涂刷，避免涂刷流失、刷花刷漏、干后脱落。

2. 园林植物常见灾害的防治

1) 冻害的防治

(1) 预防措施

①选用抗寒的树种、品种和砧木

选择耐寒树种是避免低温危害最有效的措施，在栽植前必须了解树种的抗寒性，优先选择乡土树种。

②加强树体保护

采用灌“冻水”和“春水”、根颈培土、涂白喷白、卷干包草、覆土、覆膜等防寒措施，加强树木的防寒能力。

a. 灌“冻水”，北方地区多在11月中上旬，浇足浇透；“春水”多在早春时多次灌返浆水，降低地温防止树体萌动，防止冻害发生。

b. 根颈培土。冻水灌完后结合封堰，依不同的树种和规格，在树木根颈部培起直径 80～100cm，高 40～50cm 的大小不同的土堆，防止冻伤根颈和根系。

c. 卷干包草。新植小树和冬季湿冷之地不耐寒的树木可用草绳卷干或用稻草包裹主干和部分主枝来防寒。草绳可以事先浸湿，包裹高度在 1.5m 处或包至分枝处。包草时草梢向上，开始半截平铺于地，从干基折草向上，连续包裹，每隔 10～15cm 横捆一道，逐层向上至分枝点。

d. 覆土。土地封冻前，可将枝干柔软、树体不高的灌木压倒固定，盖一层干树叶（或不盖），覆细土 40～50cm，轻轻拍实。使苗木及苗床土壤保持一定温度，不受气温急剧变化和其他外界不良因素的影响。部分落叶的花灌木，如蔷薇、月季以及常绿的小叶黄杨等较适宜用覆土防寒法。

e. 覆膜。较低矮的灌木，受风吹力较小，苗木根部、冠部保温可用两根柔韧性较强的竹条（宽 3cm 左右），将两头削尖，交叉插于植株四侧，弓顶距植株冠顶 15cm 左右，侧面距植株 10cm 左右，竹条插入土中深度为 4～6cm，然后覆农膜。农膜盖好后，四周再用土盖好即可。

③加强肥水管理

在水肥管理上，促前控后。春季加强肥水，促进新梢生长和叶片增大，提高光合作用的效能，保证树体健壮。秋季控制灌水，并采用摘心或喷布多效唑的方法控制秋梢生长，增加树体贮藏养分，提高抗寒力。

（2）受冻害树体的养护

①适当修剪

对树木受害部位采取晚剪或轻剪，为便于辨别受害枝，可等到芽开放后再修剪。如果只是枝条的先端受害，可将其剪至健康位置，不要将整个枝条都剪掉，以免过分破坏树形，增加恢复难度。

②适量施肥

如果树木受冻害较轻，在灾害过后可增施肥料，促进新梢的萌发和伤口的愈合；如果树木受害较重，则灾后不宜立即施肥，过多施肥可能会扰乱树木的水分和养分代谢平衡，不利树木恢复，最好等到 7 月后再增施肥料。

③防治病虫害

树体受害后，树体上有创伤，给病虫害以可乘之机。防治时可结合修剪，在伤口涂抹或喷洒化学药剂。药剂用杀菌剂加保湿胶粘剂或高膜脂，具有杀菌、保湿、增温等功效，有利于伤口的愈合。

2）霜害的防治

（1）预防措施

①推迟萌动期，避免霜害

a. 利用药剂、激素或其他方法使树木萌动推迟（延长植株的休眠期）。可采用乙烯利、青鲜素、萘乙酸钾盐（250～500mg/kg 水）或顺丁烯二酰肼（0.1%～0.2%）溶液在萌芽前或秋末喷洒树上，可以抑制萌动，或在早春多次灌返浆水，以降低地温，即在萌芽后至开花前灌水两三次，一般可延迟开花两三天。

b. 树干刷白，使早春树体减少对太阳热能的吸收，使温度升高较慢，这种方法可延迟发芽、开花两三天，能防止树体遭受早春回寒的霜冻。

②改变小气候条件

a. 喷水法。利用人工降雨和喷雾设备，在即将发生霜冻的黎明，向树冠上喷水，可提高气温，防止霜冻。此法的缺点是要求设备条件较高，但随着我国喷灌技术的发展，仍是可行的。

b. 熏烟法。事先在园内每隔一定距离设置发烟堆（用稻秆、草类或锯末等），可根据当地气象预报，于凌晨及时点火发烟，形成烟幕。熏烟能减少土壤热量的散发，同时烟粒吸收湿气，使水气凝结放出热量，提高温度，保护树木。但在多风或降温到－3℃以下时，则效果不好。

c. 吹风法。霜害是在空气静止情况下发生的，因此可以在霜冻前利用大型吹风机增强空气流通，将冷气吹散，可以起到防霜效果。

d. 加热法。加热防霜是一种现代的先进而有效的防霜方法，美国等一些国家利用加热器提高果园温度。在果园内每隔一定距离放置加热器，在霜降来临时点火加温。下层空气变暖而上升，而上层原来温度较高的空气下降，在果园周围形成一个暖气层。

③正确选择园址

选择空气畅通，地势较高的丘陵、斜坡地和阳坡地，以防冷空气沉积，造成霜害。

④选择抗寒品种，抵御霜冻

在品种选择上，应选择抗寒性能好，适应气温波动能力强、开花期晚的品种。也可考虑搭配早、中、晚花期不同的品种，以防严重霜害造成全园绝收。

⑤遮盖防霜

在低矮树种或幼树的树冠上面，用苇席、草帘、苫布、塑料膜等材料覆盖，可阻挡外来冷空气侵袭，保留地面辐射热量，保持树冠层温度，可收到很好的防霜冻效果。

（2）霜害后的养护

霜冻过后，特别是对花灌木和果树，为减少灾害造成的损失，取得较高的产量，应采取积极措施，如进行叶面喷肥等方法恢复树势，根外追肥能增加细胞浓度，效果更好。

3）干梢的防治

（1）预防措施

①一般多采用埋土防寒，即把苗木地上部分向北卧倒，培土防寒，既可保温减少蒸腾又可防止干梢。如植株大则不易卧倒，也可在树干北侧培起 60cm 高的半月形的土埂。如在树干周围撒布马粪，亦可增加土温，提前解冻，或于早春灌水，增加土壤温度和水分，均有利于防止或减轻干梢。

②在秋季对幼树枝干缠纸，缠塑料薄膜，或胶膜、喷白等，对防止干梢现象的发生具有一定的作用。其缺点是用工多、成本高。

（2）干稍后的养护

对于已经发生干梢的树木枝条的受伤部位要进行修剪，剪去受到伤害的部分，利于树势的恢复。

4）高温危害的防治

（1）选择抗性强、耐高温的树种和品种。

（2）加强水分管理、促进根系生长。土壤干旱常加剧高温危害。因此，在高温季节要加强对树木的灌溉，加强土壤管理，促进根系生长，提高吸水能力。

（3）树干涂白。

（4）地面覆盖。对于易遭日灼的幼树或苗木，可用稻草、苔藓等材料覆盖根区，也可用稻草捆缚树干。

5）风害的防治

（1）预防措施

①在风口和风道等地选抗风树种和品种。

②适当密植，采用低干矮冠整形树种，设置防风林。

③排除积水，改良栽植地的土壤质地，培育壮根良苗，采取大穴换土，适当深植、合理修枝、控制树形。

④定植后及时立支柱，对结果多的树要及早吊枝或顶枝，减少落果，对幼树、名贵树种可设置风障。

（2）风害后的养护

对于遭受大风危害，折枝伤害树冠或被风刮倒的树木，要根据受害情况，及时维护。

①要对风倒树及时顺势扶正，培土为馒头形，修去部分枝条，并立支柱。

②对裂枝要顶起或吊枝，捆紧基部伤面，或涂激素药膏促其愈合，并加强肥水管理，促进树势的恢复。

③对难以补救者应进行淘汰，秋后重新换植新株。

6）雨害和涝害的防治

（1）预防措施

合理选择树种，通常落叶树抗涝能力强于常绿树，所以在低洼地或地下水位过高的地段，适当少种常绿树。如必须种植时，栽植前做好排水设施，选择排水好的沙质土壤，树穴下面有不透水层时，栽植前要打破。或做微地形，或建立排水设施，增加土层厚度以利排水。

（2）涝害发生后的养护管理

①排水。及时排除积水，扶正被冲倒树木，设立支柱，铲除根际周围的淤泥，对于裸露根系要及时培土。

②晾晒、施肥。将水浸的土壤翻动晾晒，利于水分散发，增强通气，促进新根生长，同时施用有机肥，为翌年生长打好基础。

③遮阴。积水危害严重的树木，特别是新栽的树木，要及时采取遮阴处理。减少地上部分水分蒸腾，防止因缺水枝叶黄化枯萎。

④修剪。树木受涝后大量须根受损伤，吸水的能力降低，会发生根系供水不足的现象，应对其地上部分进行修剪。修剪时要根据受害程度和树木本身生长状况用短截或疏剪的方法。对抗涝能力弱的树种，可以进行重回缩；对发生的干枯枝，要随时剔除。

⑤加强树体保护。对病疤伤口及时刮治并消毒。在入冬前进行树干涂白，幼树可采用埋土法防寒，以利安全越冬。

⑥控制病虫害。按时喷药，防止病虫害的滋生和蔓延。

7）雷击伤害的防治

（1）预防措施

对于生长在易遭雷击位置的树木、高大珍稀的古树和具有特殊价值的树木，可安装避雷器，消除雷击伤害的危险。

（2）雷击树木的养护

对于遭受雷击伤害的树木，应先仔细检查，分析其是否有恢复的希望，然后再选择适当的处理方法进行挽救。

①及时钉牢撕裂或翘起的边材，用麻布等物覆盖，促进其愈合和生长。

②撕裂的树皮应切削至健康部分，进行适当的整形、消毒和涂漆。

③劈裂的大枝应及时复位加固，合理地修剪，消毒和涂漆。

④在树木根区施用速效肥料，促进树木的生长。

8）环束根的防治

（1）预防措施

①整地挖穴时，尽量扩大破土范围，改善土壤通透性与水肥条件。

②栽植时疏除过长、过密和盘旋生长的根，使根系自然舒展。

③尽量减少铺装或进行透性铺装。

（2）治理办法

①若树木尚未严重损伤，还能恢复生机，则可在干基或大侧根着生处切断环束根，再在处理的伤口处涂抹保护剂后回填土壤。

②如果树木已相当衰弱，可进行合理的修剪和施用优质肥料，提高和恢复树木的生活力。

9）干旱的防治

①为满足树木对水分的需求，应大力开发水源，修建灌溉系统。

②合理选择抗旱性强的树种、品种。

③营造防护林。

④在养护管理中及时中耕、除草、培土、覆盖，利于土壤水分保持。

10）雪害和雨凇的防治

（1）雪害的防治

①预防措施。在容易发生雪灾的地区，应在雪前给树木主枝设支柱，枝条过密的树木应进行适当的修剪树枝。

②雪害后的处理。在雪后及时将被雪压倒的枝条扶正，振落积雪或采取其他有效措施防止雪害。

（2）雨凇的防治

① 预防措施。雨凇会对树木造成不同程度的危害，可对树体进行涂白、缠草绳、挡风等防寒处理。

②雨淞后的处理。若出现雨淞天气，应及时摇树洗树，清除树枝上的冻冰冻雨，避免负担过重折断树枝。

【思考与练习】

1. 园林植物常见灾害的种类有哪些？
2. 冻害分为哪几种类型？各自有什么特点？
3. 低温危害导致树木受损的原因及表现症状。
4. 如何修补树洞？
5. 冻害的防治方法有哪些？
6. 如何进行雨害和涝害的防治？
7. 如何进行高温危害的防治？
8. 如何进行干梢的防治？
9. 霜害的防治方法有哪些？

【技能训练】　园林树木防寒

1. 实训目的

通过本次实训，了解园林树木低温危害发生的原理，掌握园林树木防寒的方法，使树木通过有效的防寒处理，安全越冬。

2. 实训材料

（1）材料：乔木、灌木。

（2）器具：草帘、草绳、彩条布、竹竿、水、石硫合剂原液、食盐、生石灰、动植物油、小木桶、排刷等。

3. 实训内容

（1）灌冻水。对树木灌冻水，要求浇足浇透。

（2）培土增温。高大的乔木在根颈培土；低矮的灌木压倒覆土。

（3）卷干包草。用草绳在树干1.5m处进行包干处理。

（4）树干涂白。按照配方配制涂白剂，涂刷树干时，要求刷两遍，高度为1～2m，保持涂刷的高度一致。

（5）设置防风障。用草帘或彩条布等遮盖树木；用彩条布覆盖绿篱，在四周落地处压紧。

4. 实训要求

（1）实训前查阅相关资料，掌握园林树木防寒的方法，制订树木防寒方案。

（2）任务实施时，严格按照技术规范操作，正确使用工具。

（3）以小组为单位，发扬团队合作精神。

5. 实训报告

总结本次实训的原始记录，完成实训报告。内容包括园林树木低温危害的发生原理，树木防寒的主要措施，各项措施的具体实施方法及技术要点。

6. 结果评价

训练任务	园林树木的防寒				
评价类别	评价项目	评价子项目	自我评价 20%	小组评价 20%	教师评价 60%
过程性评价 60%	专业能力 45%	方案制订能力 5%			
		灌冻水 8%			
		培土增温 8%			
		卷干包草 8%			
		树干涂白 8%			
		设置防风障 8%			
	素质能力 15%	工作态度 8%			
		团队合作 7%			
结果评价 40%	方案科学性、可行性 10%				
	第二年树体的长势情况 30%				
评分合计					
班级：		姓名：	第　组	总得分：	

任务 5　草坪的养护

【知识点】

1. 了解草坪修剪原理，掌握草坪修剪方法；
2. 掌握草坪施肥方法；
3. 掌握草坪灌水、排水措施。

【技能点】

1. 能根据草坪修剪原理掌握草坪修剪技术；
2. 能根据草坪施肥原则掌握草坪施肥技术。

相关知识

1. 修剪

修剪是为了维护草坪的美观或达到某一特定目的，使草坪保持一定高度而进行的剪除多余草坪草枝条的作业。

(1) 修剪作用

促使草坪更加整齐美观。通常在草坪可以忍受的修剪范围内，草坪留茬高度越低草坪越美观。草坪的观赏价值越高（幼叶多，颜色嫩绿，当周围的树木蓊蓊郁郁的浓绿时，新修剪的草坪仍带有早春的颜色）。

草坪草的分蘖，增加草坪密度（据测定，上一年未剪的草坪，次年返青时8片叶/100cm²，覆盖度10%；上年修剪5次的草坪，次年返青时46片叶/100cm²，覆盖度70%。）。

使草坪草通透性增强，促进新陈代谢。

减轻杂草危害，有效抑制生长点高的阔叶杂草，使之不能开花结实。

形成美丽的条纹或图案，提高商业价值（采用间歇修剪或不同走向修剪，可因光的作用在人的视觉里形成明暗不同的条纹）。

但当修剪过度或不合理修剪时，会对草坪造成伤害，造成草坪退化或病虫侵入。

（2）修剪原理

被剪去上部叶的留茬可以继续生长；未被伤害到的幼叶生长迅速；基部分蘖可形成新的枝条；根的功能和留茬贮存的营养物质可以满足草坪被修剪后再生所需的养分。

因此，科学合理的修剪，即使频繁也不会对草坪形成太大伤害。

2. 杂草防除

（1）草坪杂草

杂草是在草坪中破坏景观、降低草坪品质、影响使用价值的草本植物。

如果草坪中有其他种植物生长和存在，很可能会影响草坪的颜色、质地和密度，进而影响草坪的正常使用。

（2）杂草对草坪的危害

破坏草坪的美观和均一性，影响草坪坪观质量；与草坪草争光、争营养、争空间，影响草坪草生长发育；成为病虫害的寄宿地；影响人畜安全。

（3）草坪杂草的分类

草坪中的杂草种类繁多，按防治目的，杂草可以分为三个基本类型，一年生禾草、多年生禾草和阔叶杂草。在进行防治过程中，通常采取这种分类方法。

一年生禾草类杂草。如牛筋草、马唐、香附子、狗尾草、稗草、一年生早熟禾等。

多年生禾草类杂草。如匍匐冰草、多花雀稗等。

阔叶杂草。如马齿苋、反枝苋、白三叶、车前、酢浆草、蒲公英、独行菜等。

此外按生物学特点，可将草坪杂草分为单子叶杂草和双子叶杂草（阔叶杂草）。

单子叶杂草。单子叶草坪杂草多属禾本科，少数属莎草科。其形态特征是无主根、叶片细长、叶脉平行、无叶柄。如马唐、狗尾草等。

双子叶杂草（阔叶杂草）。分属多个科的植物。与单子叶杂草相比，一般有主根，叶片较宽，叶脉多为网状脉，多具叶柄。如车前、反枝苋、荠菜等。

3. 灌水

（1）灌水时间

①确定是否需要灌水

草坪何时需要灌水，受多种因素的影响，如大气、土壤类型、草坪草种和草坪草不同的生长阶段等。因此，判断草坪何时灌水是草坪管理中一个比较复杂问题。一般情况，我们可以通过以下几种方法来确定草坪是否需要浇水。

a. 植株观察法。草坪缺水，叶色由亮变暗。进一步缺水则细胞膨压改变，叶片萎蔫，卷成筒管或叶色发白（叶肉细胞间隙充满空气），最后叶片枯黄。

b. 土壤含水量检测法。如果地面已变成浅白，则表明土壤干旱，挖取土壤，当土壤干旱深到土层 10～15cm 时，需要灌水（土壤含水量充足时则呈现暗黑色）。

c. 仪器测定法。现在草坪灌溉中利用多种电子设备辅助确定灌水时间，如使用张力计测定土壤含水量。

d. 蒸发皿法。用蒸发皿放在开阔区域，来粗略判断土壤中损失的水分（一般是蒸发皿内损失水深的 75%～85%，相当于草坪的实际耗水量）。即在草坪内放一个有刻度的蒸发皿，根据蒸发皿内蒸发掉的水量，加上草相判断，确定是否需要灌溉和灌溉的量。通常补足的水量相当于蒸发皿蒸发掉的水量，这种方法可在封闭的草坪内应用。

e. 土壤水分探头测定法。埋于草坪不同区域，来实时监测土壤水分变化。

②最佳灌水时间

一天之中，何时灌溉要根据灌溉方式来确定。如果应用间歇喷灌（雾化度较高），阳光充足条件下灌溉最好。不仅能补充水分，而且能明显地改善小气候，有利于蒸腾作用、气体交换和光合作用等，有助于协调土壤水、气、肥、热，利于根系及地下部营养器官的扩展。

若用浇灌、漫灌等，需看季节。晚秋至早春，均以中午前后为好，此时水温较高灌后不伤根，气温也较高，可促进土壤蒸发、气体交换，提高土温，有利于根系的生长。

其余则以早晨为好，在具体时间的安排上，应根据气温高低、水分蒸发快慢来确定，气温高，蒸发快，则浇水时间可晚些，否则宜早些。做到午夜前草坪地上部茎叶能处于无明水状态为准，防止草坪整夜处于潮湿状态导致病害发生。

（2）灌水量

①确定灌水量

草坪每次的灌水总量与土壤质地及季节有关。沙质土每次的灌水量宜少，灌溉次数应增加，所以维护草坪生长所消耗的总需水量较大；反则反之。

检查土壤补充水分浸润土层的实际深度是断定适宜灌水量的有效方法。一般来说，当水湿润至 10～15cm 土层时，即已表明浇足了水。一旦测定了每次使土壤湿润到适当深度所需要的时间，就确定了这片草坪浇水所需的时间，从而也根据灌水强度确定它的灌水量。

冷季型草坪草对水分的要求从高到低的顺序依次为：匍匐剪股颖、草地早熟禾、多年生黑麦草、紫羊茅、高羊茅等。暖季型草坪草对水分的要求从高到低依次为：假俭草、地毯草、狗牙根、结缕草等。

②灌水频率的确定

幼坪的灌水基本原则是“少量多次”，成坪灌水的基本原则是“一次浇透，见干见湿”。灌水次数依据床土类型和天气状况，通常沙壤比黏壤易受干旱的影响，因而需频繁灌水。热干旱比冷干旱的天气需要灌水更多。草坪灌水频率无严格的规定，一般在生长季内，普通干旱情况下，每周浇水 1 次；在特别干旱或床土保水差时，则每周需灌水

2 次或 2 次以上。凉爽天气则可减至每隔 10d 左右灌 1 次。见表 2-2。

表 2-2　不同条件下灌水频率

灌水条件	灌水次数
凉爽天气	1 次（10～15）天
生长季	1 次/周
草坪生长季的干旱期	1～2 次/周
炎热干旱、生长旺盛期	3～4 次/周
开春水	1 次/年
封冻水	1 次/年

4. 施肥

（1）草坪缺肥判断

草坪植物生长必需的有 16 种营养元素，其中氮（N）、磷（P）、钾（K）是“肥料三要素”。氮（N）、磷（P）、钾（K）、钙（Ca）、镁（Mg）、硫（S）等几种营养元素在草坪生长中起着各自不同的作用，因此任一种元素的缺乏都可使草坪草表现出一定的症状。见表 2-3。

表 2-3　草坪草中营养元素含量及缺乏症状

元素	干物质中含量	营养元素缺乏症状
N	2.5%～6.0%	老叶变黄，草坪色泽变淡，幼芽生长缓慢
K	1.0%～4.0%	老叶显黄，尤其叶尖、叶缘枯萎
P	0.2%～0.6%	先老叶暗绿，后呈现紫红或微红
Ca	0.2%～0.4%	幼叶生长受阻或呈棕红色，叶尖、叶缘内向坏死
Mg	0.1%～0.5%	叶条状失绿，出现枯斑，叶缘鲜红
S	0.2%～0.6%	老叶变黄，嫩叶失绿，叶脉失绿，无坏死斑
Fe	50～500ppm	幼叶失绿，出现黄斑，叶脉仍绿，无坏死斑
Mn	极小量	类似铁缺乏症，坏死斑小
Zn	微量	生长受阻，叶皮薄而皱缩、干缩，有大坏死斑
Cu	微量	嫩叶萎蔫，茎尖弱
B	微量	绿纹、嫩叶生长受阻
Mo	微量	老叶淡绿，甚至金黄

①缺氮判断

缺氮症状：缺氮症枝条分蘖减少，生长缓慢，叶片长度变短；随着缺素时间的延长，叶色由淡绿转淡黄，变黄失绿，但没有斑，色泽均匀；根系发育不良，初期色白而细长，生长渐缓慢，后期停止，变褐色；一般从老叶向新叶扩展，再到整株变，导致草坪密度降低。

②缺磷判断

缺磷症状：严重影响根系发育，根量减少或生长缓慢，但地上部分的变化不像缺氮那样明显。幼芽生长缓慢，叶小，叶色变深暗，缺乏光泽，常带有紫红色。分蘖分枝减少，植株瘦弱矮小，成坪速度减慢。一般从基部老叶开始，逐步蔓延到上部幼叶。

③缺钾判断

缺钾症状：缺钾症初期生长缓慢，叶片暗绿，老叶和叶缘先发黄，进而变褐色斑块，但叶中部、叶脉和靠近叶脉处仍保持绿色，严重时叶片变棕色或干枯脱落，有的叶呈现青铜色，向下卷曲，叶肉突起，叶脉下陷；根系短而少，腐烂易倒伏。

④缺钙判断

缺钙症状：缺钙症植株组织柔软，幼叶卷曲畸形，从叶缘开始变黄至死亡，根系短而少，根尖、顶芽易腐烂死亡，并易得枯萎病。

⑤缺镁判断

缺镁症状：缺镁症状在老叶先出现，渐危及老叶的基部，后到嫩叶。叶色褪绿，起于叶脉间，叶脉仍绿，后失绿部分渐由淡绿变黄或白，并出现大小不同的紫红纹或斑；植株生长缓慢，矮小。

⑥缺硫判断

缺硫症状：症状与缺氮相似，但先从新叶开始。叶片褪绿，分蘖分枝减少，植株瘦弱矮小，根系发育不正常。

在草坪管理中，除了这三种大量营养元素和三种中量元素外，其他的营养元素也是必不可少的。如缺乏某种或某几种元素，则会表现出一定的症状。

(2) 常用肥料类型

草坪肥料类型较多，一般分五大类：天然有机肥，速效肥，缓释肥，复合肥，肥料、除草剂、杀虫剂、杀菌剂四合一混合物。见表 2-4。

表 2-4　草坪常用肥料

肥料名称	养分的百分含量/%			烧伤叶片可能性	生理性
	氮	五氧化二磷	氧化钾		
硝酸钠	17	0	0	高	碱
有机氮肥	5	0	0	低	
硝酸铵	35	0	0	高	
硫酸铵	21	0	0	高	酸
尿　素	45	0	0	中	
尿素甲醛	32	0	0	低	
磷酸铵	14	71.7	0	高	
磷酸二铵	24	61.2	0	中	
氯化钾	0	0	63	中	酸
硫酸钾	0	0	59.5	低	酸
硝酸钾	13.8	0	46.5	高	
过磷酸钙	0	15～22	0	低	碱
重过磷酸钙	0	37～53	0	低	碱

①天然有机肥

天然有机肥是一种完全肥料，含N、P、K三要素及其他微量元素，同时还可改良土壤，是应该广泛推广使用的肥料。主要分为厩肥、堆肥、和绿肥。它的用量无严格要求，但使用必须是腐熟的肥料，并多做基肥。

②速效肥

又称化学肥或无机肥。肥料成分浓，可溶于水，被植物吸收利用快。施用时必须严格控制浓度以避免造成灼伤。

③缓效肥料

指草坪专用肥。此类肥料肥效缓慢，但肥效可保持2～6个月，若与速效肥混合使用，可达到速效与长效结合的效果。

④复合肥

包括N、P、K三种成分的肥料。

⑤肥、杀虫剂、杀菌剂、除草剂四合一复合物

此类复合物可节省人力，但价格高，不利于普及使用。

5. 病虫害

（1）草坪病虫害发生特点

①城市绿地不能进行耕翻及轮作等农业技术措施，致使病虫害不断积累；

②城市夜间的灯光引诱了大量的害虫（如蝼蛄及金龟子）进入城市，草坪成为它们的最佳食物；

③城市植物种类较少，生态体系不健全，因此天敌种群较少，不能形成有效的生物防治体系；

④城市的生态环境恶劣，诸如高温、干旱以及空气和水体的污染，不利于草坪植物的生长，人为地提高了病虫害侵染的机会；

⑤草坪除了特有的害虫之外，还有许多来自蔬菜、果树、农作物及园林植物上的害虫，有的长期落户，有的则互相转主为害或越夏越冬，因而害虫种类多，为害严重。

（2）草坪病害

草坪的生长发育要有适当的条件。当受到不适宜的条件影响或受到其他有害生物的侵染时，就不能进行正常的生长发育，严重时会造成死亡。

草坪病害按是否具有传染性分为：非传染性病害（即生理性病害）和传染性病害。

①生理性病害

生理性病害是由不适宜的环境条件引起的，主要原因是土壤条件和气候条件的不适宜，如营养物质的缺乏，高温干旱，低温伤害，不适当的修剪及环境的有害物质影响等均可引起。常见病状如下：

①变色。草坪缺少正常生长所需元素时，会失去正常的绿色；

②萎蔫。土壤缺水或水分过多；

③枯死。温度过高过低，或土壤中盐分过量。

鉴定时，一般非传染性病害多成片发生，在相同的土壤条件、相同气候、相同管理条件下发生相同症状，显微镜下在病组织上看不到病原物，并且接种实验无浸染，可确

定为非传染性病害。

②传染性病害

传染性病害主要由真菌、细菌、病毒、线虫和病原体及其他病原物所引起。其中，在冷季型草坪上，有70%以上的病害都是由真菌引起，其症状分别有变色，坏死，腐烂，凋萎，畸形，产生粉状物、霉状物等等。

（3）草坪虫害

草坪上栖息有多种有害昆虫，它们取食草坪草，污染草地，传播疾病，严重影响草坪质量。

根据害虫对草坪草的危害，可把草坪害虫分为：地下害虫和地上害虫。

地下害虫指一生中大部分在土地中生活，危害草坪草根部的害虫，又称土壤害虫。此类害虫具有种类多，分布大，危害严重的特点。因此是防治的重点。

地上害虫指危害草坪草茎叶的害虫，茎叶害虫以草叶为食，由于草坪草经常修剪，因此草坪草上层环境不稳定，因此，茎叶害虫危害相对于土壤害虫要小些，但由于地上害虫与草坪草疾病传播相联系，因此防治不能忽视。

6. 草坪的辅助养护

草坪的辅助管理措施，是指除了施肥、浇水、修剪等主要管理措施以外，为提高草坪的质量而采取的一些特殊方法，主要内容包括打孔通气、覆沙、梳草、覆播等，属于草坪管理的高级范畴，对于某些要求品质较高的草坪来说，也是必不可少的管理措施。

（1）滚压

①滚压的作用

增加草坪草分蘖，促进匍匐茎生长，增加草坪密度；生长季节滚压，使叶丛紧密而平整，抑制杂草入侵；草坪铺植后滚压，使草坪根部与坪床土紧密结合，吸收水分，易于产生新根，以利于成坪；对因冻胀和融化或蚯蚓等引起的土壤凹凸不平进行修整；对运动场草坪可增加场地硬度，使场地平坦。滚压可使草坪形成花纹，提高草坪的观赏效果。

②滚压方法

人力手推：轮重为60～200kg。

机械：滚轮为80～500kg。

滚压的重量依滚压的次数和目的而异，为了修整床面则宜少次重压（200kg），播种后使种子与土壤接触宜轻压（50～60kg）。

滚压副作用，土壤硬度超过242kg，草坪种子不能发芽、生根。所以经常滚压的草坪应定期进行疏耙，地面修整也可采用表施土壤来代替滚压。

（2）打孔

①打孔的作用

打孔的作用主要有三个方面，一是使水分、养分能够深入土壤，第二是增加土壤的透气性，第三是给草一个新的蘖生、匍匐空间。

②打孔的时间

打孔的时间至为重要，一般应选择草坪生长茂盛，生长条件良好，生长速度快的情况下，进行打孔作业。这样便于草坪迅速恢复被破坏的外观。对于冷季型草而言，在早春和夏末秋初进行打孔较为合适，对于暖季型草而言，应在草坪返青以后，即将进入快速生长期时进行打孔。

③打孔的方法和标准

打孔的方法就是利用打孔机械在草坪上打出合适的孔洞，打孔的直径一般在 1～2.5cm 之间，深度一般在 3～11cm，极个别的情况下，也可以打得更深，如用特制的工具，特制的打孔针。一般情况下，现在社会市场的打孔机的打孔数量都在每平方米 80 个左右，具体的打孔数量要根据草坪的实际状况决定。我们为了增加打孔效果，往往会重复作业，即在横、竖、斜三个方向上操作打孔机。每打一遍每平方米可增加 80 孔。使用中空的打孔机对草坪打孔，取出土卷的打孔效果要比实心的打孔针打孔效果好。

（3）草坪铺沙

铺沙，是草坪管理的表施土壤中的措施之一，是指通过在草坪表面均匀地覆盖一薄层沙的过程。当所施材料为壤土或一般碎土、土肥混合物时，可称为草坪的表施土壤措施。现在草坪管理者越来越倾向于纯沙，所以称为铺沙。

①铺沙的时间

一般应结合施沙的目的而确定。一般来讲从三月至十月是草坪的旺盛生长期，加施沙可促进枯草层的快速分解，促进草坪坪面光滑度提高，平整度增加。对于大多数运动场草坪而言，在夏季使用间隔期铺沙一次，作为草坪防寒防护作用而铺沙时，可在初冬进行，并适当加大厚度。

②铺沙的方法

无论是机械铺沙还是人工铺沙，都应该提前对草坪进行修剪。然后设计好铺沙厚度，计算好用沙量，并将草坪划分为适当大小的区域分区完成，以确保沙量均匀地撒入草坪中再行作业。用人工作业时，为确保均匀分布，可以将沙子用量分成二次铺沙，重复一个过程，并将草坪划分为较小的区域，便于控制铺沙量。具体做法是，先用人工用铁锨将各小区内预计的铺沙量尽可能均匀地撒入草坪，然后用硬扫帚轻扫坪面，使沙滑入草坪叶片以下，落到土壤表面，覆盖住枯草层或填入坑凹处、洞孔中。对于运动场或高尔夫球场草坪铺沙，最好是在铺完沙以后进行适当的镇压作业，以确保坪面的平整性和坚实性。

（4）垂直修剪

可减去地上匍匐茎和叶片，浅的垂直修剪可破碎打孔留下的土条，使土壤重新混合；设置刀片较深时，多数累积的枯草层被移走，这时需要及时清除梳出的大量有机质，特别是在炎热的天气下；刀片深度达到枯草层下面时，能改善表层土壤的通透性。

垂直修剪适宜时间是草坪植物生长旺盛，大气胁迫小，恢复力强的季节。与打孔操作一样，冷季型草坪是夏末秋初，暖季型草坪在春末夏初。与打孔操作不同，垂直修剪应在土壤和枯草层干燥时进行，可使草坪受到的破坏最小，也便于垂直修剪后的管理操作。

任务实施

1. 修剪

1）修剪高度

草坪修剪高度通常也称为留茬高度，是修剪后立即测得的地上茎叶的高度。留茬高度与草坪草的种类、用途、生长发育状况有关。一般来说，越精细的草坪，留茬高度越低。

（1）确定修剪高度时应考虑以下几个因素：

①修剪高度与草坪草的种类及品种

常见草坪草修剪高度见表 2-5。

表 2-5　常见草坪草修剪高度

冷季型草坪草	修剪高度/cm	暖季型草坪草	修剪高度/cm
草地早熟禾	3.8～6.5	中华结缕草	1.3～5.0
多年生黑麦草	3.8～5.0	细叶结缕草	1.3～5.0
高羊茅	5.0～7.6	普通狗牙根	1.9～3.8
紫羊茅	2.5～6.5	野牛草	6.4～7.5
细叶羊茅	3.8～7.6	地毯草	1.5～5.0
匍匐剪股颖	0.5～1.3	假俭草	2.5～5.6

②修剪高度与环境条件等因素

当草坪受到不利因素的压力时，最好是提高修剪高度，以提高草坪的抗性。在夏季，为了增加草坪草对热和干旱的忍耐度，冷季型草坪草的留茬高度应适当提高。如果要恢复昆虫、疾病、交通、践踏及其他原因造成的草坪伤害时，也应提高修剪高度。树下遮阴处草坪也应提高修剪高度，以使草坪更好地适应遮阴条件。此外，休眠状态的草坪，有时也可把草剪到低于忍受的最小高度。在生长季开始之前，应把草剪低，以利枯枝落叶的清除，同时生长季前的低刈还有利于草坪的返青。

③修剪高度与草坪用途

不同用途草坪的草坪草修剪高度见表 2-6。

表 2-6　不同用途草坪的草坪草修剪高度

用途	修剪高度/cm
果岭草坪	小于 0.5
运动场草坪	2～5
游憩草坪	4～6
一般草坪	8～13

④修剪高度与不同等级质量草坪

不同等级质量草坪的修剪高度见表 2-7。

表 2-7　不同等级质量草坪的修剪高度

类　型	一级	二级	三级
	修剪高度/cm	修剪高度/cm	修剪高度/cm
景观草坪	3～5	5～7	7～9
足球场草坪	2～3	3～5	5～7
草坪卷	3～4	4～5	5～6
水土保持草坪	≤10	10～20	20～40

(2) 修剪原则

草坪修剪应遵循"1/3 原则"，即每次修剪掉的高度不能超过修剪前草坪草自然生长高度的 1/3。

2) 修剪时期和次数

(1) 草坪草剪草时间

实际工作中，从有利于全面提高草坪质量出发，一般可按下列式子计算草坪草长到多高时，要进行草坪修剪。

剪草时草高＝留茬高度×1.5

例：修剪草地早熟禾足球场草坪，要求草坪草留茬高度是 3cm，那么当草长到多高时进行草坪修剪？

剪草时草高＝3×1.5＝4.5cm

(2) 草坪草剪草频率

①草坪草的种类及品种。草坪草的种类及品种不同，形成的草坪生长速度不同，修剪频率也自然不同。生长速度越快，则修剪频率越高。在冷季型草中，多年生黑麦草、早熟禾等生长量较大，修剪频率则较高；紫羊茅、高羊茅的生长量较小，修剪频率则较低。

②草坪草的生育期。一般来说，冷季型草坪草有春、秋两个生长高峰期，因此在两个高峰期应加强修剪，可 1 周 2 次。但为了使草坪有足够的营养物质越冬，在晚秋，修剪次数应逐渐减少。在夏季，冷季型草坪也有休眠现象，也应根据情况减少修剪次数，一般 2 周 1 次即可满足修剪要求。暖季型草坪草一般从 4～10 月，每周都要修剪 1 次，其他时候则 2 周 1 次。

③草坪的养护管理水平。在草坪的养护管理过程中，水肥的供给充足、养护精细，生长速度比一般养护草坪要快，需要经常修剪。如养护精细的高尔夫球场的果领区，在生长季每天都需要修剪。

④草坪的用途。草坪的用途不同，草坪的养护管理精细程度也不同，修剪频率自然有差异。用于运动场和观赏的草坪，质量要求高，修剪高度低，养护精细，需经常修剪，如高尔夫球场的果领地带；而管理粗放的草坪则可以 1 月修剪 1～2 次，或根本不用修剪，如防护草坪。

3) 修剪方法

(1) 修剪方向

草坪修剪方向不同，草坪草茎叶的取向、反光也不同，于是产生了像许多体育场常见的明暗相间的条带。因此，为了保证草坪草茎叶正常生长，每次修剪的方向和路线应有所改变。如不改变修剪方向，也可使草坪土壤受到不均匀挤压，甚至出现车轮压槽；不改变修剪路线，可使土壤板结，草坪草受损伤。

(2) 修剪图案

草坪的图案可根据预先设计。运用间歇修剪技术而形成色彩深浅相间的图形，如彩条形、彩格形、同心圆形等，常用于球类运动场和观赏草坪。

①设计图形。根据场地面积和形状、使用目的和剪草机的剪幅，设计相宜的图形。

②现场放线。用绳索做出标记。球类运动彩条或彩格，其条格宽度通常为2～4m。

③间歇修剪。按图形标记，隔行修剪，完成一半修剪量，间隔数日以后，再修剪其余的一半。间隔天数一般是1～3d，在能清晰显示色差的前提下，间隔天数越短越好。同一条块草坪的修剪方向应保持一致，以免出现色差。

4) 修剪机械

当前，用于草坪修剪的机械很多，按刀具类型，可分为滚刀式和旋刀式两种基本类型。

剪草机的选择要考虑多种因素，如草坪面积、修剪质量、修剪高度、可以获得的刀刃设备等。总的选择原则是：在达到草坪修剪质量的前提下，选择经济实用的机型。

在坡度较大，或不适宜用剪草机的地方，人们还常用割灌机进行草坪修剪作业，同样能得到令人满意的效果。

5) 草屑处理

草屑，即剪草机剪掉的草坪草组织。草屑内含有植物所需的营养元素，是重要的氮源之一，其干重的3%～5%为氮素，1%是磷，1%～3%为钾。

(1) 将草屑留在草坪中

健康无病虫害的草坪，如果剪下的草叶较短，可不将草屑清除出草坪，直接任其撒入草坪内分解，将大量营养元素回归草坪。

(2) 将草屑移出草坪

如果剪下的草叶较长，草屑留于草坪会影响美观。同时，草的覆盖会影响草坪草的光合作用，引起病害的发生。修剪有病害的草坪，无论草屑的长短，一律收集起来运出草坪焚烧处理。一般运动草坪，考虑运动的需要将草屑请出草坪。

2. 除杂草

1) 草坪杂草的物理防除

(1) 手工除草

手工除草是一种古老的除草法，污染少，在杂草繁衍生长以前拔除杂草可收到良好的防除效果。拔除的时间是在雨后或灌水后，将杂草的地上、地下部分同时拔除。

(2) 滚压防除

对早春已发芽出苗的杂草，可采用重量为100～150kg的轻滚筒轴进行交叉滚压消灭杂草幼苗，每隔2～3星期滚压1次。

(3) 修剪防除

对于依靠种子繁殖的一年生杂草，可在开花初期进行草坪低修剪，使其不能结实而达到将其防除的目的。

2）草坪杂草的化学防除

（1）双子叶杂草的防治

辽宁地区危害草坪的双子叶杂草主要是苋菜、藜、刺儿菜等，当草坪散叶以后，可用2，4-D丁酯或2甲4氯防治，此两种药为选择性除草剂，只杀双子叶草而不伤害禾本科草坪草，一般用量为每亩80～120mL。

（2）单子叶杂草的防治

危害草坪的单子叶杂草有：稗草、马唐（抓根草）、狗尾草、莎草等，可用草坪除草剂禾草克，一般5～7d见效，用药浓度及用量应严格按药品使用说明进行，并且未用过此药的地区必须先做实验，否则易造成技术事故，后果严重。

（3）注意问题

在施用化学除草剂的过程中，也应结合人工拔除，以达到草坪美观无杂草危害的效果；

用药时必须注意用药安全，对草坪地其他植物做好保护，如草坪地上点缀阔叶花木，使用杀阔叶类杂草药剂时，必须考虑其安全性；

注意人身安全，作好施药时的防护措施，一旦发生中毒事件必须及时送到医院救治。

3. 灌水

草坪灌水方法有地面灌水、喷灌和叶面喷水三种。其中，主要以地面灌溉和喷灌为主。

（1）地面灌水

它是最简单的灌水方法，优点是简单易行，缺点是耗水量大，水量不够均匀，坡度大的草坪不能使用，有一定的局限性。目前水管灌水手持浇洒，同时要在水管上加节水装置。

皮管灌水。过去多用此种方法，皮管由橡胶制成，耐磨，但因为管子太重移动困难，因而人工手持浇洒费力。

塑料软管灌水。现在普遍使用此类塑料增强管，轻便容易移动，浇洒水范围大，容易手持进行浇水。

（2）喷灌

草坪使土壤渗吸速度降低，要求采用少量频灌法灌溉。而且为了节约劳力和资金、提高喷灌质量，园林草坪灌溉大多采用喷灌系统。喷灌系统按其组成的特点，可分3种类型：

固定式。所有管道系统及喷头常年固定不动。喷头采用地埋式喷头或可快速装卸喷头。该形式单位面积投资较高，但管理方便、地形适应性强、便于自动化控制、灌溉效率高。

半固定式。设备干管固定，支管及喷头可移动。在草坪上应用不多。

移动式。除水源外，设备管道喷头均可移动。例如NAAN“迷你猫”系列120/43型自走式喷灌器，只需一人操纵，性能可调，可自动停机。该形式适用于已建成的大面积草坪。

(3) 叶面喷水

叶面喷水是对草坪进行短时间的浇水。目的在于补充草坪草水分亏缺，降低植物组织温度和除去叶子表面的有害附着物。

喷水的用量很少，一般在中午草坪刚刚发生萎蔫时进行。通常，每天喷一次水就够了。但在极端条件下，如夏天烈日炎炎的中午，应增加喷水次数。高强度修剪的草坪如果岭，通常在早晨喷水，冲洗掉露水和叶尖吐水。轻度喷水使叶面洁净而容易变干，减少了病害的发生，从而保证了修剪的质量。另外，草坪草遭受病虫害时，叶面喷水有助于草坪草的存活和恢复。

4. 施肥

1) 施肥时期和频率

(1) 施肥时期

一般情况下，暖季型草坪在一个生长季节可施肥两三次，春末夏初是最重要的施肥时期。冷季型草坪草最重要的施肥时间是晚夏，它能促进草坪草在秋季的良好生长。而晚秋施肥则可促进草坪草根系的生长和春季的早期返青，如有必要，也可在春季再施肥。

(2) 施肥频率

实践中，草坪施肥的频率常取决于草坪养护管理水平。

低养护管理草坪（1 年只施 1 次肥）。冷季型草坪草秋季施用，暖季型草坪草初夏施用。

中等养护管理草坪。冷季型草坪草春、秋季各施用 1 次。暖季型草坪草春季、仲夏、秋初各施用 1 次。

高等养护管理草坪。在草坪草快速生长季节，冷季型、暖季型草坪草最好每月施 1 次。

2) 肥料用量

在所有肥料中，氮是首要考虑的营养元素。草坪氮肥用量不宜过大，否则会引起草坪徒长增加修剪次数，并使草坪抵抗环境胁迫的能力降低。一般高养护水平的草平年施氮量 45～75g/m^2，低养护水平的草坪年施氮量 6g/m^2 左右。草坪草的正常生长发育需要多种营养成分的均衡供给。磷、钾或其他营养元素不能代替氮，磷施肥量一般养护水平草坪 4.5～13.5g/m^2，高养护水平草坪 9～18g/m^2，新建草坪施用量为 4.5～22.5 g/m^2。对禾本科草坪草而言，一般氮、磷、钾比例宜为 4∶3∶2。

3) 施肥方法

施肥方法影响施肥效果，常用施肥方法有 3 种。

(1) 人工手撒

简便易行，但易造成不均匀。

(2) 叶面喷施

液体肥和可溶性肥均可采用此法。通过喷雾器喷施，施肥量少并易于均匀，但浓度控制要严格，浓度大时会造成草坪灼伤。

(3) 机械撒肥

机械施肥均匀、省时、省工。

5. 草坪病虫害

1）主要草坪病害识别与防治

（1）褐斑病

①危害

草坪草褐斑病又称夏枯病。该病菌能侵染大部分禾本科植物，包括所有冷、暖季型草坪草。

②症状

真菌性病害。病害发生早期往往是单株受害，受害叶片和叶鞘上病斑呈梭形、长条形，不规则，长1～4cm，初期病斑内部青灰色水浸状，边缘红褐色，后期病斑变褐色甚至整叶水渍状腐烂。当草坪上出现小的枯草斑块时，预示着病害流行前兆。枯草圈就可从几厘米扩展到几十厘米，甚至1～2m。由于枯草圈中心的病株可以恢复，结果使枯草圈呈现“蛙眼”状，即其中央绿色，边缘为枯黄色环带。

③防治方法

a. 栽培技术措施

适量灌溉。避免傍晚浇水，在草坪出现枯斑时，应尽量使草坪草叶片上夜间无水。

平衡施肥。草坪土壤中氮肥含量过高会使褐斑病发生严重。

及时修剪。夏季及时地进行草坪修剪，但不要修剪过低。

b. 药剂防治

药剂拌种。五氯硝基苯、代森锰锌、百菌清、甲基托布津等。

发病初期效果较好的药剂有代森锰锌、百菌清、甲基托布津等。可以喷雾使用，也可以灌根防治。

（2）腐霉枯萎病

①危害

腐霉枯萎病又称油斑病、絮状疫病。该病菌的寄主范围广（所有冷季型草坪草及狗牙根均会感染此病），适应性强（既能在冷湿环境中侵染，也能在炎热潮湿天气时流行）。病害发生后可形成大片枯草秃斑，严重破坏景观效果。当夏季高温高湿时，能在一夜之间毁坏大面积的草皮，故又称为疫病，是一种毁灭性病害。

②症状

真菌性病害。倒伏，紧贴地面枯死。枯死圈呈圆形或不规则形，直径从10～50cm不等，有人将其称为“马蹄”形枯斑。在病斑的外缘可见白色（有的腐霉菌品种会出现紫灰色）的絮状菌丝体。干燥时菌丝体消失，叶片萎缩变成红棕色，整株枯萎死亡，渐变成稻草色枯死圈。如当年不防治或防治不彻底，则次年枯死圈会继续扩大。

腐霉枯萎病主要的发生季节集中在6～9月份，当气温持续在25℃以上，且水分充足，湿度达90%持续10h以上时，病害大量发生。

③防治方法

a. 栽培技术措施

适量灌溉。在温度适于病害发生的时候注意不能在傍晚或夜间浇水，最好能采用喷灌。

均衡施肥。土壤施肥尽量均衡，氮肥不要过多。

合理修剪。在病害大量发生的时候要适当提高草坪修剪高度。

b. 化学防治

药剂拌种。可用代森锰锌、杀毒矾等对种子进行药剂拌种。

对已建草坪上发生的腐霉病，防治效果较好的药剂有甲霜灵、代森锰锌等。

（3）草坪锈病

①危害

感病后的草坪草叶绿素被破坏，光合作用降低，呼吸作用失调，蒸腾作用增强，大量失水，叶片变黄枯死，草坪稀疏、瘦弱、景观被破坏。

②症状

从整体草坪病斑观察：受害严重的草坪草从叶尖到叶鞘逐渐变黄，整体从远处看上去，草坪像生锈一样，如此时从草坪中走过，鞋和衣服上沾满橘黄色锈粉。从草坪草病斑观察：发病早期阶段，在叶片表现上可看到一些橘黄色的斑点，在病斑上可清晰观察到含孢子的疱状突出物。随着病害的发展，病斑数日增多，最后叶子表皮破裂，病菌孢子形成很小的橘黄色的夏孢子堆（黄色粉状物），秋末在叶背出现线状的黑褐色冬孢子堆（黑色粉状物）。

③防治方法

a. 种植抗病草种和品种并进行合理的混合种植。

b. 喷药防治。及早发现，在病症还未明显表现之前用药，用稀释 800 倍威力克喷洒或 25％粉锈宁 2000 倍液喷洒。

（4）白粉病

①危害

在世界各地都有分布，为草坪禾草上常见的茎叶病害之一，尤以早熟禾、细羊茅和狗牙根发病最重，是早熟禾和羊茅属草上的重要病害。当感病草种种植在荫蔽或空气流通不畅的地方，遇到长期的低光照，发病就会很严重。该病主要降低光合效能，加大呼吸和蒸腾作用，造成植株矮小，生长不良，甚至死亡，严重影响草坪景观。

②症状

受害叶片上先出现 1～2mm 近圆形或椭圆形的褪绿斑点，以叶面较多，后逐渐扩大成近圆形、椭圆形的绒絮状霉斑。初白色，后污白色、灰褐色。霉层表面有白色粉状物，后期霉层中出现黄色、橙色或褐色颗粒。随病情发展，叶片变黄，早枯死亡一般老叶较新叶发病严重。发病严重时，草坪呈灰白色，像撒了一层白粉，受振动会飘散，该病通常春秋季发生严重。

③防治方法

a. 种植抗病草种和品种并合理布局

选用抗病草种和品种并混合种植是防治白粉病的重要措施。

b. 科学养护管理？

控制合理的种植密度。

c. 药剂防治

在草坪生长季节可以使用粉锈宁对草坪草叶面进行喷雾。重复使用需间隔 10d 以上。如 25%多菌灵可湿性粉剂 500 倍液，70%甲基托布津可湿性粉剂 1000～1500 倍液等防治。

2）主要草坪虫害的识别与防治?

（1）蛴螬

①危害

蛴螬是危害草坪的主要害虫，蛴螬大多出现在 3～7 月，蛴螬主要取食草坪草的根部，咬断或咬伤草坪草的根或地下茎，并且挖掘形成土丘。

②形态特征

蛴螬是金龟子幼虫的统称，体近圆筒形，常弯曲成“C”字形，体长 35～45mm，全体多皱褶，乳白色，密被棕褐色细毛，尾部颜色较深，头橙黄色或黄褐色，有胸足 3 对，无腹足。

③防治方法

化学防治。是目前防治蛴螬危害的主要方法。

种子处理。播种前用 50%辛硫磷乳油或 40%甲基异柳磷乳油等拌种。

土壤处理。虫口密度较大时，撒施 5%辛硫磷颗粒剂、3%呋喃丹颗粒剂等，用量 4kg/667m^2，均匀撒施翻入土中，能有效杀死幼虫。

成虫盛发期。取 30～100cm 长的树枝，插入 40%氧化乐果乳油或 50%久效磷乳油 30～40 倍液中，浸泡后捞出阴干，于傍晚放入草坪，毒杀成虫。

幼虫危害期。每 667m^2 使用地害平 2kg 均匀撒施后浇透水，或每 667m^2 使用 3%呋喃丹 3.5～5kg 混细沙 15～25kg 撒施后用水淋透等方法防治。

（2）蝼蛄

①危害

在土壤中咬食草坪草种子、根及嫩茎、使植株枯死，造成育苗时缺苗。

在土壤表层挖掘隧道，咬断根或根周围的土壤，使根系吊空，造成植株干枯而死，发生数量多时，可造成草坪大面积枯萎死亡。

②形态特征

大型、土栖。蝼蛄是危害草坪草常见的地下害虫，属直翅目，蝼蛄科。在我国常见的有华北蝼蛄、非洲蝼蛄、台湾蝼蛄、普通蝼蛄。成虫身体比较粗壮肥大，体长 36～56 mm。

③防治方法

a. 毒饵诱杀。利用蝼蛄对香、甜等物质和马粪等未腐烂有机质有特别的嗜好，在煮至半熟的谷子、稗子、麦麸及鲜马粪等中加入一定量的敌百虫、甲胺磷等农药制成毒饵进行诱杀。

b. 化学防治。可喷施辛硫磷、西维因、50%甲胺磷 800 倍液等进行防治。

（3）粘虫

①危害

幼虫取食草坪草，轻者造成草坪秃斑，重则使大面积草坪被啃光，必须重播。

②形态特征

成虫体长 17mm 左右，翅展 37mm 左右，灰褐色，前翅顶角有褐色线一条，近中央处有一灰白色斑点，外缘边上有 7 个小黑点。蛹红褐色，长 19mm 左右。

③防治方法

a. 诱杀防治　黑光灯（或糖醋酒液）诱杀成虫；用稻草或麦草做成草把插入草坪中，诱集雌蛾产卵，然后处理草把消灭虫卵。

b. 化学防治　在幼虫发生期内喷洒敌百虫、辛硫磷、溴氰菊酯等进行防治。

（4）地老虎（切根虫）

①危害

幼虫危害草坪，低龄幼虫将叶片咬成缺刻、孔洞，高龄幼虫在近地表处把茎部咬断，整株枯死，大发生时草坪呈现“秃斑”，用手揭起像起草坪卷，其下可见多害虫。春秋危害严重，10 月 1 日前较重。

②形态特征

鳞翅目夜蛾科，越冬密度与早春发蛾量不相称，可能有迁飞。幼虫 1～2 龄在叶背、叶心，3 龄后入土，夜间 21 点、24 点活动最盛。4～6 龄 97％的食量，食量不足时可迁移。具强烈的驱光性、驱化性。

③防治方法

a. 人工扑杀幼虫　3 龄前昼夜在地面上，食量小，抗药力弱，为防治佳期。发生量不大、枯草层又薄时，在被害草周围表土中可找到潜伏的幼虫。在草坪上浇水，迫使幼虫爬出地面，收集起来加以消灭。

b. 诱杀成虫　黑光灯诱虫，灯下放水盆，盆中放入农药。糖醋酒液诱杀。

c. 药剂防治　可用毒土、毒饵进行防治，同蝼蛄防治。

d. 6 月份少开草坪灯。

（5）金针虫

①危害

金针虫长期生活在土壤中，危害草根，致使草坪出现不规则的枯草地块或死草地块。

③形态特征

金针虫俗称叩头虫，是一类危害草坪的重要害虫，在我国从南到北分布很广，种类也比较多。其中分布较广，危害性较大的几种有沟金针虫、细胸金针虫、褐纹金针虫、宽背金针虫。

③防治方法

a. 农业防治。沟金针虫发生较多的草坪应适时灌水，经常保持草坪湿润状态可减轻危害，而细胸针虫较多的草坪，要保持草地适当的干燥以减轻危害。

b. 药剂防治。用 5％辛硫磷颗粒剂撒施，每公顷 30～45kg。若个别地段发生较重可用 40％乐果乳剂、50％辛硫磷乳剂 1000～1500 倍液灌根。

（6）其他害虫

对草坪危害较多的害虫还有蝗虫、蚜虫等，这类害虫每年都有不同程度的发生，对草坪造成一定的危害，它们主要蚕食地上部的嫩茎和叶片，所以对多年生草不至于造成毁灭性危害。最好用低毒性杀虫剂。如敌杀死、辛硫磷等。常用的土壤杀虫剂有敌虫灵和铁灭克颗粒剂。在风景区、公园和大块绿地采用 YW-3 昆虫趋性诱杀器诱杀，诱杀半径 200m 左右。

【思考与练习】

1. 草坪修剪为什么要一定遵循 1/3 原则？
2. 夏季一天内什么时间灌溉草坪最好，为什么？
3. 草坪何时进行滚压？滚压的作用有哪些？
4. 对草坪进行打孔作业的作用是什么？

技能训练

技能训练一 草坪的修剪

1. 实训目的

掌握草坪修剪原则，并根据草坪的生长发育状况制订修剪方案，掌握草坪修剪技术。

2. 实训材料

场地与材料：校园草坪现场，待修剪的草坪；

器材：手推式剪草机、机油、汽油、垃圾袋等。

3. 实训内容

（1）草坪现场调查，制订修剪方案并清理现场。

（2）草坪修剪高度的确定

根据测量的草坪草的高度确定修剪高度，即遵守“三分之一”原则。

留茬高度＝草坪草高度×2/3（cm）

根据计算后的留茬高度来调节修剪机的调茬柄，确定草坪修剪机刀片高度。

（3）草坪修剪

注意修剪方向，避免同一方向反复修剪，形成纹理现象；修剪操作人员步伐速度均匀、路线直，不走“S”线；修剪机转弯时，不允许在草坪上四轮转弯，损伤草坪，要翘起前两轮，缓慢转弯。

（4）草屑清理

草坪修剪后的草屑要及时清理出坪场，避免草坪发生病虫害。也有的时候可以不将草屑清出坪场，一般是在入冬前，可以将草屑留在坪场上。

（5）修剪机的清理及保养

草坪修剪后，要将草坪修剪机清洗干净，刀片用酒精消毒，集草箱要清理干净，检查完好后放回库房。做好机器使用记录。

4. 实训要求

（1）实训前检查草坪修剪机刀片是否锋利；机油箱和柴油箱内的油是否充足。

（2）实训中剪草机应避开喷头、树桩等坚硬的部位。

（3）实训中修剪时思想集中，要注意避免落剪和复剪。

5. 实训报告

完成实训报告。报告内容应包括修剪程序以及修剪过程中的注意事项。

6. 结果评价

<table>
<tr><td>训练任务</td><td colspan="6">草坪的修剪</td></tr>
<tr><td>评价类别</td><td>评价项目</td><td colspan="2">评价子项目</td><td>自我评价 20%</td><td>小组评价 20%</td><td>教师评价 60%</td></tr>
<tr><td rowspan="5">过程性评价
60%</td><td rowspan="3">专业能力
45%</td><td colspan="2">方案制订能力 15%</td><td></td><td></td><td></td></tr>
<tr><td rowspan="2">方案
实施
能力</td><td>草坪修剪机的使用 15%</td><td></td><td></td><td></td></tr>
<tr><td>草坪修剪 15%</td><td></td><td></td><td></td></tr>
<tr><td rowspan="2">素质能力
15%</td><td colspan="2">工作态度 8%</td><td></td><td></td><td></td></tr>
<tr><td colspan="2">团队合作 7%</td><td></td><td></td><td></td></tr>
<tr><td rowspan="2">结果评价
40%</td><td colspan="3">方案科学性、可行性 15%</td><td></td><td></td><td></td></tr>
<tr><td colspan="3">草坪修剪结果 25%</td><td></td><td></td><td></td></tr>
<tr><td colspan="4">评分合计</td><td></td><td></td><td></td></tr>
<tr><td>班级：</td><td colspan="3">姓名：</td><td>第　组</td><td colspan="2">总得分：</td></tr>
</table>

技能训练二　草坪追施粒肥

1. 实训目的

掌握草坪肥料种类的选择及其施用方法，并根据草坪的生长发育状况制订施肥方案。

2. 实训材料

场地与材料：校园草坪现场，待施肥的草坪；

器材：化肥、称量器具、化肥分装器具或施肥机具等。

3. 实训内容

（1）草坪现场调查，制订施肥方案，评估其缺肥水平，选定肥料。

（2）按要求称取肥料。

（3）将肥料均匀撒于平面上。

（4）施肥后马上进行灌水。

4. 实训要求

（1）实训前准备充足的肥料。

（2）实训中注意肥料要撒均匀。

（3）实训中施肥后灌水要及时并灌透。

5. 实训报告

总结草坪缺素判断，施肥方法，完成实训报告。

6. 结果评价

训练任务	草坪的施肥					
评价类别	评价项目	评价子项目		自我评价 20%	小组评价 20%	教师评价 60%
过程性评价 60%	专业能力 45%	方案制订能力 15%				
		方案实施能力	草坪缺素判断及肥料选择 15%			
			草坪施肥 15%			
	素质能力 15%	工作态度 8%				
		团队合作 7%				
结果评价 40%	方案科学性、可行性 40%					
评分合计						
班级：	姓名：			第　组	总得分：	

任务6　草本花卉及地被的养护

【知识点】

1. 掌握花卉的灌溉与排水、施肥、整形修剪、松土除草等养护的方法；
2. 掌握花卉越冬越夏的方法；
3. 掌握花卉的病虫害防治的方法。

【技能点】

1. 根据草本花卉的生长状况进行分析，进行灌溉、施肥、松土除草等养护的措施；
2. 能根据草本花卉生长状况，进行正确的整形修剪，提高其观赏价值；
3. 能根据草本花卉生长状况，进行病虫害防治。

相关知识

1. 草本花卉的养护

1）灌溉与排水

水是植物各种器官的重要组成部分，是植物生长发育过程中必不可少的物质。因此依据花卉在一年中各个物候期的需水特点、气候特点和土壤的含水量等情况，采用适宜的水源适时适量灌溉，是花卉正常生长发育的重要保证措施。

灌木应考虑土壤的类型、湿度与坡度，栽培花卉的种和品种，气候、季节、光照强度、风、空气湿度以及地面有无覆盖等因素的影响。

土壤的性质影响灌溉。壤土持水力强，多余的水也易排出；黏土持水性强，但孔隙小，水分渗入慢，灌水易引起流失，还会影响花卉根部对氧气的吸收和造成土壤的板结；沙土颗粒愈大，持水力愈差，增加土壤中的有机质，有利于土壤透气性与持水性的提高。

灌水量因土质而定，但一个基本原则是保证植物根系集中分布层处于湿润状态，即根系分布范围内的土壤湿度达到田间最大持水量的70%左右。一般、二年生花卉，灌水渗入土层的深度应达30～35cm，草坪应达30cm，一般灌木45cm。以小水灌透为原则，使水分慢慢渗入土中。

灌水次数和灌水量过多，花卉根系反而生长不良，以至引起伤害，严重时造成根系腐烂，导致植株死亡。此外灌水不足，水不能渗入底层，常使根系分布也浅，这样就会大大降低花卉对干旱和高温的抗性。

如遇表土较浅，下有黏土的情况，每次灌水量宜少，但次数宜多；如为土层深厚的沙质壤土，水应一次灌足，待现干后再灌；黏土水分渗透慢，灌水时间应适当延长，最好采用间歇方式，留有渗入期，如灌水10min，停灌20min，再灌10min等。遇高温干旱时此法尤为适宜，并且场地应预先整平，以防水土流失。

灌溉最好用河水，其次是池塘水和湖水，不含盐碱的井水亦可利用。但井水温度较低，对植物根系发育不利，不能直接使用，应预先抽出井水贮于池内，待水温升高后使用，灌溉效果较好。一般认为清晨进行灌水为宜，这时水温和土温相差较小，蒸腾较低；傍晚灌水，湿叶过夜，易引起病菌侵袭。但在夏季炎热高温下，也可于傍晚灌水；严寒冬季以中午灌水为宜。

2）施肥

施肥的目的是提高花卉的营养水平，改善土壤的理化性质，促使花卉叶茂花丰。

（1）肥料的类型

①无机肥。又称矿质肥料，商品无机肥有氮肥如尿素、硝酸铵、硫酸铵、碳酸氢铵等，磷肥如过磷酸钙、磷酸二氢钠等，钾肥如硫酸钾、氯化钾、磷酸二氢钾等。近年有甲醛尿素问世，要在细菌的作用下，才能逐渐释放出氮来为花卉所利用，在土壤中有效期可达2年。国外花卉专用商品肥中有一种缓释肥，其优点是不会淋失和引起灼伤，肥效期长达3～16个月。

呈粉状、颗粒状或小球状的无机肥，施用时可撒于地面，随即灌水或耕埋入土壤。对液肥可加水稀释施用，还可于灌水时同时施用，也可喷施叶面，肥效更快。

②有机肥。又称全效肥料，常用的有堆肥、厩肥、圈肥、人粪尿、骨粉、鱼肥、血肥、作物秸秆、树枝、落叶、草木灰等。

堆肥还可用于覆盖地面。有的无机肥如过磷酸钙、氯化钾等与枯枝落叶和粪肥、土杂肥混合施用效果更好，其作用是任何化肥所不能替代的。所用的有机肥要充分发酵、腐熟和消毒，以防烧坏植物根系、传播病虫害等。有机肥施用量因肥源不同，种类间差异大，应用时因地因花卉种类而定。

除了上述可用于基肥、追肥的肥料外，喜酸性花灌木还常用腐殖酸类肥料，即以含腐殖酸较多的泥炭或草炭为原料，加入适当比例的各种无机盐制成的有机、无机混合肥料，其肥效缓慢，质柔和，呈弱酸性。

在植物的施肥过程中，要做到有机肥与无机肥相结合，提倡施用多元复合肥或专用肥，逐步实行营养诊断平衡施肥。

（2）施肥的时期

在花卉需肥或是表现缺肥时进行施肥。

①施肥要考虑植物的物候期和肥料种类。物候期的进展和养分分配规律决定着施肥时期和能否及时满足植物生长发育的需要。早春植物萌芽前，是根系生长的旺盛期，应施一定量的磷肥；萌芽后及花后新梢生长期，应以氮肥为主；花芽分化期、开花期与结果期，应施磷、钾肥；秋季，某些植物在落叶后，正值根系生长高峰，此时应施磷肥，以后随苗木逐渐进入休眠期，应适时增施钾肥，来促进苗木充分木质化。

② 施肥要考虑气候条件。如植物生长各个时期的温度、降水量等。北方夏季正值植物旺盛生长、开花、花芽分化等时期，可结合下雨进行施肥。

③ 施肥要考虑土壤条件。根据土壤的质地、结构、含水量、酸碱度等来决定施肥。高温多雨或沙质土，施肥量宜少而次数宜多。

施肥后应随即进行灌水。在土壤干燥情况下，还应先行灌水再施肥，以利吸收并防伤根。

一二年生草本园林植物生育期短，植株比较矮小，对肥料的需求量相对较少。生产实践中，为减少栽培过程中追肥的次数，特别是为了改良土壤，应施用基肥。

对于花卉来说，主要采用地面全面施肥和环状施肥，有时也用根外施肥。应注意将施肥与灌溉结合起来。

（3）施肥量

施肥量因花卉种类、品种、土质以及肥料种类不同。一般植株矮小，生长旺盛的花卉可少施；植株高大，枝叶繁茂，花朵丰硕的花卉宜多施。

一般草花类的施肥量 N 0.94～2.26kg/100m^2、P_2O_3 0.75～2.26kg/100m^2、K_2O 0.75～1.69 kg/100m^2，球根类的施肥量 N 1.50～2.26kg/100m^2、P_2O_3 1.03～2.26 kg/100m^2、K_2O 1.83～3.00 kg/100m^2。花卉的施肥应以氮、磷、钾 3 种营养成分配合使用。

3）除草松土

除草松土是植物养护管理中一项十分繁重的工作。除草松土一般同时进行，在植物的生长期内，一般要做到见草就除，除草即松土，其效果很好。除草松土的次数要根据气候、植物种类、土壤等而定。草本植物则一年多次。具体的除草松土时间可安排在天气晴朗或雨后、土壤不过干和不过湿的情况进行方可获得最大的保墒效果。

除草松土时应避免碰伤植物的树皮、顶梢等；生长在地表的浅根可适当削断；松土的深度和范围应视植物种类及植物当时根系的生长状况而定，对于灌木、草本植物，深度可在 5cm 左右。

4）覆盖

将一些对花卉生长发育无害而有益的材料覆盖在圃地上（株间）。它具有防止水土流失、水分蒸发、地表板结、杂草滋生的效果以及调节土温的作用。有机覆盖物夏季使地面凉爽，研究证明能降低地表温度 17℃；秋冬两季气温逐渐下降，覆盖对土壤又有保温作用，给根部创造了一个较稳定的温度环境，从而延长了根部的生长期；同样早春气温变幅大，稳定的土温减缓了植物过早的生长，避免了晚霜的危害。

覆盖物应是容易获得、使用方便、价格低廉的材料，应因地制宜进行选择。常用天然覆盖物有堆肥、秸秆、腐叶、松毛、锯末、泥炭藓、树皮、甘蔗渣、花生壳等。覆盖厚度一般为3～10cm，不宜太厚，以防止杂草生长。

目前还有用黑色聚乙烯薄膜、铝箔片或喷沥青等作覆盖物的。以聚乙烯薄膜为覆盖物时，应预先于其上打些孔洞，以利雨水渗入。

5）更换与栽植

作为重点美化而布置的一、二年生花卉，全年需进行多次更换才可保持其鲜艳夺目的色彩。必须事先根据设计要求进行育苗，至含苞待放时移栽花坛，花后要清除更换。

花坛布置至少应于4～11月间保持良好的观赏效果，为此需要更换花卉7～8次；如采用观赏期较长的花卉，至少要更换5次。有些蔓性或植株铺散的花卉，因苗株长大后难移栽，还有一些是需播种的花卉，都应先盆栽培育，至可供观赏时脱盆植于花坛。近年来，国外普遍使用纸盆及半硬塑料盆，这给更换工作带来了很大的方便。但是园林中应用一、二年生花卉作重点美化，其育苗、更换及辅助工作等还是非常费工的，不宜大量运用。

球根花卉按种类不同，分别于春季或秋季栽植。由于球根花卉不宜在成苗后移植或花落后即掘起，所以对栽植初期植株幼小或枝叶稀少种类的株行间，可配植一、二年生花卉，用以覆盖土面并以其枝叶或花朵来衬托球根花卉。适应性较强的球根花卉在自然式布置种植时，不需每年采收，如郁金香可隔2年，水仙隔3年，石蒜类及百合类隔3～4年掘起分栽一次。

宿根花卉包括大多数岩生及水生花卉，常在春秋季分株栽植，根据其生长习性不同，可以2～3年或5～6年分栽一次。

6）病虫害识别

（1）猝倒病。常见于翠菊、鸡冠花等的幼苗阶段。表现症状为嫩茎基部感染后幼苗很快自地面处倒伏。露地栽培以5月中旬至8月发病率最高。

（2）白粉病。表现症状是植株的叶、嫩梢、花柄等部位生出一层白粉状或茸毛状物，布满叶片后使叶内卷，嫩梢弯曲停止生长。白粉病在气温达到18～30℃、空气相对湿度为55%～85%、环境比较闷热、不通风时最宜发生。

（3）根结线虫病。常见于鸡冠花、翠菊等。表现症状为地上部分生长衰弱，叶发黄，萎蔫，花小。地下部分侧根及须根上有大小不等的瘤状物，表面粗糙，切开小瘤，可见瘤中有乳白色发亮的粒状物，为线虫的虫体。

（4）蚜虫。常见于一串红、鸡冠花、雁来红、牵牛花等。群聚于植物体的幼嫩部分，吸取植物汁液，使嫩梢叶面卷曲干枯。

（5）红蜘蛛。常见于一串红、凤仙花、百日草等。吸取植物汁液，使叶片出现斑点，导致植株生长衰弱、落叶，甚至全株枯黄致死。

（6）粉虱。常见于一串红等花卉。吸取植物汁液，使叶片变黄，甚至死亡。

2. 地被植物的养护

地被植物是提高园林绿地覆盖率的重要组成部分，已由常绿型走向多样化，由草皮转向观花型。由于地面覆盖植物的特点是属于成片的大面积栽培，在正常情况下，一般不允许，也不可能做到精细养护，只能以粗放管理为原则。

近几年来，一些常规绿化花灌木树种被广泛应用于地被处理，这些灌木树种被高密度种植后，根系发育不太好，其抗旱能力降低，应加强抗旱浇工作。

对于一些林荫下的灌木地被，会出现杆细叶稀等不良现象，应及时重剪、重施肥，并加强乔木修剪，增加透光度，促进灌木地被的复壮。生长 5 年以上的部分灌木地被，有些长势衰退的应及时更新。

任务实施

1. 草本花卉的养护

1）灌溉

栽植以后浇第一次透水，以保证花卉成活；经过 7d 左右浇第二次水；连续 15d 以上没有降雨，应及时浇第三次水。浇水的时间因季节而异，秋、春宜在清晨进行，冬季宜在中午进行。

2）中耕除草

中耕深度要根据花卉种类及生长时期而定。根系分布浅的花卉要浅耕，反之要深耕；幼苗期要浅耕，以后随着植株的生长逐渐加深；株行中间要深耕，接近植株处要浅耕。中耕深度一般为 3～5cm。

3）施肥

有土壤施肥和根外追肥两种方式。

土壤施肥的深度和广度，应依根系分布的特点，将肥料施在根系分布范围内或稍远处。一方面可以满足花卉的需要，另一方面还可诱导根系扩大生长分布范围，形成更为强大的根系，增加吸收面积，有利提高花卉的抗逆性。由于各种营养元素在土壤中移动性不同，不同肥料施肥深度也不相同。氮肥在土壤中移动性强，可浅施；磷钾肥移动性差，宜深施至根系分布区内，或与其他有机肥混合施用效果更好。氮肥多用作追肥，磷钾肥与有机肥多用作基肥。

4）整形修剪

（1）整形。整形是对花卉进行修剪，使其形成一定形状。

①丛生式。生长期间进行多次摘心，促使多发枝条，全株成低矮丛生状，花朵繁盛。如藿香蓟、矮牵牛、一串红、波斯菊、金鱼草、美女樱、百日草、蝴蝶花、半枝莲等。

②单干式。只留主干，不留侧枝，并将所有侧蕾全部摘除，使养分集中于顶蕾。

③多干式。留数个主枝，如大丽花留 2～4 个主枝，菊花留 3、5、9 枝，其余的侧枝全部剥去。

（2）修剪。修剪主要包括摘心、除芽、折梢、曲枝、去蕾、修枝等技术措施。

①摘心。摘除枝梢顶芽。摘心可以促使植株萌芽抽枝形成丛生状，开花繁多；摘心

还能抑制枝条生长，促使植株矮化，延长花期。如菊花摘心后可促使枝条充实，牵牛花摘心后可促使花蕾形成等。但花穗长而大或自然分枝力强的种类不宜摘心，如鸡冠花、凤仙花、紫罗兰、麦秆菊等。

②除芽。除芽的目的是为了剥去过多的腋芽，控制分枝数和开花数，使所留的花朵发育充分，花大色艳，如菊花栽培。

③去蕾。指除去侧蕾而留顶蕾，使顶蕾营养充足，花大色艳。

④修枝。剪除枯枝及病虫害枝、位置不正影响观赏效果的枝、开花后的残花枝等，改善植株通风透光条件，减少养分的消耗。

5）越冬越夏

（1）越冬

在我国北方严寒季节，要对不耐寒的多年生花卉和 2 年生露地花卉进行防寒，保证安全越冬。常见的主要方法有：

①灌水法。冬灌减少或防冻，春灌有保温、增温效果。

②覆盖压土法。在霜冻到来前，在多年生花卉地的畦面上覆盖干草、马粪或草席，上面用土压实，至晚霜过后再清理好畦面，这是防寒效果较好的方法。

（2）越夏

在夏季高温酷暑的地方，对要求夏季干燥、凉爽的地中海气候型的植物来说，要保护其安全越夏，可采取叶面喷水、地面灌水、架设遮阳网、修剪枝叶、喷蒸腾抑制剂等措施。

6）病虫害防治

（1）病害

①猝倒病

防治方法为：首先必须对育苗用土彻底消毒，在播种前对其草花种子用种子重量 0.2%的赛力散拌种；幼苗出土后可每平方米灌溉 1%的硫酸亚铁 2 ～4kg 进行预防，并应及早间苗加强通风。

②白粉病

防治方法为：主要应改善栽培条件，控制温度、湿度，注意通风透光；栽培中少施氮肥，多施磷钾肥，以增加植株抗性；发病初期及时摘除病叶和花梗，并集中烧毁；也可喷 50%甲基托布津 1000 倍液、50%退菌特 1000 倍液防治，或用 1000 倍 5%代森铵水溶液喷洒。

③根结线虫病

防治方法为：要严格实行植物检疫，防止病虫传播到无病区或轻病区；用 20%二溴氯丙烷处理土壤，5～8g/m^2 或用 40%涕灭威颗粒剂每平方 20g，也可用 3%呋喃丹颗粒剂每平方 15g。

（2）虫害

①蚜虫

防治方法为：注意栽培环境的通风透光；用 1000～2000 倍液吡虫啉防治效果显著。

②红蜘蛛

防治方法为：降低温度，增加湿度，加强通风；喷洒40%三氯杀螨醇1000倍液，也可用25%杀虫脒1000倍液喷雾。对红蜘蛛的防治要及时，如被害叶子已显黄化，则经喷药也不能恢复。

③粉虱

防治方法为：用80%敌敌畏1500倍液，每10kg加洗衣粉（以碱性小为好）50g，充分搅拌均匀，每隔1周喷药1次，连续数次才能取得良好效果。

2. 地被植物的养护

1）水分管理

地被植物一般情况下，均选取适应性强的抗旱品种，可不必浇水，但出现连续干旱无雨时，为防止地被植物严重受害，应进行抗旱浇水。

2）施肥

地被植物生长期内，根据各类植物的营养需要，及时补充肥力，尤其对一些观花地被植物更显得重要。

常用的施肥方法有喷施法，适合于大面积使用，是在生长期使用较为简便的施肥方法。以增施稀薄的硫酸铵、尿素、过磷酸钙，氯化钾等肥料为主。

撒施方法在早春和秋末，或植物休眠前后进行，结合加土进行，使用堆肥、厩肥、饼肥、塘泥及其他有机肥源。既增加土壤有机质含量，又对植物根部越冬有利。

3）修剪

一般低矮类型品种，不需要进行经常修剪，仍以粗放管理为主。

对于开花地被植物，少数残花或者花茎高的，须在开花后适当压低，或者结合种子的采取，适时修剪来控制高度。每年开春新芽萌动前进行强剪使高度压低，生长季节对徒长枝及时修剪。

4）更新补缺

在地被植物养护管理中，常常由于各种不利因素，使成片的地被出现，过早地衰老。此时应根据情况，对表土进行刺孔，促使其根部土壤疏松透气，同时加强施肥浇水，则有利于更新复壮。

【思考与练习】

1. 论述草本花卉在日常养护中的方法有哪些？
2. 如何做好地被植物的养护工作？
3. 草花常见的病虫害有哪些？如何做好防治工作？

【技能训练】　一、二年生草花养护

1. 实训目的

通过实训，使学生能识别常见的草本花卉，能独立依照花卉生长的特点，完成一、二年生草本花卉灌溉、修剪、中耕除草、病虫害防治等养护工作，达到养护的技术规范要求，效果良好的目的。同时培养学生吃苦耐劳、团结协作的敬业精神。

2. 实训材料

(1) 场地与材料：校园内、串红、万寿菊。

(2) 器材：各种肥料、铁锹、耙子、修枝剪、喷壶、常用农药。

3. 实训内容

(1) 根据一、二生草花的特点和要求，结合草花养护确定养护方案。

(2) 选择正确的养护方法。

①灌溉：浇水易在清晨进行，如果蒸发量比较大，在清晨浇水的基础上，16：00—17：00 再浇一次，忌在中午进行。

②修剪：摘除正在生长中的嫩枝顶端。可促进侧枝萌发，增加开花枝数，使植株矮化，株形圆整，开花整齐。

③中耕除草：见草就除，随即松土。

④清理现场：养护结束后应及时清理场地，归还工具。

4. 实训要求

(1) 实训前准备好养护工具；

(2) 实训中注意不要弄伤植株，以免影响生长。

5. 实训报告

实训报告应包括草本花卉养护实施方案的内容以及施工过程中应注意的事项。

6. 结果评价

训练任务	一、二年生草花养护				
评价类别	评价项目	评价子项目	自我评价 20%	小组评价 20%	教师评价 60%
过程性评价 60%	专业能力 45%	方案制订能力 15%			
		养护过程 30%			
	素质能力 15%	工作态度 8%			
		团队合作 7%			
结果评价 40%	方案科学性、可行性 15%				
	实训报告 10%				
	养护结果 15%				
评分合计					
班级：	姓名：		第　组	总得分：	

任务 7　垂直绿化的养护

【知识点】

1. 了解垂直绿化环境特点；

2. 掌握垂直绿化养护的相关基本知识。

【技能点】

1. 能根据方案做好垂直绿化的土肥水管理工作；
2. 能按要求做好垂直绿化的整形修剪工作；
3. 能根据养护方案做好病虫害的防治工作。

相关知识

垂直绿化环境特点：

藤本绿化在园林绿化中应用得十分广泛，其生长的环境几乎涵盖了所有的绿地类型。在公园、居住区绿化中，花架、亭廊、园门、假山等处都能见到藤本植物；在道路绿化中，藤本植物是高架桥、坡地、柱体绿化的好材料；如今还将藤本植物代替草坪做地被。因此，对于藤本植物的养护管理应该针对其所处的立地环境采取相应的措施。

（1）挑台绿化环境特点

主要体现在其远离地面，种植营养面积小，通常阳光充足，光照时间长，气流流动大，冬夏温差大，夏季温度较高，墙面辐射大，水分蒸发快，冬季易结冰，植物易干枯。

（2）柱体、立交桥绿化环境特点

立柱、立交桥通常处于道路绿化中，大多数立地条件较差。城市中交通拥挤，废气、粉尘污染严重，噪声污染，桥面温度过高，土壤条件差。

（3）篱栏、墙面、护坡绿化环境特点

在墙脚、坡面、崖边等地，其环境条件较差，主要体现于土层浅薄，土量少，建筑垃圾多，土壤肥力低，保水或排水性差。尤其是坡地绿化，由于坡面长期裸露，受到雨水的冲刷而被浸蚀，在受到冻土和霜柱的影响时，土层会发生崩落。

任务实施

1. 土肥水管理

藤本植物垂直绿化的关键是要生长量，没有生长量就反映不出立体绿化效果。因此加强水肥管理至关重要。

1）水分管理

（1）浇水

水是攀缘植物生长的关键，在春季干旱天气时，直接影响到植株的成活。掌握需水时期，是垂直绿化植物水分管理中的重要环节。

①苗期。新植和近期移植的各类攀缘植物，应连续浇水，直至植株不灌水也能正常生长为止。由于攀缘植物根系浅、占地面积少，因此在土壤保水力差或天气干旱季节，应适当增加浇水次数和浇水量。

②抽蔓展叶旺盛期。一般情况下，这一时期需水最多，对植株的生长量有很大影响。该时期一般在夏初，有些垂直绿化植物一年内有多次枝蔓生长高峰，应注意充分

供水。

③开花期。垂直绿化植物的花期需水较多且比较严格，水分过少，影响花朵的舒展和传粉受精；水分过多，会导致落花。

④果实膨大期。观果垂直绿化植物，在果实快速膨大期需水较多；后期水分充足可增加果实产量，但会降低品质。

⑤越冬前。多年生藤本在越冬前应浇足水，使其在整个冬季保持良好的水分状况。在冬季土壤冻结之地，灌防冻水可保护根系免受冻害，有利于防寒越冬。

（2）排水

①水淹比干旱对垂直绿化植物的危害更大，水涝3～5d就能导致植株死亡。

②植物的耐水性与根系的需氧性关系密切，需氧性高的类型最怕涝，水涝会使它因缺氧而死亡；尤其在闷热多雨季节，大雨之后存积的涝水，遇烈日一晒，水温剧升，植株更易因根系缺氧死亡，故雨停后要尽快排水。

③地下水位过高的地方，也会因根系缺氧给植株生长带来危害，因此应在定植时就采取降低水位等防范措施。

2）施肥

（1）施肥的时间

秋季植株落叶后或春季发芽前施基肥，北方宜早，南方宜迟，北方尤宜秋季施用。对生长停止晚的宜迟，冬季土壤不冻结地区也可冬施。施追肥应在春季萌芽后至当年秋季进行，特别是六至八月雨水勤或浇水足时。

（2）施肥的方法

①施基肥。施用基肥的肥料应使用有机肥，施用量宜为0.5～1.0kg/m^2。

②追肥。可分为根部追肥和叶面追肥两种。根部施肥可分为密施和沟施两种。每两周一次，每次施混合肥0.1kg/m^2，施化肥为0.05kg/m^2。叶面施肥时，对以观叶为主的攀缘植物可以喷浓度为5%的氮肥尿素，对以观花为主的攀缘植物喷浓度为1%的磷酸二氢钾。叶面喷肥宜每半月一次，一般每年喷4～5次。叶面追肥一般应在上午10时前和下午4时后进行，干旱季节最好在傍晚或清晨喷施，以免溶液浓缩过快叶片难以吸收或溶液浓度变高而引起植株伤害。用于叶面追肥的溶液浓度范围见表2-8。

表2-8　垂直绿化植物叶面追肥参考浓度（引自王玉华《藤本花卉》）

缺素	药剂种类	使用浓度/%			备　注
		育苗	草本	木本	
氮	尿素	0.1～0.5	0.2～0.5	0.3～0.5	(二缩脲不超过0.25)
	硫酸铵			0.5～1.0	
磷	过磷酸钙	0.5～1.0		1～3	用浸出液
钾	硫酸钾			0.5～1.0	
	氯化钾			0.5～1.0	
	草木灰			3～10	用浸出液

续表

缺素	药剂种类	使用浓度/%			备注
		育苗	草本	木本	
钙	硝酸钙		0.75～1.0		
	氯化钙		0.4		
镁	硫酸镁	2.0			
硼	硼砂			0.10～0.3	
	硼酸		0.10～0.15	0.5	
铁	硫酸亚铁	0.1～0.2		0.3～0.5	用螯合铁可适增
锌	氯化锌			0.2	
	硫酸锌		0.1～0.2	0.15～0.5	（萌芽前用4～5）
锰	硫酸锰		0.05～0.1	0.2～0.3	
铜	硫酸铜		0.1～0.2	0.2～0.3	
钼	钼酸铵				一般用0.02～0.05

（3）施肥特点

垂直绿化植物生长发育的一个最显著特点是生长快，表现在年生长期长、年生长量大或年内有多次生长，根系发达、深广或块根茎贮藏养分多，因此施肥量要求较大，秋季施肥应以钾肥为主，相应少施氮肥，防止枝梢徒长影响抗寒能力。此外，垂直绿化植物类型、种类多样，功能要求不同，各地区又因气候、土壤条件多样，施肥要求亦不相同。

2. 病虫害防治

（1）攀缘植物常见病虫害类型

常见病虫害有蚜虫、螨类、叶蝉、天蛾、虎夜蛾、斑衣蜡蝉、白粉病等。在防治上应贯彻“预防为主，综合防治”的方针。

（2）病虫害防治方法

①栽植时应选择无病虫害的健壮苗，勿栽植过密，保持植株通风透光，防止或减少病虫发生。

②栽植后应加强攀缘植物的水肥管理，促使植株生长健壮，以增强抗病虫的能力。

③及时清理病虫落叶、杂草等，消灭病源虫源，防止病虫扩散、蔓延。

④加强病虫情况检查，发现主要病虫害应及时进行防治。在防治方法上要因地、因树、因虫制宜，采用人工防治、物理防治、生物防治、化学防治等各种有效方法。在化学防治时，要根据不同病虫对症下药。喷布药剂应均匀周到，应选用对天敌较安全，对环境污染轻的农药。

3. 中耕除草

（1）中耕除草的目的是保持绿地整洁，减少病虫发生条件，保持土壤水分。

（2）除草应在整个杂草生长季节内进行，以早除为宜。

（3）除草要对绿地中的杂草彻底除净，并及时处理。

（4）在中耕除草时不得伤及攀缘植物根系。

4. 不同垂直绿化类型的整形修剪

(1) 棚架式

卷须类、缠绕类等藤本植物多采用此方法进行修剪。修剪时，于近地面处重剪，使其发数条强壮主蔓，然后人工牵引至棚顶，让其均匀分布形成荫棚，隔年疏剪病、老和过密枝即可。在东北、华北需藤蔓下架埋土防寒的地区，对于不耐寒的种类如葡萄，需每年下架，修剪清理后，选留结果母枝，缚捆主蔓埋于土中，明年再出土上架。对结合花果生产的，应充分利用向阳垂直面，采用多种短截修剪，以增加开花结果面积。

(2) 附壁式

适用于吸附类植物，如爬山虎、常春藤、凌霄、扶芳藤等，包括吸附于墙壁、巨岩、假山等处。操作时只需将蔓藤牵引于墙面上即可自行依靠吸盘或吸附根逐渐爬满墙面。此外，在某些庭院中，有在壁前20～50cm处设立格架，在架前栽植植物，如蔓性蔷薇等开花繁茂的种类多采用这种形式。修剪时要注意使壁面基部全部覆盖，各蔓枝在壁面上应均匀分布，不要交互重叠。修整中，最易发生的毛病是基部空虚，不能维持基部枝条长期茂密。对此，可配合轻、重修剪以及曲枝诱引等措施，并且加强栽培管理。

(3) 凉廊式

常用于卷须式及缠绕类植物，偶有用于吸盘式植物。因凉廊在两侧设有格子架，所以应先采用连续重剪抑主蔓促侧蔓等措施，勿使主蔓过早攀上廊顶，以防两侧下方空虚并均缚侧蔓于垂直格架。如栽植吸附类型植物，需用砖等砌花墙，提供吸附所需的一定平面，并隔一定距离开设漏窗，以防过于郁暗。为防基部光秃，栽植初期宜重剪发蔓。

(4) 篱垣式

多用于卷须类和缠绕类植物。将主蔓按水平诱引，形成整齐的篱垣，每年对侧蔓进行短截。适合于形成长而较低矮的篱垣形式，称为“水平篱垣式”，又可依据其水平分段层次多少而分为二段式、三段式（图2-25）等。如欲形成短距离的高篱，可行短截使水平主蔓上垂直萌生较长的侧蔓，可称为“垂直篱垣式”（图2-26）。

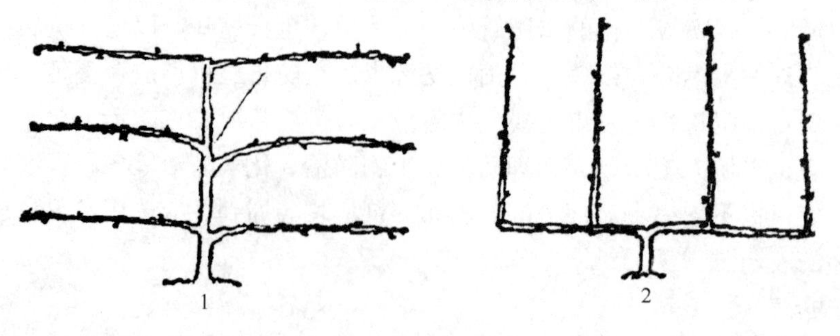

图2-25　水平三段篱垣式　　　　图2-26　垂直篱垣式

对蔓生性品种，如藤本月季、叶子花等，可植于篱笆、栅栏边，经短截萌枝后由人工编附于篱栅上。利用某些垂直绿化植物枝蔓柔软、生长快、枝叶茂密的特点，进行人工造型，如动物、亭台、门坊等形体或墙面图案，以满足特殊景观的需要。

（5）缠柱式

应用时要求一定直径的适缠柱形物，并保护和培养主蔓，使能自行缠绕攀缘。对不能实现自缠的过粗的柱体，可行人工助牵引绕，直至能自行缠绕。在两柱间进行双株缠绕栽植，应在根际钉桩，结链绳分别呈环垂挂于两柱适合的等高处，牵引主蔓缠绕于绳链，形成连续花环状景观。对藤本月季类品种，需行重剪促生侧蔓，以后对主蔓长留，人工牵引绕柱逐年延伸，同时需均匀缚扎侧蔓或弯下引缚补缺。

（6）悬垂式

对于自身不能缠绕又无特化攀缘器官的蔓生型种类，常栽植于屋顶、墙顶或盆栽置于阳台等处，使其藤蔓悬垂而下，对其只作一般的整形修剪，顺其自然生长。用于室内吊挂的盆栽垂直悬类型植物，应通过整形修剪达到蔓条均匀分布于盆四周，下垂之蔓有长有短，错落有致的景观效果。对衰老枝应选适合的带头枝行回缩修剪。

（7）直立式

对于一些茎蔓粗壮的种类，如紫藤等，可以剪整成灌木式，成直立状。这类形式适用于公园街道旁或草坪上，能收到较好的景观效果。

（8）匍匐、灌丛式

疏去过密枝、交叉重叠枝，匍匐栽植，人工调整枝蔓使其分布均匀，如短截较稀处枝蔓，促发新蔓，雨季前按一定距离（约0.5～1m）于节位处培土压蔓，促发生根绵延。

对呈灌丛拱枝形的垂直绿化植物，整剪要求圆整，内高外低。观花的种类，应按开花习性进行修剪，先花后叶类，在江南地区可花后剪；在北方大陆性气候地区宜花前冬剪。由于单枝离心生长快，衰老也快，为维持其拱枝形态，不宜在弯拱高位处采用回缩更新，应采用“去老留新”法，将衰老枝从基部疏除。成片栽植时，一般不单株修剪更新，而是待整体显衰老时，分批自地面割除，1～2年即又可更新复壮。对先灌后藤的某些缠绕藤本，幼时呈灌木状，可植于草地、低矮假山石、水边较高处，但不给予攀缠条件，使之长成灌丛形。新植时结合整形按一般修剪，待枝条渐多和生出缠绕枝后，只作疏剪清理即可。

5. 枝梢牵引

攀缘植物栽植后应根据植物生长的需要进行绑扎或牵引。藤本植物的绑扎和牵引，应先把枝条搁在固定的支撑物上，然后用细绳索呈“8”字形结扎。

支撑植物用的竹竿、架子、棚架和墙上的固结物等，应根据植物的特点（缠绕的、攀缘的；要支柱的和爬墙的）而设置。

6. 越冬越夏管理

（1）夏季管理

做好抗旱工作，并对一些生长较弱和不耐旱的植株进行叶面喷雾并适当轻剪；对生长强健的植株及时做好理藤工作，过于繁密的进行合理、轻度的修剪、抽稀，利于植株内部的通风透光，防止和减少病虫害的发生。由于垂直绿化的植株根系比较浅，占地面积少，因此在土壤保水力差或天气干旱季节应适当增加浇水次数与浇水量。

（2）冬季管理

①修剪

入冬时，做好修剪工作，由于藤本植物生长快，藤蔓繁多，互相缠绕，内膛藤条易枯黄，这时应将内膛枯叶、枯枝梳理修掉，并对向外生长枝条进行短截，为了使藤本植物不过早地老化可采取重修剪，厚度控制在5cm以内，（生长季节在10～20cm以内）。观花类的植物种类，要在落花之后及时进行。

②松土切边

入冬时，翻松藤本植物植株附近的表土，在与周围草坪交界的地方，斜向下切出边界。

③埋藤

对于一些不耐寒的树种，如葡萄等，为保证其不受冻害安全越冬，在入冬前需进行地下埋土。首先将修剪后的枝蔓顺其自然方向捆绑好，再顺其方向于地面挖沟。挖沟深度、宽度依枝捆大小而定，能使枝蔓完全放入沟内或半放入沟内为宜，一般深度为30～50cm，宽50cm，近根部要浅挖，以防伤根。将枝蔓入沟后取土培严，一般覆土20～40cm即可。有条件的也可把枝蔓放入沟内，在沟上横架木杆，再覆上一层10cm厚的作物秸秆、树叶、干草，最后分2～3次覆土，每次覆土不能太厚，随气温下降逐渐加厚埋土，其保温效果更好。

④浇水、除雪

在冬季应根据植株及土壤情况适时浇水，保持土壤湿度，防止树木干枯；如遇到下雪天气，应及时清除藤蔓、棚架上的积雪，防止大雪压折枝干。

【思考与练习】

1. 室内垂直绿化的环境特点。
2. 垂直绿化植物不同时期的浇水量有什么区别？
3. 如何对垂直绿化植物进行施肥？
4. 垂直绿化植物常见病虫害的防治方法。
5. 不同垂直绿化类型的整形修剪的方法。
6. 如何对垂直绿化植物进行枝梢牵引？
7. 垂直绿化植物越冬越夏管理的注意事项有哪些？
8. 如何对垂直绿化植物进行中耕除草？

【技能训练】 藤本植物的养护管理

1. 实训目的

了解紫藤的生态习性，熟悉紫藤在整个生长期内的养护管理工作，掌握养护管理技术，能通过实训，使养护后的紫藤生长健壮，树形优美，覆盖率达到98%以上。

2. 实训材料

（1）材料：紫藤。

（2）器材：铁锹、锄头、耙子、剪枝剪、高枝剪、草绳、铁丝、锯、水具、肥料等。

3. 实训内容及操作步骤

（1）浇水。掌握好生长季节的浇水量，若土壤保水差或天气干旱，加大浇水次数和浇水量。

（2）施肥。依据植物生长状况，合理选择肥料，进行追肥。

（3）修剪。剪除过厚、过密的枝条及病枝、枯枝、细弱枝。

（4）牵引。每隔一段距离，用草绳对茎进行捆扎、固定。

（5）中耕除草。去除杂草，中耕松土，不可伤及紫藤根系。

4. 实训要求

（1）实训前查阅相关书籍，了解紫藤的生长习性、养护方法及相关技术，制订养护方案。

（2）任务实施时，严格按照技术规范操作，发扬团队合作精神。

（3）养护后达到的目标是：植株生长健壮；覆盖率达到了98%以上；养护面无杂草，土壤疏松，肥沃。

5. 实训报告

总结本次实训的原始记录，完成实训报告。内容包括针对紫藤的实际生长状况，制订合理的养护方案，选择正确的养护管理方法，实施的养护管理技术要点，最终完成的实训效果。

6. 结果评价

<table>
<tr><td>训练任务</td><td colspan="5">紫藤的养护管理</td></tr>
<tr><td>评价类别</td><td>评价项目</td><td>评价子项目</td><td>自我评价20%</td><td>小组评价20%</td><td>教师评价60%</td></tr>
<tr><td rowspan="8">过程性评价
60%</td><td rowspan="6">专业能力
45%</td><td>方案制订能力5%</td><td></td><td></td><td></td></tr>
<tr><td>浇水8%</td><td></td><td></td><td></td></tr>
<tr><td>施肥8%</td><td></td><td></td><td></td></tr>
<tr><td>修剪8%</td><td></td><td></td><td></td></tr>
<tr><td>牵引8%</td><td></td><td></td><td></td></tr>
<tr><td>中耕除草8%</td><td></td><td></td><td></td></tr>
<tr><td rowspan="2">素质能力
15%</td><td>工作态度8%</td><td></td><td></td><td></td></tr>
<tr><td>团队合作7%</td><td></td><td></td><td></td></tr>
<tr><td rowspan="4">结果评价
40%</td><td colspan="2">方案科学性、可行性10%</td><td></td><td></td><td></td></tr>
<tr><td colspan="2">生长情况10%</td><td></td><td></td><td></td></tr>
<tr><td colspan="2">覆盖率10%</td><td></td><td></td><td></td></tr>
<tr><td colspan="2">养护面10%</td><td></td><td></td><td></td></tr>
<tr><td colspan="3">评分合计</td><td></td><td></td><td></td></tr>
<tr><td>班级：</td><td colspan="2">姓名：</td><td>第　组</td><td colspan="2">总得分：</td></tr>
</table>

任务8　水生花卉的养护

【知识点】

1. 掌握水生植物水位调节的方法；
2. 掌握水生植物防风防寒的方法；
3. 掌握水生植物越冬管理的方法。

【技能点】

1. 能根据具体的水生植物的生长状况进行分析，提出水生植物日常养护的措施；
2. 能根据养护的要求，对水生植物进行日常养护。

相关知识

1. 施肥

在植物生长发育的中后期进行。可使用浸泡腐熟后的人粪、鸡粪、饼类肥，一般施2～3次。露地栽培可直接施入缸、盆中。在施追肥时，应用可分解的纸做袋，装入肥料施入泥中。

2. 水位调节

水生花卉在不同的生长季节（时期）所需的水量也有所不同。调节水位，应按照由浅到深、再由深到浅的原则。分栽时，保持5～10cm的水位，随着立叶或浮叶的生长，水位可根据植物的需要量提高（一般30～80cm）。如荷花到结藕时，要将水位放浅到5cm左右，提高泥温和昼夜温差，提高种苗的繁殖数量。

3. 防风防冻

耐寒的水生花卉直接栽在深浅合适的水边和池中，冬季不需保护，休眠期间对水的深浅要求不严。

半耐寒的水生花卉栽在池中时，应在初冬结冰前提高水位，使根丛位于冰冻层以下，即可安全越冬。少量栽植时，也可掘起贮藏。或春季用缸栽植，沉入池中；秋末连缸取出，倒除积水。冬天保持缸中土壤不干，放在没有冰冻的地方即可。

不耐寒的种类通常盆栽，沉到池中；也可直接栽到池中，秋冬掘出贮藏。

水生花卉产在北方种植，冬天要进入室内或灌深水（深100cm）防冻；在长江流域一带种植，正常年份可以露地越冬。为了确保安全，以防万一，可将缸、盆埋于土里或在缸、盆的周围包草、覆草等。

4. 遮阴

水生花卉中有部分种类属阴性植物，不适应强光照射，栽培时需搭设荫棚。根据植物的需求，遮光率一般控制在50%～60%，多采用黑色或绿色的遮阳网进行遮阴。

5. 消毒

为了减少水生花卉在栽培中的病虫害，各种土壤需进行消毒处理。消毒用的杀虫剂有400倍液乐果乳油、敌百虫等；杀菌剂有多菌灵、甲基托布津1000～1500倍液等。

6. 其他措施

有地下根茎的水生花卉，一般须在池塘内建造种植池，以防根茎四处蔓延影响设计效果。漂浮类水生花卉常随风移动，使用时要根据当地的实际情况，如需要固定，可加拦网。

任务实施

1. 水肥管理

除栽植时施以底肥外，在生长期要适当追肥。一般在立叶长出、花蕾未出前，追施1次，以复合肥为主，可追施三元复合颗粒肥，复合肥或生豆饼等，包成包施入盆中心土深度约1/2处，也可直接施入。观其效果，一般3d后见效，要注意薄肥勤施。

如盆栽荷花，一般在4月初至4月中旬翻缸栽种，干土栽种时第一遍水一定要浇透，然后可晾晒几日等盆土略干后再浇水，这样可以促进生根。初期保持盆土湿润。7～10d后可浇水12cm深，浮叶长出，立叶展开，随着气温的升高，可逐渐加深水位，直至满盆。

2. 疏除

若同一水池中混合栽植各类水生植物，必须定时疏除繁殖快速的种类，以免覆满水面，影响睡莲或其他沉水植物的生长；浮水植物过大时，叶面互相遮盖，也必须进行分株。

3. 越冬管理

越冬前，清理池塘中的枯枝落叶。北方寒冷地区冬季池塘可以通过提高水位，使花卉的地下器官在冰层下池底泥中越冬，也可于秋后枯黄时挖起，置于地窖、冷室等处越冬，翌年清明之后种植。

普通水泥结构池塘，寒冷地区冬季需放空水，以免结冰后池壁破裂。

水中养鱼的池塘，冬季结冰前在池中放一个球，一旦池子结冰，取出球，舀出一些水，使得冰层下进入一层空气，这样就可以提供氧气。还可以放一束稻草或植物枝条保持该通气道通畅。

【思考与练习】

选择2～3种水生植物，阐述日常养护的措施。

【技能训练】　水生花卉的养护

1. 实训目的

能够识别常见的水生花卉，掌握其养护的基本方法。通过实训，使学生掌握水生植物养护的基本方法，包括施肥、水位调节、病虫害防治、防风防寒、消毒等措施。达到养护技术规范要求，效果良好的目的。同时培养学生吃苦耐劳、团结协作的敬业精神。

2. 实训材料

（1）场地与材料：校园、荷花；

（2）器材：各种肥料、修枝剪、喷壶、常用农药、花铲等。

3. 实训内容

（1）水肥施肥：荷花一般在 4 月初至 4 月中旬栽种，干土栽种第一遍水一定要浇透，然后可晾晒几日等盆土略干后再浇水，这样可以促进生根。初期保持盆土湿润。7～10d 后可浇水 1～2cm 深，浮叶长出，立叶展开，随气温的升高，可逐渐加深水位，直至满盆。可追施复合肥，把肥料包成包施入盆中心土，深度约 1/2 处，也可直接施入。

（2）消毒：用杀菌剂多菌灵 1000～1500 倍液。

（3）防病虫害：荷花在生长期一般常见有褐纹病和斑枯病，主要危害立叶。在发病初期可喷 800 倍代森锌或托布津液等。虫害一般有蚜虫、金龟子、刺蛾等，蚜虫危害较为严重，可喷一遍净、吡虫啉等防治。

（4）清理场地：养护结束后应及时清理场地，归还工具。

4. 实训要求

（1）实训前做好工具及材料的准备工作。

（2）实训中严禁打闹，以免跌入水里。

（3）实训中仔细观察植株的生长状况，选择适合养护的方法。

5. 实训报告

实训报告应包括水生植物养护方案的内容以及养护过程中应注意的事项。

6. 结果评价

训练任务	水生花卉的养护				
评价类别	评价项目	评价子项目	自我评价 20%	小组评价 20%	教师评价 60%
过程评价 60%	专业能力 45%	方案制订能力 15%			
		养护过程 30%			
	素质能力 15%	工作态度 8%			
		团队合作 7%			
结果评价 40%	方案科学性、可行性 15%				
	实训报告 10%				
	养护结果 15%				
评分合计					
班级：	姓名：		第　组	总得分：	

任务9　古树名木的养护管理

【知识点】

1. 了解古树名木的作用；
2. 了解古树名木普查的步骤和方法以及防护的方法；
3. 掌握古树名木的复壮方法；
4. 掌握古树名木的防腐、修补、加固与支撑技术。

【技能点】

能用专业技术指导园林绿化工程中古树名木的养护工作，解决在古树名木的养护中存在的相关问题。

相关知识

1. 古树名木的作用

所谓古树名木，一般认为：树龄在百年以上（含100年）的树木称为古树。国内外珍贵、稀有的树木或具有重要历史价值、纪念意义及重要科研价值的树木称为名木。实际上，古树或名木并没有一个绝对的标准。在我国，各地有许多古树，如山东省黄县的周代的银杏树，至今约2500多年，陕西省黄陵县的轩辕侧柏的树龄为2700多年。至于名木，更是遍及神州，一般为名人所植。例如深圳市仙湖植物园中，邓小平同志亲手栽植的高山榕，广东省高州市江泽民同志亲手栽植的荔枝树等。所有古树或名木，在园林中往往是独成一景的，甚至是全园的主景，也具有很高的观赏价值和纪念意义，称得上是园林行业的宝贵财富。因此，对古树名木实行科学的管理是园林工作者义不容辞的责任。

2. 古树名木普查

（1）古树名木普查领导小组应统一组织普查技术培训。普查人员必须持园林主管部门颁发的上岗证方可上岗。

（2）普查以县（市、区）为单位，逐街（村）逐单位，实行每株树木调查并拍照，按古树名木普查表中的要求对树种、树龄、胸围、树高、生长位置、地理坐标等逐项登记。见表2-9。

（3）普查材料整理后作为存档材料，所有存档材料经市、县园林主管部门审查盖章。

3. 防护

（1）设置标示牌

应在古树名木周围醒目位置设立保护标志。保护标志包括标准标示牌、解说性标示牌和提示性标示牌。

表 2-9 古树名木普查表

<table>
<tr><td rowspan="3">省（区、市）
编号</td><td rowspan="3">树种</td><td colspan="2">中文名：</td><td>别名：</td></tr>
<tr><td colspan="3">学 名：</td></tr>
<tr><td colspan="2">科</td><td>属</td></tr>
<tr><td rowspan="2">位置</td><td colspan="4">县 乡镇（街道） 村（居委会） 社（组、号）</td></tr>
<tr><td colspan="4">小地名：</td></tr>
<tr><td>地理坐标</td><td colspan="2">经度</td><td colspan="2">纬度</td></tr>
<tr><td>树龄</td><td colspan="2">真实树龄 年</td><td>传说树龄 年</td><td>估测树龄 年</td></tr>
<tr><td>树高</td><td colspan="2">米</td><td>胸围（地围）</td><td>米</td></tr>
<tr><td>冠幅</td><td colspan="2">平均 米</td><td>东西 米</td><td>南北 米</td></tr>
<tr><td rowspan="2">立地条件</td><td colspan="4">海拔 米；坡向 度；坡位 部</td></tr>
<tr><td colspan="4">土壤名称： 紧密度：</td></tr>
<tr><td>生长势</td><td colspan="4">（1）旺盛 （2）一般 （3）较差 （4）濒死 （5）死亡</td></tr>
<tr><td>树木特殊状况描述</td><td colspan="4"></td></tr>
<tr><td>权属</td><td colspan="3">（1）国有 （2）集体 （3）个人 （4）其他</td><td>原挂牌号：第 号</td></tr>
<tr><td>责任单位或个人</td><td colspan="4"></td></tr>
<tr><td>保护现状及建议</td><td colspan="4"></td></tr>
<tr><td>古树历史传说或
名木来历</td><td colspan="4"></td></tr>
<tr><td>树种鉴定记载</td><td colspan="4"></td></tr>
</table>

①标准标示牌

应标明种名、学名、科属、保护等级、树龄、立牌时间、古树名木编号。其中国家一级保护古树名木为红色标识牌，二级保护古树名木为蓝色标识牌，古树名木后续资源为绿色标识牌。

②解说性标示牌

应对古树名木的历史、文化、科研和旅游价值等进行说明。

③提示性标示牌

在古树名木周围设置禁止攀折、采摘等保护提示牌。

（2）设置保护区域

园林主管部门应当会同当地规划部门划定古树名木保护区域，保护区域应不小于树冠垂直投影外延 5m 的范围；树冠偏斜的，还应根据树木生长的实际情况设置相应的保护区域。对生长环境特殊且无法满足保护范围要求的，须由专家组论证划定保护范围。

古树名木树冠以外 50m 范围内为古树名木生境保护范围，在生境保护范围内的新、扩、改建建设工程，必须满足古树名木根系生长和日照要求，并在施工期间采取必要的保护措施。

古树名木应设置保护围栏，围栏规格由园林主管部门组织专家组论证确定。

古树名木保护区域内，因特殊防护需要，应铺设透气砖、设置透气井（管）。透气砖采用上宽下窄的梯形砖，每块尺寸为40cm×20cm×20cm，长度和宽度尺寸偏差不超过5cm。

在古树名木保护区域内，不得从事挖掘、取土、堆放各种材料（货物）、埋设管线、堆放或焚烧杂物、倾倒废水、新建改建构筑物等任何有害树木生长的活动，不得设置排放污水的渗沟。在保护区域内现存的构筑物，危及古树名木正常生长、生存的，经园林主管部门组织专家组论证后，报人民政府批准，由责任单位限期治理。

生长于平地的古树名木，裸露地表的根系应加以保护，防止践踏。生长于坡地且树根周围出现水土流失的古树名木，须由专家组论证后采取砌石墙（干砌）护坡、填土护根等措施，护坡高度、长度及走向据地势而定。生长于河道、水系边的古树名木，应根据周边环境用石驳、木桩等进行护岸加固，保护根系；主干被深埋的古树名木，应进行人工清除堆土，露出根茎部。

任务实施

1. 养护

1）日常养护

（1）水分管理

根据各树种对水分的不同要求，制订每株树的浇水方案。国家一级保护古树名木要求定时测量其土壤含水量科学确定浇灌方案，二级古树名木及古树名木后续资源应根据树体生长状态和天气情况进行合理浇灌。浇灌应做到：干旱季节，浇水面积应不小于树冠投影面积，浇水要浇足浇透，浇水的深度应在60cm以上，未通过对古树无毒害检验的再生水不得使用。

保护区域内应确保土壤排水透气良好。由于人为或自然因素造成积水时，应设置排水沟，无法沟排的应设置排水井。排水沟宽、深和密度应视排水量和根系分布情况而定，应做到排得走、不伤根。一般沟宽要求30～50cm，沟深在80～180cm。排水沟、排水井设置方案须由专家组论证确认。由于人为或自然因素造成缺水时，应及时通过浇灌结合喷雾的方式补充水分。必要时，要设置根帘保护层保湿。

对国家一、二级保护的古树名木，在气温过高、日照强烈、空气湿度小、蒸腾强度大、尘埃严重时，应采用叶面喷雾，有条件的可以安装自动微喷系统。

（2）肥料管理

施肥应根据树木实际生长环境和生长状况采用不同的施肥方法，保持土壤养分平衡。以有机肥为主，无机肥为辅，有机肥必须充分腐熟，有条件时可施用生物肥料。一级古树名木每年进行一次叶片的营养测定，二级古树名木及古树名木后续资源两年一次，依据测定结果，制订科学施肥方案。

土壤施肥每年进行1～3次，对于生长较差的古树名木，应酌情增加施肥次数，或结合找根法开沟施肥，在早春或秋后进行。施肥量应根据树种、树木生长势、土壤状况而定。一般施肥沟尺寸（深×宽×长）为0.3m×0.7m×2m或0.7m×1m×2m。

（3）树木整形

古树名木应结合通风采光和病虫害防治等需要进行整形，去除枯死枝、断枝、劈裂枝、内膛枝和病虫枝等，严禁对正常生长的树木的树冠进行重剪。对能体现古树自然风貌且无安全隐患的枯枝应予以保留，但应进行防腐固化和加固处理。

整形宜避开伤流期。落叶树的整形宜在秋冬季的休眠期进行；常绿树宜在抽芽前进行。有纪念意义或特殊观赏价值的枯死古树名木，应采取防腐固化、支撑加固等措施予以保留，并根据造景要求进行合理整形。

经过园林主管部门批准，合理伐除或修整影响古树名木采光通风的草木。

(4) 土壤管理

扩大树池，树池宜与保护区域等同，树坛应全部拆除。

松土。古树名木保护区域内的土壤有建筑垃圾、生活垃圾和部分废弃构筑物，应予以清理。每年至少进行1次松土，松土时采取措施避免伤及根系。条件允许的应设置施肥沟，施有机肥和生物肥，改善土壤的结构和透气性。

换土。土壤条件差的古树名木，采取换土处理，在树冠投影范围内，换土深度不少于1m，每次换土面积不大于树冠投影面积的三分之一。施工过程中及时将暴露出来的根用浸湿的草袋子覆盖，将原来的旧土与沙土、腐叶土、锯末、少量化肥和生根剂混合均匀之后填埋其上。对排水不良的古树名木，同时挖深2～3m的排水沟，下层填以大卵石，中层填以碎石和粗砂，再盖上无纺布，上面掺细砂和园土填平，使排水顺畅。

古树名木下配植的植被要优先选择有益于土壤改良和古树名木生长的地被植物，如白三叶、蔓花生、苜蓿等。

2) 有害生物防治

(1) 古树名木的有害生物防治要遵循“预防为主、综合防治”的植保方针，加强预测预报，适时防治，合理使用农药，保护天敌，减少环境污染。

(2) 各区（县）园林主管部门应在古树名木所在地设立监测点，根据本区（县）古树名木数量配备经过专业培训的监测员，负责有害生物发生动态监测。监测员应做好每周监测记录，包括观察日期、地点、有害生物名称等内容，详见表2-10。每月向园林主管部门汇报1～2次，针对疫情应及时启动防治预案。

表2-10 有害生物调查监测记录表

日期	地点	寄主植物	有害生物名称及虫态	受害部位	发生严重程度	气候情况	天敌种类及数量

(3) 监测人员必须熟悉主要有害生物种类。

(4) 有害生物的防治包括物理防治、生物防治、化学防治等。

①物理防治采取的措施

a. 应按照古树名木的生长特性，剪除病虫枝，并进行焚烧或掩埋处理；

b. 通过土壤传播的，应进行土壤消毒，冬耕翻晒；

c. 应摘除悬挂或附在植物和周围建筑物上的虫茧、虫囊、卵块、虫体等，直接捕杀个体大，危害症状明显的、有假死性或飞翔能力不强的成虫；

d. 应挖除在土壤中的休眠虫体；

e. 摘除病叶病梢、刮除病斑等；

f. 可利用成虫的趋光性、趋化性等特性进行诱杀，如杀虫灯诱杀、信息素诱杀、饵料诱杀、声波杀灭等。

②生物防治采取的措施

a. 保护和发展现有天敌、开发和利用新的天敌，如以微生物治虫、以虫治虫、以鸟治虫、以螨治虫、以激素治虫、以菌治病等；

b. 宜采用具有高效而无污染的苏云金杆菌（Bt 乳剂等）、灭幼脲类（除虫脲等）、抗生素类（爱福丁等）等生物农药。

③化学防治采取的措施

a. 预防。早春和晚秋应普遍喷石硫合剂等防护剂各一次，秋末用石灰和石硫合剂混合涂白。

b. 治疗。针对有害生物种类、发生期、虫口密度，采用不同的化学药剂、不同浓度在适宜时机进行防治，应综合考虑兼治多种危害期相近的害虫，减少用药次数。

c. 蛀干害虫应抓住成虫裸露期防治，在成虫始发期前喷洒低毒触杀性药剂防治，如氟氯氰菊酯、溴氰菊酯、氯氰菊酯等。在幼虫期，宜采用熏蒸剂注药堵孔防治，如毒死蜱、杀虫双、双甲脒等。

d. 食叶害虫应抓住初孵幼虫或群集危害期，喷触杀性或胃毒性药剂防治，如灭幼脲、除虫脲、阿维菌素、烟参碱等。

e. 刺吸式害虫应抓住早期虫口密度较低时，喷洒内吸性或渗透性强的药剂防治，如吡虫啉、啶虫脒、杀虫双等。

f. 地下害虫在幼虫期，宜浇灌触杀性、持效期或残效期长的药剂，如辛硫磷、敌百虫、毒死蜱等。

g. 杀螨剂应根据害螨的发生规律和为害程度，确定用药类型和使用次数，如哒螨灵、双甲脒、阿维菌素等。

h. 杀菌剂应于病害发生初期，喷洒保护性或内吸性药剂防治，根据病害发生程度确定用药次数。

2. 复壮

对长势衰弱、濒危的古树名木应进行光、热、水、土壤等状况的调查研究，制订复壮方案，供专家组论证。古树名木的复壮应由有古树名木保护成功经验的且具有城市园林绿化施工资质的单位进行。

当光照条件因建设因素产生突然变化，影响古树正常的光合作用时，应进行遮光和补光处理。当环境变化导致古树局部温度过高造成热伤害时，应采取建防护墙，种植防护树（林带）和树体喷雾等防护措施，并尽量去除热源。待复壮古树，应进行土壤含水量的测定。由于人为或自然因素导致地下水位发生变化时，应及时进行排水或浇水处理。对根部受到损伤或蒸腾强烈而导致缺水的，应同时进行叶面喷雾补水。对于生长地的地下水位过高或土壤盐碱化的，可利用埋设盲管的方式降低地下水位或排盐。排水不良的要设渗水井，雨季可酌情用泵加强排水。由于人为或机械因素造成土壤板结或土壤孔隙大量堵塞而导致土壤结构变劣时，可通过松土、换土、埋条和铺梯形砖等方法相结合改良土壤结构，增加土壤的通透性。

（1）换土

换土要分次进行，每次换土面积不超过整个改良面积的1/4；换土深度一般50～150cm，视树木和土壤具体状况而定。换土时避免损伤根系，随时将暴露出来的根用含有生长素的泥浆将根保护，把原来的旧土、客土和肥料混合均匀后重新填埋。两次换土的间隔时间为一个生长季。

（2）埋条

在树冠投影外侧或用找根法挖沟，埋入同种或同科属植物的健康无病虫害枝叶或竹枝后，同时施入生物肥料，覆土踏平。埋条可结合施肥沟进行。

（3）地面打孔

对无法拆除地面硬铺装或无法进行大面积换土的，可在树冠垂直投影以内根据根系生长情况酌情打通气孔。通气孔密度每平方米一个，深度50～200cm，直径5～12cm。可结合观察孔设置。

（4）叶面追肥法

每年进行2～5次，要遵守营养均衡原则，根据不同树种和营养诊断结果确定肥料比例，追肥一般在阴天、早晨或傍晚进行。

（5）注干施肥法

即采用插瓶、吊袋、加压施肥或用微孔注射的方法进行施肥，肥料配方应根据营养诊断结果制订，可根据需要加入适量生长调节剂，也可使用市面上销售的注干施肥液，但均应经试验后使用。

此外，因开花结果多导致树势衰弱的古树名木，可采用修剪或用生长调节剂处理等方式进行疏花疏果，如萘乙酸、赤霉素、乙烯剂等。

3. 防腐、修补与加固

（1）伤口处理

枝干上因机械损伤、有害生物、冻害、日灼等造成的小于25cm^{2}的小伤口，应先清理伤口，喷洒2%～5%硫酸铜溶液或涂抹石硫合剂原液进行伤口处理，清理时避免损伤愈伤组织，待伤口干燥后，再涂抹专用的伤口涂封剂或紫胶漆。小伤口过密的创伤面按大伤口处理。伤口超过25cm^{2}的大伤口，应采取植皮处理。用锋利的刀刮净削平四周，使枝干的皮层边缘平整后涂生长素，采用同种同样大小的树皮紧贴在伤口处。补贴的树皮要压平压实，涂抹伤口涂封剂后捆紧，定期检查，必要时再次处理直至植皮成活。

（2）防腐处理

用铜刷或铁刷刷除腐朽部位的杂质、浮渣，并喷洒2%～5%硫酸铜溶液、涂抹石硫合剂原液或多菌灵等其他杀菌剂进行伤口处理，伤口处理应清理到健康部位。防腐固化处理前，对腐朽部位进行杂质浮渣等清除的预处理。预处理后在创面涂刷防腐固化液2～3遍，每遍间隔2～3d。涂刷防腐固化液应在晴天、创面干燥的情况下进行。

（3）修补处理

古树名木上因腐烂产生的树穴应进行修补，修补前应做好排水、清创和消毒等工作。

4. 支撑

对树干严重中空、树体明显倾斜或易遭风折的古树名木，应采用支撑加固法。支撑柱的造型和材质设计应考虑古树的景观需求，符合古树名木的整体造景需要。支撑措施有硬支撑、螺纹杆加固支撑法和拉纤等。

（1）硬支撑

在树干或树枝的重心上方，选择受力稳固的点作为支撑点；支柱顶端的托板与树体支撑点接触面要大，托板和树皮间垫有弹性的橡胶垫，支柱下端应埋入水泥浇筑的基座里，基座应埋入地下。

（2）螺纹杆加固支撑法

螺纹杆加固支撑点一般在树干或树枝的重心上方，具体应根据树干、树龄、材质、结构（空穴）和摇动幅度等确定。支撑杆的粗细要依其所要支撑的重量并参考本地最大的风压和雨荷值来确定。

（3）拉纤

拉纤分为硬拉纤和软拉纤。

①硬拉纤常使用直径约6cm，壁厚约3cm的钢管，两端压扁后打孔。铁箍常用宽约12cm，厚0.5～1cm的扁钢制作，对接处打孔。钢管和铁箍外涂防锈漆，再涂与树木颜色相似的色漆。安装时将钢管的两端与铁箍对接处插在一起，插上螺栓固定，铁箍与树皮间加橡胶垫。

②软拉纤采用直径8～12mm的钢丝，在被拉的树枝或主干的重心以上选牵引点，钢丝通过铁箍或者螺纹杆与被拉树枝连接，并加橡胶垫固定，系上钢丝绳，安装紧线器与另一端附着体套上。通过紧线器调节钢丝绳松紧度，使被拉树枝（干）可在一定范围内摇动。随着古树名木的生长，要适当调节铁箍大小和钢丝松紧度。

（4）桥接

对树势衰弱或基部中空的古树名木，可采用桥接法恢复生机。在需要桥接的古树名木旁种植2～3株同种幼树，幼树生长旺盛后，将幼树枝条桥接在古树名木树干上，即将树干在一定高度处将韧皮部切开，将幼枝的切面与古树的韧皮部贴紧，用绳子扎紧，定期检查，必要时重新操作直至桥接成功。

【思考与练习】

1. 古树名木的特点有哪些？
2. 古树名木的调查需要进行哪些准备工作？
3. 古树名木复壮的方法有哪些？
4. 古树名木养护的过程中需要注意的事项有哪些？

【技能训练】 古树名木的养护

1. 实训目的

能根据古树名木种类、生长习性以及园林用途的需要，制订古树名木移植和养护技术方案；能按照技术方案完成相应的古树移植施工操作、古树名木的养护操作；培养学生吃苦耐劳、实事求是、勇于实践的精神，合作精神和务实的工作作风。

2. 实训材料

植物材料：国槐、悬铃木、银杏等古树名木。

实训工具：修枝剪、卷尺、手锯、保护蜡、抗蒸腾剂、钢管、铁箍、钢丝绳、螺栓、螺母、紧线器、弹簧、橡胶垫、防锈漆。

3. 实训内容

（1）日常养护

①根帘一般由稻草构成，将稻草分束捆扎成帘状，覆盖在植物根部区域后喷水保湿。

②古树名木的修剪，应根据树种生长特性，由专业技术人员提前制订修剪方案，经专家论证同意后，将由古树名木园林主管部门批准后实施。

依据强树弱剪原则，及时修剪重叠枝、内堂枝、病弱枝、过密枝、下垂枝，修剪的枝条总量占树冠的比例约为1/5。修剪2～3年完成，每年修剪不到1/10的枝条。修剪时不要伤及主干树皮，锯口断面平滑，不劈裂，利于排水。锯口直径超过5cm时，应斜锯使锯口呈直立椭圆形。

由于许多古树名木都是种植在建筑物附近，为了保护古建筑物的安全，应将延伸在建筑物上的枝条适当短截，防止灾害性天气造成折枝，危害建筑物的安全。

所有锯口、劈裂、撕裂伤口应及时进行保护处理，选择具有防腐、防病虫、有助愈合组织形成、对古树无害的伤口愈合敷料，并定期检查伤口愈合情况。如5%硫酸铜、季铵铜消毒液等。

③原则上原有树池应同保护区域等同，树池扩大时尽可能按保护区域进行扩大；树池的具体形状和大小可根据树木立地条件而定，尽量留大。在路边人流较大的地方，树穴可安装铁箅（与地面成一水平面），穴内放置鹅卵石，以增加树木通透性及涵养水分。

（2）有害生物防治

预防：早春和晚秋应普遍喷石硫合剂各一次，冬季树干用石灰和石硫合剂混合图白，有效压低有害生物发生基数。

治疗：针对有害生物种类、发生期、虫口密度，采用不同的化学药剂、不同浓度在适宜时机进行防治，应综合考虑兼治多种危害期相近的害虫，减少用药次数。

（3）复壮

（4）防腐、修补与加固

（5）支撑

采用硬支撑的方法时，要注意与周围环境相协调，对硬支撑的表面进行处理，仿制成竹木形状为佳。支撑材料可选择钢管、钢板、橡胶垫、防锈漆等可满足安全支撑要求

的材料。拉纤材料可选择钢管、铁箍、钢丝绳、螺栓、螺母、紧线器、弹簧、橡胶垫、防锈漆等

4. 实训要求

安全作业设备到位，能按照要求进行古树名木的养护工作。

5. 实训报告

实训报告应阐述古树名木的全过程以及需要注意的事项。

6. 结果评价

训练任务	大树移植				
评价类别	评价项目	评价子项目	自我评价 20%	小组评价 20%	教师评价 60%
过程性评价 60%	专业能力 45%	古树名木的普查 15%			
		古树名木的日常养护 15%			
		古树名木复壮 15%			
	素质能力 15%	工作态度 8%			
		团队合作 7%			
结果评价 40%	实训报告 15%				
	古树名木的养护结果 25%				
评分合计					
班级：		姓名：	第　组	总得分：	

附　录

附录 A　CJJ 82—2012《园林绿化工程施工及验收规范》节选（绿化工程部分）

4　绿化工程

4.1　栽植基础

4.1.1　绿化栽植或播种前应对该地区的土壤理化性质进行化验分析，采取相应的土壤改良、施肥和置换客土等措施，绿化栽植土壤有效土层厚度应符合表 4.1.1 规定。

表 4.1.1　绿化栽植土壤有效土层厚度

项次	项目	植被类型		土层厚度（cm）	检验方法
1	一般栽植	乔木	胸径≥20cm	≥180	挖样洞，观察或尺量检查
			胸径＜20cm	≥150（深根） ≥100（浅根）	
		灌木	大、中灌木、大藤本	≥90	
			小灌木、宿根花卉、小藤本	≥40	
		棕榈类		≥90	
		竹类	大径	≥80	
			中、小径	≥50	
		草坪、花卉、草本地被		≥30	
2	设施顶面绿化	乔木		≥80	
		灌木		≥45	
		草坪、花卉、草本地被		≥15	

4.1.2　栽植基础严禁使用含有害成分的土壤，除有设施空间绿化等特殊隔离地带，绿化栽植土壤有效土层下不得有不透水层。

4.1.3　园林植物栽植土应包括客土、原土利用、栽植基质等，栽植土应符合下列规定：

1. 土壤 pH 值应符合本地区栽植土标准或按 pH 值 5.6～8.0 进行选择。

2. 土壤全盐含量应为 0.1%～0.3%.

3. 土壤密度应为 1.0～1.35g/cm^3。

4. 土壤有机质含量不应小于 1.5%。

5. 土壤块径不应大于 5cm。

6. 栽植土应见证取样，经有资质检测单位检测并在栽植前取得符合要求的测试结果。

7. 栽植土验收批及取样方法应符合下列规定：

(1) 客土每 500m^3 或 2000m^2 为一检验批，应于土层 20cm 及 50cm 处，随机取样 5 处，每处取样 100g，混合后组成一组试样；客土 500m^3 或 2000m^2 以下，随机取样不得少于 3 处。

(2) 原状土在同一区域每 2000m^2 为一检验批，应于土层 20cm 及 50cm 处，随机取样 5 处，每处取样 100g，混合后组成一组试样；原状土 2000m^2 以下，随机取样不得少于 3 处。

(3) 栽植基质每 200m^3 为一检验批，应随机取 5 袋，每袋取 100g，混合后组成一组试样；栽植基质 200m^3 以下，随机取样不得少于 3 袋。

4.1.4　绿化栽植前场地清理应符合下列规定：

1. 有各种管线的区域、建（构）筑物周边的整理绿化用地，应在其完工验收合格后进行。

2. 应将现场内的渣土、工程废料、宿根性杂草、树根及其有害污染物清除干净。

3. 对清理的废弃构筑物、工程渣土、不符合栽植土理化标准的原状土等应做好测量记录、签认。

4. 场地标高及清理程度应符合设计和栽植要求。

5. 填垫范围内不应有坑洼、积水。

6. 对软泥和不透水层应进行处理。

4.1.5　栽植土回填及地形造型应符合下列规定：

1. 地形造型的测量放线工作应做好记录、签认。

2. 造型胎土、栽植土应符合设计要求并有检测报告。

3. 回填土壤应分层适度夯实，或自然沉降达到基本稳定，严禁用机械反复碾压。

4. 回填土及地形造型的范围、厚度、标高、造型及坡度均应符合设计要求。

5. 地形造型应自然顺畅。

6. 地形造型尺寸和高程允许偏差应符合表 4.1.5 的规定。

表 4.1.5 地形造型尺寸和高程允许偏差

项次	项目		尺寸要求	允许偏差（cm）	检验方法
1	边界线位置		设计要求	±50	经纬仪、钢尺测量
2	等高线位置		设计要求	±10	经纬仪、钢尺测量
3	地形相对标高（cm）	≤100	回填土方自然沉降以后	±5	水准仪、钢尺测量每 1000m² 测定一次
		101～200		±10	
		201～300		±15	
		301～500		±20	

4.1.6 栽植土施肥和表层整理应符合下列规定：

1. 栽植土施肥应按下列方式进行：

（1）商品肥料应有产品合格证明，或已经过试验证明符合要求；

（2）有机肥应充分腐熟方可使用；

（3）施用无机肥料应测定绿地土壤有效养分含量，并宜采用缓释性无机肥。

2. 栽植土表层整理应按下列方式进行：

（1）栽植土表层不得有明显低洼和积水处，花坛、花镜栽植地 30cm 深的表土层必须疏松；

（2）栽植土表层应整洁，所含石砾中粒径大于 3cm 的不得超过 10%，粒径小于 2.5cm 不得超过 20%，杂草等杂物不应超过 10%；土块粒径应符合表 4.1.6 的规定；

表 4.1.6 栽植土表层土块粒径

项次	项目	栽植土粒径（cm）
1	大、中乔木	≤5
2	小乔木、大中灌木、大藤本	≤4
3	竹类、小灌木、宿根花卉、小藤本	≤3
4	草坪、草花、地被	≤2

（3）栽植土表层与道路（挡土墙或侧石）接壤处，栽植土应低于侧石 3cm～5cm；栽植土与边口线基本平直；

（4）栽植土表层整地后应平整略有坡度，当无设计要求时，其坡度宜为 0.3%～0.5%。

4.2 栽植穴、槽的挖掘

4.2.1 栽植穴、槽挖掘前，应向有关单位了解地下管线和隐蔽物埋设情况。

4.2.2 树木与地下管线外缘及树木与其他设施的最小水平距离，应符合相应的绿化规划与设计规定的规定。

4.2.3 栽植穴、槽的定点放线应符合下列规定：

1. 栽植穴、槽定点放线应符合设计图纸要求，位置准确，标记明显。

2. 栽植穴定点时应标明中心点位置。栽植槽应标明边线。

3. 定点标志应标明树种名称（或代号）、规格。

4. 树木定点遇有障碍物时，应与设计单位取得联系，进行适当调整。

4.2.4　栽植穴、槽的直径应大于土球或裸根苗根系展幅40～60cm，穴深宜为穴径的3/4～4/5。穴、槽应垂直下挖，上口下底应相等。

4.2.5　栽植穴、槽挖出的表层土和底土应分别堆放，底部应施基肥并回填表土或改良土。

4.2.6　栽植穴槽底部遇有不透水层及重黏土层时，应进行疏松或采取排水措施。

4.2.7　土壤干燥时应于栽植前灌水浸穴、槽。

4.2.8　当土壤密实度大于1.35g/cm^3 或渗透系数小于10^{-4}cm/s时，应采取扩大树穴、疏松土壤等措施。

4.3　植物材料

4.3.1　植物材料种类、品种名称及规格应符合设计要求。

4.3.2　严禁使用带有严重病虫害的植物材料，非检疫对象的病虫害危害程度或危害痕迹不得超过树体的5%～10%。自外省市及国外引进的植物材料应有植物检疫证。

4.3.3　植物材料的外观质量要求和检验方法应符合表4.3.3的规定。

表4.3.3　植物材料外观质量要求和检验方法

项次	项目		质量要求	检验方法
1	乔木灌木	姿态和长势	树干符合设计要求，树冠较完整，分枝点和分枝合理，生长势良好	检查数量：每100株检查10株，每株为1点，少于20株全数检查。检查方法：观察、量测
		病虫害	危害程度不超过树体的5%～10%	
		土球苗	土球完整，规格符合要求，包装牢固	
		裸根苗根系	根系完整，切口平整，规格符合要求	
		容器苗木	规格符合要求，容器完整，苗木不徒长，根系发育良好不外露	
2	棕榈类植物		主干挺直，树冠匀称，土球符合要求，根系完整	
3	草卷、草块、草束		草卷、草块长宽尺寸基本一致，厚度均匀，杂草不超过5%，草高适度，根系好，草芯鲜活	检查数量：按面积抽查10%，4m^{2}为一点，不少于5个点。≤30m^{2}应全数检查。检查方法：观察
4	花苗、地被、绿篱及模纹色块植物		株形茁壮，根系基础良好，无伤苗，茎、叶无污染，病虫害危害程度不超过植株的5%～10%	检查数量：按数量抽查10%，10株为1点，不少于5点。≤50株应全数检查。检查方法：观察
5	整型景观树		姿态独特，质朴古拙，株高不小于150cm，多干式桩景的叶片托盘不少于7～9个，土球完整	检查数量：全数检查。检查方法：观察、尺量

4.3.4　植物材料规格允许偏差和检验方法有约定的应符合约定要求，无约定的应符合表4.3.4规定。

表 4.3.4　植物材料规格允许偏差和检验方法

项次	项目			允许偏差（cm）	检查频率		检查方法
					范围	点数	
1	乔木	胸径	≤5cm	−0.2	每100株检查10株，每株1点，少于20株全数检查	10	量测
			6～9cm	−0.5			
			10～15cm	−0.8			
			16～20cm	−1.0			
		高度	—	−20			
		冠径	—	−20			
2	灌木	高度	≥100cm	−10			
			＜100cm	−5			
		冠径	≥100cm	−10			
			＜100cm	−5			
3	球类苗木	冠径	＜50cm	0	每100株检查10株，每株为1点，少于20株全数检查	10	量测
			50～100cm	−5			
			110～200cm	−10			
			＞200cm	−20			
		高度	＜50cm	0			
			50～100cm	−5			
			110～200cm	−10			
			＞200cm	−20			
4	藤本	主蔓长	≥150cm	−10			
		主蔓径	≥1cm	0			
5	棕榈类植物	株高	≤100cm	0	每100株检查10株，每株为1点，少于20株全数检查	10	量测
			101～250cm	−10			
			251～400cm	−20			
			＞400cm	−30			
		地径	≤10cm	−1			
			11～40cm	−2			
			＞40cm	−3			

4.4　苗木运输和假植

4.4.1　苗木装运前应仔细核对苗木品种、规格、数量、质量。外地苗木应事先办理苗木检疫手续。

4.4.2　苗木运输量应根据现场栽植量确定，苗木运到现场后应及时栽植，确保当天栽植完毕。

4.4.3　运输吊装苗木的机具和车辆的工作吨位，必须满足苗木吊装、运输的需要，并应制订相应的安全操作措施。

4.4.4　裸根苗木运输时，应进行覆盖，保持根部湿润。装车、运输、卸车时不得损伤苗木。

4.4.5　带土球苗木装车和运输时排列顺序应合理，捆绑稳固，卸车时应轻取轻放，不得损伤苗木及散球。

4.4.6　苗木运到现场，当天不能栽植的应及时进行假植。

4.4.7　苗木假植应符合下列规定：

1. 裸根苗可在栽植现场附近选择适合地点，根据根幅大小，挖假植沟假植。假植时间较长时，根系应用湿土埋严，不得透风，根系不得失水。

2. 带土球苗木假植，可将苗木码放整齐，土球四周培土，喷水保持土球湿润。

4.5 苗木修剪

4.5.1 苗木栽植前的修剪应根据各地自然条件，推广以抗蒸腾剂为主体的免修剪栽植技术或采取以疏枝为主，适度轻剪，保持树体地上、地下部位生长平衡。

4.5.2 乔木类修剪应符合下列规定：

1. 落叶乔木修剪应按下列方式进行：

(1) 具有中央领导干、主轴明显的落叶乔木应保持原有主尖和树形，适当疏枝，对保留的主侧枝应在健壮芽上部短截，可剪去枝条的1/5～1/3；

(2) 无明显中央领导干、枝条茂密的落叶乔木，可对主枝的侧枝进行短截或疏枝并保持原树形；

(3) 行道树乔木定干高度宜2.8～3.5m，第一分枝点以下枝条应全部剪除，同一条道路上相邻树木分枝高度应基本统一。

2. 常绿乔木修剪应按下列方式进行：

(1) 常绿阔叶乔木具有圆头形树冠的可适量疏枝；枝叶集生树干顶部的苗木可不修剪；具有轮生侧枝，作行道树时，可剪除基部2～3层轮生侧枝；

(2) 松树类苗木宜以疏枝为主，应剪去每轮中过多主枝，剪除重叠枝、下垂枝、内膛斜生枝、枯枝及机械损伤枝；修剪枝条时基部应留1～2cm木橛；

(3) 柏类苗木不宜修剪，具有双头或竞争枝、病虫枝、枯死枝，应及时剪除。

4.5.3 灌木及藤本类修剪应符合下列规定：

1. 有明显主干型灌木，修剪时应保持原有树型，主枝分布均匀，主枝短截长度宜不超过1/2。

2. 丛枝型灌木预留枝条宜大于30cm。多干型灌木不宜疏枝。

3. 绿篱、色块、造型苗木，在种植后应按设计高度整形修剪。

4. 藤本类苗木应剪除枯死枝、病虫枝、过长枝。

4.5.4 苗木修剪应符合下列规定：

1. 苗木修剪整形应符合设计要求，当无要求时，修剪整形应保持原树形。

2. 苗木应无损伤断枝、枯枝、严重病虫枝等。

3. 落叶树木的枝条应从基部剪除，不留木橛，剪口平滑，不得劈裂。

4. 枝条短截时应留外芽，剪口应距留芽位置上方0.5cm。

5. 修剪直径2cm以上大枝及粗根时，截口应削平，应涂防腐剂。

4.5.5 非栽植季节栽植落叶树木，应根据不同树种的特性，保持树型，宜适当增加修剪量，可剪去枝条的1/3～1/2。

4.6 树木栽植

4.6.1 树木栽植应符合下列规定：

1. 树木栽植应根据树木品种的习性和当地气候条件，选择最适宜的栽植期进行栽植。

2. 栽植的树木品种、规格、位置应符合设计规定。

3. 带土球树木栽植前应去除土球不易降解的包装物。

4. 栽植时应注意观赏面的合理朝向，树木栽植深度应与原种植线持平。

5. 栽植树木回填的栽植土应分层踏实。

6. 除特殊景观树外，树木栽植应保持直立，不得倾斜。

7. 行道树或行列栽植的树木应在一条线上，相邻植株规格应合理搭配。

8. 绿篱及色块栽植时，株行距、苗木高度、冠幅大小应均匀搭配，树形丰满的一面应向外。

9. 树木栽植后应及时绑扎、支撑、浇透水。

10. 树木栽植成活率不应低于95%；名贵树木栽植成活率应达100%。

4.6.2 树木浇灌水应符合下列规定：

1. 树木栽植后应在栽植穴直径周围筑高10～20cm围堰，堰应筑实。

2. 浇灌树木水质应符合现行国家标准《农田灌溉水质标准》GB 5084的规定。

3. 浇水时应在穴中放置缓冲垫。

4. 每次浇灌水量应满足植物成活及需要。

5. 新栽树木应在浇透水后及时封堰，以后根据当地情况及时补水。

6. 对浇水后出现树木倾斜，应及时扶正，并加以固定。

4.6.3 树木支撑应符合下列规定：

1. 应根据立地条件和树木规格进行三角支撑、四柱支撑、联排支撑及软牵拉。

2. 支撑物的支柱应埋入土中不少于30cm，支撑物、牵拉物与地面连接点的连接应牢固。

3. 连接树木的支撑点应在树木主干上，其连接处应称软垫，并绑缚牢固。

4. 支撑物、牵拉物的强度能够保证支撑有效；用软牵拉固定时，应设置警示标志。

5. 针叶常绿树的支撑高度应不低于树木主干的2/3，落叶树支撑高度为树木主干高度的1/2。

6. 同规格同树种的支撑物、牵拉物的长度、支撑角度、绑缚形式以及支撑材料宜统一。

4.6.4 非种植季节进行树木栽植时，应根据不同情况采取下列措施：

1. 苗木可提供环状断根进行处理或在适宜季节起苗，用容器假植，带土球栽植。

2. 落叶乔木、灌木类应进行适当修剪并应保持原树冠形态，剪除部分侧枝，保留的侧枝应进行短截，并适当加大土球体积。

3. 可摘叶的应摘去部分叶片，但不得伤害幼芽。

4. 夏季可采取遮阴、树木裹干保湿、树冠喷雾或喷施抗蒸腾剂，较少水分蒸发；冬季应采取防风防寒措施。

5. 掘苗时根部可喷布促进生根激素，栽植时可加施保水剂，栽植后树体可注射营养剂。

6. 苗木栽植宜在阴雨或傍晚进行。

4.6.5 干旱地区或干旱季节，树木栽植应大力推广抗蒸腾剂、防腐促根、免修剪、营养液滴注等新技术。采用土球苗，加强水分管理措施。

4.6.6 对人员集散较多的广场、人行道、树木种植后，种植池应铺设透气铺装，加设护栏。

4.7 大树移植

4.7.1 树木的规格符合下列条件之一的均应属于大树移植。

1. 落叶和阔叶常绿乔木：胸径在 20cm 以上。

2. 针叶常绿乔木：株高在 6m 以上或地径在 18cm 以上。

4.7.2 大树移植的准备工作应符合下列规定：

1. 移植前应对移植的大树生长、立地条件、周围环境等进行调查研究，制定技术方案和安全措施。

2. 准备移植所需机械、运输设备和大型工具必须完好，确保操作安全。

3. 移植的大树不得有明显的病虫害和机械损伤，应具有较好观赏面。植株健壮、生长正常的树木，并具备起重及运输机械等设备能正常工作的现场条件。

4. 选定的移植大树，应在树干南侧做出明显标识，表明树木的阴、阳面及出土线。

5. 移植大树可在移植前分期断根、修剪，做好移植准备。

4.7.3 大树挖掘及包装应符合下列规定：

1. 针叶常绿树、珍贵树种、生长季移植的阔叶乔木必须带土球（土台）移植。

2. 树木胸径 20～25cm 时，可采用土球移栽，进行软包装。当树木胸径大于 25cm 时，可采用土台移栽，用箱板包装并符合下列要求：

(1) 挖掘高大乔木前应先立好支柱，支稳树木；

(2) 挖掘土球、土台应先去除表土，深度接近表土根；

(3) 土球规格应为树木胸径的 6～10 倍，土球高度为土球直径的 2/3，土球底部直径为土球直径的 1/3；土台规格应上大下小，下部边长比上部边长少 1/10；

(4) 树根应用手锯锯断，锯口平滑无劈裂并不得露出土球表面；

(5) 土球软质包装应紧实无松动，腰绳宽度应大于 10cm；

(6) 土球直径 1m 以上的应作封底处理；

(7) 土台的箱板包装应立支柱，稳定牢固，并应符合下列要求：

①修平的土台尺寸应大于边板长度 5cm，土台面平滑，不得有砖石等突出土台；

②土台顶边应高于边板上口 1～2cm，土台底边应低于边板下口 1～2cm；边板与土台应紧密严实；

③边板与边板、底板与边板、顶板与边板应钉装牢固无松动；箱板上端与坑壁、底板与坑底应支牢、稳定无松动。

3. 休眠期移植落叶乔木可进行裸根带护心土移植，根幅应大于树木胸径的 6～10 倍，根部可喷保湿剂或蘸泥浆处理。

4. 带土球的树木可适当疏枝：裸根移植的树木应进行重剪，剪去枝条的 1/2～2/3。针叶常绿树修剪时应保留 1～2cm 木橛，不得贴根剪去。

4.7.4 大树移植的吊装运输，应符合下列规定：

1. 大树吊装、运输的机具、设备应符合本规范第 4.4.3 条规定。

2. 吊装、运输时，应对大树的树干、枝条、根部的土球、土台采取保护措施。

3. 大树吊装就位时，应注意选好主要观赏面的方向。

4. 应及时用软垫层支撑、固定树体。

4.7.5　大树移栽时应符合下列规定：

1. 大树的规格、种类、树形、树势应符合设计要求。

2. 定点放线应符合施工图规定。

3. 栽植穴应根据根系或土球的直径加大60～80cm，深度增加20～30cm。

4. 种植土球树木，应将土球放稳，拆除包装物；大树修剪应符合本规范第4.5.4条的要求。

5. 栽植深度应保持下沉后原土痕和地面等高或略高，树干或树木的重心应与地面保持垂直。

6. 栽植回填土壤应用种植土，肥料应充分腐熟，加上混合均匀，回填土应分层捣实、培土高度恰当。

7. 大树栽植后设立支撑应牢固，并进行裹干保湿，栽植后应及时浇水。

8. 大树栽植后，应对新植树木进行细致的养护和管理，应配备专职技术人员做好修剪、剥芽、喷雾、叶面施肥、浇水、排水、搭荫棚、包裹树干、设置风障、防台风、防寒和病虫害防治等管理工作。

4.8　草坪及草本地被栽植

4.8.1　草坪和草本地被播种应符合下列规定：

1. 应选择适合本地的优良种子；草坪、草本地被种子纯度应达到95%以上；冷地型草坪种子发芽率应达到85%以上，暖季型草坪种子发芽率应达70%以上。

2. 播种前应做发芽试验和催芽处理，确定合理的播种量，不同草种的播种量可按表4.8.1进行播种。

表4.8.1　不同草种播种量

草坪种类	精细播种量（g/m²）	粗放播种量（g/m²）
剪股颖	3～5	5～8
早熟禾	8～10	10～15
多年生黑麦草	25～30	30～40
高羊茅	20～25	25～35
羊胡子草	7～10	10～15
结缕草	8～10	10～15
狗牙根	15～20	20～25

3. 播种前应对种子进行消毒，杀菌。

4. 整地前应进行土壤处理，防治地下害虫。

5. 播种时应先浇水浸地，保持土壤湿润，并将表层土耧细耙平，坡度应达到0.3%～0.5%并轻压。

6. 用等量沙土与种子拌匀进行撒播，播种后应均匀覆细土0.3～0.5cm并轻压。

7. 播种后应及时喷水，种子萌发前，干旱地区应每天喷水1～2次，水点宜细密均匀，浸透土层8～10cm，保持土表湿润，不应有积水，出苗后可减少喷水次数，土壤宜见湿见干。

8. 混播草坪应符合下列规定：

(1) 混播草坪的草种及配合比应符合设计要求；

(2) 混播草坪应符合互补原则，草种叶色相近，融合性强；

(3) 播种时宜单个品种依次单独撒播，应保持各草种分布均匀。

4.8.2　草坪和草本地被植物分栽应符合下列规定：

1. 分栽植物应选择强匍匐茎或强根茎生长习性草种。

2. 各生长期均可栽植。

3. 分栽的植物材料应注意保鲜，不萎蔫。

4. 干旱地区或干旱季节，栽植前应先浇水浸地，浸水深度应达10cm以上。

5. 草坪分栽植物的株行距，每丛的单株数应满足设计要求，设计无明确要求时，可按丛的组行距（15～20）cm×（15～20）cm，成品字形，或以1m² 植物材料可按1∶3～1∶4的系数进行栽植。

6. 栽植后应平整地面，适度压实，立即浇水。

4.8.3　铺设草块、草卷应符合下列规定：

1. 掘草块、草卷前应适量浇水，待渗透后掘取。

2. 草块、草卷运输时应用垫层相隔，分层设置，运输装卸时应防止破碎。

3. 当日进场的草卷、草块数量应做好测算，并与铺设进度相一致。

4. 草卷、草块铺设前应先浇水浸地，细整找平，不得有低洼处。

5. 草地排水坡坡度适当，不应有坑洼积水。

6. 铺设草卷、草块应相互衔接不留缝，高度一致，间铺缝隙应均匀，并填以栽植土。

7. 草块、草卷在铺设后应进行滚压或拍打，与土壤密切接触。

8. 铺设草卷、草块，应及时浇透水，浸湿土壤厚度应大于10cm。

4.8.4　运动场草坪的栽植应符合下列规定：

1. 运动场草坪的排水层、渗水层、根系层、草坪层应符合设计要求。

2. 根系层的土壤应浇水沉降，进行水夯实，基质铺设细致均匀，整体紧实度适宜。

3. 根系层土壤理化性质应符合本规范4.1.3条规定。

4. 铺植草块，大小厚度应均匀，缝隙严密，草块与表层基质结合紧密。

5. 成坪后草坪层的覆盖度应均匀，草坪颜色无明显差异，无明显裸露斑块，无明显杂草和病虫害症状，茎密度应为2～4枚/cm²。

6. 运动场根系层相对标高、排水坡降、厚度、平整度允许偏差应符合表4.8.4的规定。

4.8.5　草坪和草本地被的播种、分栽，草块、草卷铺设及运动场草坪成坪后应符合下列规定：

1. 成坪后覆盖度应不低于95%。

表 4.8.4 运动场根系层相对标高、排水坡降、厚度、平整度允许偏差

项次	项目	尺寸要求（cm）	允许偏差（cm）	检查数量		检验方法
				范围	点数	
1	根系层相对标高	设计要求	+2.0	$500m^2$	3	测量（水准仪）
2	排水坡降	设计要求	≤0.5%			
3	根系层土壤块径	运动型	≤1.0	$500m^2$	3	观察
4	根系层平整度	设计要求	≤2	$500\ m^2$	3	测量（水准仪）
5	根系层厚度	设计要求	±1	$500\ m^2$	3	挖样洞（或环刀取样）量取
6	草坪层 草高修剪控制	4.5～6.0	±1	$500m^2$	3	观察、检查剪草记录

2. 单块裸露面积应不大于 $25cm^2$。

3. 杂草及病虫害的面积应不大于 5%。

4.9 花卉栽植

4.9.1 花卉栽植应按照设计图定点放线，在地面准确画出位置、轮廓线。花卉栽植面积较大时，可用方格线法，按比例放大到地面。

4.9.2 花卉栽植应符合下列规定：

1. 花苗的品种、规格、栽植放样、栽植密度、栽植图案均应符合设计要求。

2. 花卉栽植土及表层土整理应符合本规范第 4.1.3 条和第 4.1.6 条规定。

3. 株行距应均匀，高低搭配应恰当。

4. 栽植深度应适当，根部土壤应压实，花苗不得沾污泥。

5. 花苗应覆盖地面，成活率不低于 95%。

4.9.3 花卉栽植的顺序应符合下列规定：

1. 大型花坛，宜分区、分规格、分块栽植。

2. 独立花坛，应由中心向外顺序栽植。

3. 模纹花坛应先栽图案的轮廓线，后栽植内部填充部分。

4. 坡式花坛应由上向下栽植。

5. 高矮不同品种的花苗混植时，应先高后矮的顺序栽植。

6. 宿根花卉与一、二年生花卉混植时，应先栽植宿根花卉，后栽一、二年生花卉。

4.9.4 花境栽植应符合下列规定：

1. 单面花境应从后部栽植高大的植株，依次向前栽植低矮植物。

2. 双面花境应从中心部位开始依次栽植。

3. 混合花境应先栽植大型植株，定好骨架后依次栽植宿根、球根及一、二年生的草花。

4. 设计无要求时，各种花卉应成团成丛栽植，各团、丛间花色、花期搭配合理。

4.9.5 花卉栽植后，应及时浇水，并应保持植株茎叶清洁。

4.10 水湿生植物栽植

4.10.1 主要水湿生植物最适栽培水深应符合表 4.10.1 的规定。

表 4.10.1 主要水湿生植物最适栽培水深

序号	名称	类别	栽培水深（cm）
1	千屈菜	水湿生植物	5～10
2	鸢尾（耐湿类）	水湿生植物	5～10
3	荷花	挺水植物	60～80
4	菖蒲	挺水植物	5～10
5	水葱	挺水植物	5～10
6	慈菇	挺水植物	10～20
7	香蒲	挺水植物	20～30
8	芦苇	挺水植物	20～80
9	睡莲	浮水植物	10～60
10	芡实	浮水植物	<100
11	菱角	浮水植物	60～100
12	荇菜	漂浮植物	100～200

4.10.2 水湿生植物栽植地的土壤质量不良时，应更换合格的栽植土，使用的栽植土和肥料不得污染水源。

4.10.3 水景园、水湿生植物景点、人工湿地的水湿生植物栽植槽工程应符合下列规定：

1. 栽植槽的材料、结构、防渗应符合设计要求。

2. 槽内不宜采用轻质土或栽培基质。

3. 栽植槽土层厚度应符合设计要求，无设计要求的应大于50cm。

4.10.4 水湿生植物栽植的品种和单位面积栽植数应符合设计要求。

4.10.5 水湿生植物的病虫害防治应采用生物和物理防治方法，严禁药物污染水源。

4.10.6 水湿生植物栽植后至长出新株期间应控制水位，严防新生苗（株）浸泡窒息死亡。

4.10.7 水湿生植物栽植成活后单位面积内拥有成活苗（芽）数应符合表4.10.7的规定。

表 4.10.7 水湿生植物栽植成活后单位面积拥有成活苗（芽）数

项次	种类、名称		单位	每 m^2 内成活苗（芽）数	地下部、水下部特征
1	水湿生类	千屈菜	丛	9～12	地下具粗硬根茎
		鸢尾（耐湿类）	株	9～12	地下具鳞茎
		落新妇	株	9～12	地下具根状茎
		地肤	株	6～9	地下具明显主根
		萱草	株	9～12	地下具肉质短根茎

续表

项次	种类、名称		单位	每 m^2 内成活苗（芽）数	地下部、水下部特征
2	挺水类	荷花	株	不少于1	地下具横生多节根状茎
		雨久花	株	6～8	地下具匍匐状短茎
		石菖蒲	株	6～8	地下具硬质根茎
		香蒲	株	4～6	地下具粗壮匍匐根茎
		菖蒲	株	4～6	地下具较偏肥根茎
		水葱	株	6～8	地下具横生粗壮根茎
		芦苇	株	不少于1	地下具粗壮根状茎
		茭白	株	4～6	地下具匍匐茎
		慈菇、荸荠、泽泻	株	6～8	地下具根茎
3	浮水类	睡莲	盆	按设计要求	地下具横生或直立块状根茎
		菱角	株	9～12	地下根茎
		大漂	丛	控制在繁殖水域内	根悬浮垂水中

4.11　竹类栽植

4.11.1　竹苗选择应符合下列规定：

1. 散生竹应选择一、二年生，健壮无明显病虫害，分枝低，枝繁叶茂，鞭色鲜黄，鞭芽饱满，根鞭健全，无开花枝的母竹。

2. 丛生竹应选择杆基芽眼肥大充实、须根发达的1～2年生竹丛；母竹应大小适中，大竿竹竿径宜为3～5cm；小竿竹竿径宜为2～3cm；竿基应有健芽4～5个。

4.11.2　竹类栽植最佳时间应根据各地区自然条件确定。

4.11.3　竹类的挖掘应符合下列规定：

1. 散生竹母竹挖掘：

(1) 可根据母竹最下一盘枝杈生长方向确定来鞭、去鞭走向进行挖掘；

(2) 母竹必须带鞭，中小型散生竹宜留来鞭20～30cm，去鞭30～40cm；

(3) 断竹鞭截面应光滑，不得撕裂。

(4) 应沿竹鞭两侧深挖40cm，截断母竹底根，挖出的母竹与竹鞭结合应良好，根系完整。

2. 丛生竹母竹挖掘：

(1) 应在母竹25～30cm的外围，扒开表土，由远至近逐渐深挖，应严防损伤竿基部芽眼，竿基部的须根应尽量保留；

(2) 在母竹一侧应找准母竹竿柄与老竹竿基的连接点，切断母竹竿柄，连蔸一起挖，切算操作时，不得劈裂竿柄，竿基；

(3) 每蔸分株根数应根据竹类特性及竹竿大小确定母竹竿数，大竹种可单株挖蔸，小竹种可3～5株成墩挖掘。

4.11.4　竹类的包装运输应符合下列规定：

1. 竹类应采用软包装进行包扎，并应喷水保湿。

2. 竹苗长途运输应篷布遮盖，中途应喷水或于根部置放保湿材料。

3. 竹苗装卸时应轻装轻放，不得损伤竹竿与竹鞭之间的着生点和鞭芽。

4.11.5　竹类修剪应符合下列规定：

1. 散生竹竹苗修剪时，挖出的母竹宜留枝5～7盘，将顶稍剪去，剪口应平滑；不打尖修剪的竹苗栽后应进行喷水保湿。

2. 丛生竹竹苗修剪时，竹竿应留枝2～3盘，应靠近节间斜向将顶稍截除；切口应平滑呈马耳形。

4.11.6　竹类栽植应符合下列规定：

1. 竹类材料品种、规格应符合设计要求。

2. 放样定位应准确。

3. 栽植地应选择土层深厚、肥沃、疏松、湿润、光照充足，排水良好的壤土（华北地区宜背风向阳）。对较黏重的土壤及盐碱土应进行换土或土壤改良，并符合本规范4.1.3条要求。

4. 竹类栽植地应进行翻耕，深度宜30～40cm，清除杂物，增施有机肥，并做好隔根措施。

5. 栽植穴的规格及间距可根据设计要求及竹蔸大小进行挖掘，丛生竹的栽植穴宜大于根蔸的1～2倍；中小型散生竹的栽植穴规格应比鞭长40～60cm，宽40～50cm，深20～40cm。

6. 竹类栽植，应先将表土填于穴底，深浅适宜，拆除竹苗包装物，将竹蔸入穴，根鞭应舒展，竹鞭在土中深度宜20～25cm；覆土深度宜比母竹原土痕高3～5cm，进行踏实及时浇水，渗水后覆土。

4.11.7　竹类栽植后的养护应符合下列规定：

1. 栽植后应立柱或横杆互相支撑，严防晃动。

2. 栽后应及时浇水。

3. 发现露鞭时应及时进行覆土并及时除草松土，严禁踩踏根、鞭、芽。

4.12　设施空间绿化

4.12.1　建筑物、构筑物设施的顶面、地面、立面及围栏等的绿化，均应属于设施空间绿化。

4.12.2　设施项目绿化施工前应对顶面基层进行蓄水试验及找平层的质量进行验收。

4.12.3　设施顶面绿化栽植基层（盘）应有良好的防水排灌系统，防水层不得渗漏。

4.12.4　设施顶面绿化栽植基层工程应符合下列规定：

1. 耐根穿刺防水层按下列方式进行：

(1) 耐根穿刺防水层的材料品种、规格、性能应符合设计及相关标准要求；

(2) 耐根穿刺防水层材料应见证抽样复检。

(3) 耐根穿刺防水层的细部结构、密封材料嵌填应密实饱满，粘结牢固无气泡、开裂等缺陷；

(4) 卷材接缝应牢固、严密符合设计要求。

(5) 立面防水层应收头入槽，封严；

(6) 施工完成应进行蓄水或淋水实验，24h内不得有渗漏或积水；

(7) 成品应注意保护，检查施工现场不得堵塞排水口。

2. 排蓄水层按下列方式进行：

(1) 凹凸形塑料排蓄水板厚度、顺槎搭接宽度应符合设计要求，设计无要求时，搭接宽度因大于15cm；

(2) 采用卵石、陶粒等材料铺设排蓄水层的，其铺设厚度应符合设计要求；

(3) 卵石大小均匀；屋顶绿化采用卵石排水的，粒径应为3～5cm；地下设施覆土绿化采用卵石排水的，粒径应为8～10cm；

(4) 四周设置明沟，排蓄水层应铺至明沟边缘；

(5) 挡土墙下设排水管的，排水管与天沟或落水口应合理搭接，坡度适当。

3. 过滤层按下列方式进行：

(1) 过滤层的材料规格、品种应符合设计要求；

(2) 采用单层卷状聚丙烯或聚酯无纺布材料，单位面积质量必须大于150g/m²，搭接缝的有效宽度应达到10～20cm；

(3) 采用双层组合卷状材料：上层蓄水棉，单位面积质量应达到200～300g/m²；下层无纺布材料，单位面积质量应达到100～150g/m²；卷材铺设在排（蓄）水层上，向栽植地四周延伸，高度与种植层齐高，端部收头应用粘剂粘结，粘结宽度不得小于5cm，或用金属条固定。

4. 栽植土层应符合本规范第4.1.1条和第4.1.3条的规定。

4.12.5　设施面层不适宜做栽植基层的障碍性层面，栽植基盘工程应符合下列规定：

1. 透水、排水、透气、渗管等构造材料和栽植土（基质）应符合栽植要求。

2. 施工做法应符合设计和规范要求。

3. 障碍性层面栽植基盘的透水、透气系统或结构性能良好，浇灌后无积水，雨期无洪涝。

4.12.6　设施顶面栽植工程植物材料的选择和栽培方式应符合下列规定：

1. 乔灌木应首选耐旱节水、再生能力强、抗性强的种类和品种。

2. 植物材料应首选容器苗、带土球苗和苗卷、生长垫、植生带等全根苗木。

3. 草坪建植、地被植物栽植宜采用播种工艺。

4. 苗木修剪应适应抗风要求，修剪应符合本规范第4.5.4条的规定。

5. 栽植乔木的固定可采用地下牵引装置，栽植乔木的固定应与栽植同时完成。

6. 植物材料的种类、品种和植物配置方式应符合设计要求。

7. 自制或采用成套树木固定牵引装置、预埋件等应符合设计要求，支撑操作使栽植的树木牢固。

8. 树木栽植成活率及地被覆盖度应符合本规范第4.6.1条第10款和第4.8.5条第1款的规定。

9. 植物栽植定位符合设计要求。

10. 植物材料栽植，应及时进行养护和管理，不得有严重枯黄死亡、植被裸露和明显病虫害。

4.12.7　设施的立面及围栏的垂直绿化应根据立地条件进行栽植，并符合下列规定：

1. 低层建筑物、构筑物的外立面，围栏前为自然地面，符合栽植土标准时，可进行整地栽植。

2. 建筑物、构筑物的外立面及围栏的立地条件较差，可利用栽植槽栽植，槽的高度宜为50～60cm，宽度宜为50cm，种植槽应有排水孔；栽植土应符合本规范第4.1.3条规定。

3. 建筑物、构筑物里面较光滑时，应加设载体后再进行栽植。

4. 垂直绿化栽植的品种、规格应符合设计要求。

5. 植物材料栽植后应牵引、固定、浇水。

4.13　坡面绿化

4.13.1　土壤坡面、岩石坡面、混凝土覆盖面的坡面等，进行绿化栽植时，应有防止水土流失的措施。

4.13.2　陡坡和路基的坡面绿化防护栽植层工程应符合下列规定：

1. 用于坡面栽植层的栽植土（基质）理化性状应符合本规范第4.1.3条的规定。

2. 混凝土格构、固土网垫、格栅、土工合成材料、喷射基质等施工做法应符合设计和规范要求。

3. 喷射基质不应剥落；栽植土或基质表面无明显沟蚀、流失；栽植土（基质）的肥效不得少于3个月。

4.13.3　坡面绿化采取喷播种植时，应符合下列规定：

1. 喷播宜在植物生长期进行；

2. 喷播前应检查锚杆网片固定情况，清理坡面。

3. 喷播的种子覆盖料、土壤稳定剂的配合比应符合设计要求；

4. 播种覆盖应均匀无漏，喷播厚度均匀一致；

5. 喷播应从上到下依次进行；

6. 在强降雨季节喷播时应注意覆盖。

4.14　重盐碱、重黏土土壤改良

4.14.1　土壤全盐含量大于或等于0.5%的重盐碱地和土壤黏重地区的绿化栽植工程应实施土壤改良。

4.14.2　重盐碱、重黏土地土壤改良的原理和工程措施基本相同，也可应用于设施面层绿化。土壤改良工程应有相应资质的专业施工单位施工。

4.14.3　重盐碱、重黏土地的排盐（渗水）、隔淋（渗水）层工程应符合下列规定：

1. 排盐（渗水）管沟、隔淋（渗水）层开槽按下列方式进行：

（1）开槽范围、槽底高程应符合设计要求，槽底应高于地下水标高；

（2）槽底不得有淤泥、软土层；

（3）槽底应找平和适度压实，槽底标高和平整度允许偏差应符合表 4.14.3 的规定。

2. 排盐管（渗水管）敷设按下列方式进行：

（1）排盐管（渗水管）敷设走向、长度、间距及过路管的处理应符合设计要求；

（2）管材规格、性能符合设计和使用功能要求，并有出厂合格证；

（3）排盐（渗水）管应通顺有效，主排盐（渗水）管应与外界市政排水管网接通，终端管底标高应高于排水管管中 15cm 以上；

（4）排盐（渗水）沟断面和填埋材料应符合设计要求；

（5）排盐（渗水）管的连接与观察井的连接末端排盐管的封堵应符合设计要求。

（6）排盐（渗水）管，观察井允许偏差应符合表 4.14.3 规定。

3. 隔淋（渗水）层按下列方式进行：

（1）隔淋（渗水）层的材料及铺设厚度应符合设计要求；

（2）铺设隔淋（渗水）层时，不得损坏排盐（渗水）管；

（3）石屑淋层材料中石粉和泥土含量不得超过 10%，其他隔淋（渗水）层材料中也不得掺杂黏土、石灰等粘结物；

（4）排盐（渗水）隔淋（渗水）层铺设厚度允许偏差应符合表 4.14.3 的要求。

表 4.14.3　排盐（渗水）隔淋（渗水）层铺设厚度允许偏差

项次	项目		尺寸要求（cm）	允许偏差（cm）	检查数量		检查方法
					范围	点数	
1	槽底	槽底高程	设计要求	±2	1000^2	5～10	测量
		槽底平整度	设计要求	±3		5～10	
2	排盐管（渗水管）	每 100m 坡度	设计要求	≤1	200m	5	测量
		水平移位	设计要求	±3	200m	3	量测
		排盐（渗水）管底至排盐（渗水）沟底距离	12	±2	200m	3	量测
3	隔淋（渗水）层	厚度	16～20	±2	$1000m^2$	5～10	量测
			11～15	±1.5			
			≤10	±1			
4	观察井	主排盐（渗水）管入井管底标高	设计要求	0 −5	每座	3	测量 量测
		观察井至排盐（渗水）管底距离		±2			
		井盖标高		±2			

4.14.4　排盐（渗水）管的观察井管底标高、观察井至排盐（渗水）管底距离、井盖标高允许偏差应符合表 4.14.3 的规定。

4.14.5　排盐隔淋（渗水）层完工后，应对观察井主排盐（渗水）管进行通水检查，主排盐（渗水）管应与市政排水管网接通。

4.14.6　雨后检查积水情况。对雨后24h仍有积水地段应增设渗水井与隔淋层沟通。

4.15　施工期的植物养护

4.15.1　园林植物栽植后到工程竣工验收前，为施工期间的植物养护时期，应对各种植物精心养护管理。

4.15.2　绿化栽植工程应编制养护管理计划，并按计划认真组织实施，养护计划应包括下列内容：

1. 根据植物习性和墒情及时浇水。

2. 结合中耕除草，平整树台。

3. 加强病虫害观测，控制突发性病虫害发生，主要病虫害防治应及时。

4. 根据植物生长情况应及时追肥、施肥。

5. 树木应及时剥芽、去蘖、疏枝整形。草坪应适时进行修剪。

6. 花坛、花境应及时清除残花败叶，植株生长健壮。

7. 绿地应保持整洁；做好维护管理工作，及时清理枯枝、落叶、杂草、垃圾。

8. 对树木应加强支撑、绑扎及裹干措施，做好防强风、干热、洪涝、越冬防寒等工作。

4.15.3　园林植物病虫害防治，应采用生物防治方法和生物农药及高效低毒农药。

4.15.4　对生长不良、枯死、损坏、缺株的园林植物应及时更换或补栽，用于更换及补栽的植物材料应和原植株的种类、规格一致。

附录B　辽宁省地方标准

园林绿化养护管理标准

1　总则

1.0.1　为了加强对城市园林绿化养护的管理，适应城市园林绿化的发展方向，提高城市园林绿化的社会效益、生态效益，根据有关标准规定，结合辽宁省城市园林绿化行业的实际，制定本标准。

1.0.2　本标准适用于辽宁省城市公园绿地、防护绿地、附属绿地及其他绿地的养护管理。

1.0.3　辽宁省城市绿地养护实行分级管理，并执行相应的管理标准。

1.0.4　本标准在制定过程中没有国家标准，本标准的制定参考借鉴了其他省、市园林绿化养护管理标准。辽宁省园林绿化养护管理执行本标准。

2　术语

2.0.1　树木 woody plants

树木是指所有的木本植物，包括乔木、灌木和藤本植物。

2.0.2　分枝点 branch collars

乔木主干距地面最近的分枝部位。

2.0.3　树池 tree pits

人工修建的具有一定形状，为树木根部蓄集自然降水或接受人工灌溉水的空间。

2.0.4　草坪 lawn

草坪是用矮小草本植株密植，并可修剪的人工草地。

2.0.5　地被植物 groundcover

能够覆盖地面的低矮植物，高度一般不超过 60cm。

2.0.6　古树 ancient trees

树龄 100 年以上的树木。

2.0.7　名木 heritage trees

珍贵稀有或具有历史价值、文化价值和重要科学研究价值的树木。

2.0.8　水体 water landscape

城市绿地中自然形成或人工形成的湿地、河流、水池、湖泊和运河等。

2.0.9　缺株率 ratio of lost street trees

行道树缺少的植株占应栽植植株的比率。

2.0.10　病虫害防治 pest control

采用生物、物理、化学、栽培等方法对有害生物发生及危害的预防和治理。

3　园林绿化养护管理等级划分及养护标准

3.1　园林绿化养护管理等级划分

行道树养护管理划分为一级养护和二级养护两个等级，绿地养护管理划分为一级养护、二级养护和三级养护三个等级，古树名木养护管理划分为一级养护和二级养护两个等级，省内各城市应参照表3.1.1进行园林绿化养护管理等级的划分。

表3.1.1　园林绿化养护管理等级划分表

类型	等级划分		
	一级	二级	三级
行道树	城市一、二级街路行道树	城市三级及以下街路行道树	
绿地	面积不大于100公顷的城市公园、面积大于100公顷城市公园的主景区、城市重点游园绿地、主要街路附属绿地、街边精品绿地、广场绿地、城市水系精品绿地、城市建成区内立交桥区绿地、城市出口路重要节点绿地、风景区林地主要景区绿地	面积大于100公顷城市公园的一般性游览区域、城市一般性游园绿地、一般街路附属绿地、城市水系一般绿地、铁路沿线重点景观绿化带、城市出口路绿化带、风景林地的主要景区绿地、单位附属绿地和有物业管理小区绿地等	城市防护林、铁路沿线一般绿化带、风景林地和风景区林地的一般景区绿地、无物业管理小区绿地等
古树名木	树龄不小于300年的古树和树龄不小于100年的名木	树龄300年以下的古树，树龄100年以下的名木	

3.2　园林绿化养护管理标准

依据行道树、绿地和古树名木划分的养护等级，执行不同的养护管理标准。

3.2.1　行道树养护管理标准

一级行道树和二级行道树均应保持无徒长枝、平行枝、下垂枝、萌蘖枝，树体无悬挂物、附着物及人为损坏；树池内无杂草、杂物，树池深度不小于10cm。一级行道树和二级行道树在整齐性、生长势和病虫害防治等方面应执行表3.2.1的养护管理标准。

表3.2.1　行道树养护管理标准

等级	养护标准		
	整齐性	生长势	病虫害
一级	行道树整齐成行，缺株率不大于1%，分枝点整齐一致，树干与地面保持垂直，无倒伏树木	生长健壮，树冠丰满，无枯死树及枯死枝	蛀干害虫、食叶害虫危害株率小于5%。其他病虫害不发生或轻度发生
二级	行道树整齐成行，缺株率不大于5%，分枝点整齐一致，树干的倾斜度小于10°，无倒伏树木	生长良好，树冠较丰满，无枯死树，有枯死枝叶树木的比率小于5%	蛀干害虫、食叶害虫危害株率小于10%。无其他病虫害的严重发生

3.2.2 绿地养护管理标准

一级绿地、二级绿地和三级绿地在绿地卫生和绿地设施两方面养护标准相同，即绿地内无杂物堆放，园林植物上无悬挂物、附着物；绿地内无垃圾，绿地水体中无垃圾和漂浮物，水质良好；绿地设施完好，无乱刻、乱画和乱贴现象。一级绿地、二级绿地和三级绿地在树木、花卉、草坪（地被植物）、病虫害防治等养护方面应执行表 3.2.2 的养护管理标准。

表 3.2.2 绿地养护管理标准

等级	养护标准				
	树木	花卉	草坪（地被）	病虫害	园路及广场
一级	乔木生长健壮，树冠丰满，无枯死树及枯死枝，无徒长枝、平行枝、下垂枝和萌蘖枝，无倒伏树木，树体无悬挂物、附着物；灌木植株饱满，无枯死株，修剪及时合理；绿篱无缺株断条，篱下无杂草，绿篱及整形树木修剪及时，枝叶茂密、整齐美观；垂直绿化植物生长旺盛，无缺株断条，整齐美观	花卉栽摆及时，生长旺盛，花繁叶茂，不缺株，无倒伏，无枯死株，无残花败叶，无杂草	草坪和地被植物生长旺盛，无裸露地面。草坪纯度95%以上，高度低于10cm；自然草地的高度低于15cm	蛀干害虫、食叶害虫危害株率小于5%。其他病虫害不发生或轻度发生	园路和广场上落叶及时清理，无积雪，铺装无破损
二级	乔木生长良好，树冠丰满，枯死树率小于3%，有枯死枝树率小于5%，无萌蘖，无倒伏树木，树体无悬挂物、附着物；灌木无枯死株，修剪及时合理；绿篱无明显缺株断条，篱下无杂草，绿篱及整形树木修剪及时，整齐美观；垂直绿化植物生长旺盛，整齐美观	花卉栽摆及时，生长旺盛，花繁叶茂，无明显缺株，无枯死株，无明显残花败叶，无杂草	草坪和地被植物生长良好，覆盖率95%以上。草坪纯度90%以上，高度低于15cm；自然草地的高度低于20cm	蛀干害虫、食叶害虫危害株率小于10%。无其他病虫害的严重发生	园路和广场上落叶及时清理，铺装无破损
三级	乔木、灌木、藤本植物生长较好，枯死株率小于5%，无倒伏树木	花卉生长较好，枯死株率小于10%	草坪和地被植物生长较好	蛀干害虫、食叶害虫危害株率小于20%。其他病虫害不成灾	

3.2.3 古树名木养护管理标准

一级养护和二级养护的古树名木必须建立养护档案，做到一树一档，并设置识别标牌（包括中文名和拉丁名等）和保护标牌，做到位置明显、字迹清晰。一级养护和二级养护的古树名木在树体保护、生境保护、物理防护等方面应执行表 3.2.3 的养护管理标准。

表 3.2.3 古树名木养护管理标准

等级	养护标准		
	树体保护	生境保护	物理防护
一级	保持古树名木的自然风貌，不得随意修剪；无影响树木生长的树洞及创伤，无病枯、腐烂的枝条；病虫害不发生或轻度发生；树干和主枝的支撑物须与古树名木的景观协调；树体上无缠绕物。	古树名木树冠投影及外侧 5m 范围内无其他树木及杂草的生长、无硬覆盖；保持古树名木生长环境的通风、透光，保持古树生长良好的水肥条件；每一株古树名木周围无影响树木生长的建筑物、构筑物，无垃圾堆放；制订了防止液体、气体、农药等有毒有害物质危害古树生长的预案。	古树名木保护区必须安装避雷设施；每一株古树名木必须设置诱虫、杀虫等保护设施；特殊古树应设置围栏。
二级	保持古树名木的自然风貌，不得随意修剪；无影响树木生长的树洞及创伤，无病枯、腐烂的枝条；病虫害不发生或轻度发生；树干和主枝的支撑物须与古树名木的景观协调；树体上无缠绕物。	古树名木树冠投影范围内无其他树木及杂草的生长，无硬覆盖；保持古树名木生长环境的通风、透光，保持古树生长良好的水肥条件；每一株古树名木周围无影响树木生长的建筑物、构筑物，无垃圾堆放；制订了防止液体、气体、农药等有毒有害物质危害古树生长的预案。	古树名木保护区必须安装避雷设施，应设置诱虫、杀虫或围栏等保护设施。

4 规范性引用文件

下列文件中的条款通过本标准的引用而成为本标准的条款。凡是注日期的引用文件，其随后所有的修改单（不包括勘误的内容）或修订版均不适用于本标准，然而，鼓励根据本标准达成协议的各方研究是否可使用这些文件的最新版本。凡是不注日期的引用文件，其最新版本适用于本标准。

《城市绿化条例》

《辽宁省城市园林绿化管理办法》

《城市道路绿化规划与设计规范》CJJ 75

《城市绿地分类标准》CJJ/T 85—2002

《园林基本术语标准》CJJ/T 91—2002

附录C　辽宁省地方标准

园林绿化养护管理技术规程

1　总则

1.0.1　为了加强对城市园林绿化养护的管理，适应城市园林绿化的发展方向，提高城市园林绿化的社会效益、生态效益，根据有关标准规定，结合辽宁省城市园林绿化行业的实际，制定本规程。

1.0.2　本标准适用于辽宁省城市公园绿地、防护绿地、附属绿地及其他绿地的养护管理。

1.0.3　辽宁省园林绿化养护管理，除应符合本规程外，尚应符合国家现行有关标准的规定。

2　术语

2.0.1　树木 woody plants

树木是指所有的木本植物，包括乔木、灌木和藤本植物。

2.0.2　分枝点 branch collars

乔木主干距地面最近的分枝部位。

2.0.3　树池 tree pits

人工修建的具有一定形状，为树木根部蓄集自然降水或接受人工灌溉水的空间。

2.0.4　草坪 lawn

草坪是用矮小草本植株密植，并可修剪的人工草地。

2.0.5　地被植物 groundcover

能够覆盖地面的低矮植物，高度一般不超过60cm。

2.0.6　古树 ancient trees

树龄100年以上的树木。

2.0.7　名木 heritage trees

珍贵稀有或具有历史价值、文化价值和重要科学研究价值的树木。

2.0.8　水体 water landscape

城市绿地中自然形成或人工修建的湿地、河流、水池、湖泊和运河等。

2.0.9　花坛 flower beds

在畦地上或架构上按照一定形式的图案栽植观赏植物的园林设施。

2.0.10　截干 topping

截短树木主干或大部分主枝的修剪方法。

2.0.11　浇返青水 spring sprout watering

为了保证园林植物在春季正常发芽生长，在春季土壤解冻后对植物进行的浇灌。

2.0.12 浇封冻水 early winter watering

为了保证园林植物的安全越冬，在土壤封冻前对植物进行的浇灌。

2.0.13 树干涂白 trunk whitewash

为了预防冻害及病虫害，在树干上涂刷含有生石灰等成分的涂白剂。

2.0.14 防寒 winter damage-proof

为了保证园林植物安全越冬所采取的措施，如草绳及绷带等绑扎、设防风障、设拱棚、根际培土、树干涂白等。

2.0.15 病虫害防治 pest control

采用生物、物理、化学、栽培等方法对有害生物发生及危害的预防和治理。

3 园林绿化养护管理技术要求

3.1 灌溉与排水

3.1.1 应根据绿地的土壤质地、土壤墒情、天气情况和园林植物的生理需水量（喜水、中度耐旱和耐旱）等要素，对树木、花卉、地被植物和草坪等园林植物进行灌溉。选择沟灌、穴灌和滴灌等适宜的方式，进行适时适量灌溉。

3.1.2 园林植物的灌溉应采取每次灌透，达到根际土壤水分饱和状态，避免频繁的浅表灌水，以利于根系的生长。

3.1.3 干旱季节，应对明显表现干旱症状的园林植物及时灌水。

3.1.4 新植树木应在栽植后3年内保持持续水分充足，一年中灌溉次数应不少于3次。

3.1.5 行道树在灌溉之前，应对树池进行清理，确保树池深度不小于10cm。

3.1.6 秋末、冬初休眠季节和春季土壤解冻后，分别对园林植物浇灌充足的封冻水和返青水。

3.1.7 应通过设置排水沟、排水管渠或整理地形等方式，提高绿地的排灌能力；新植树木应在雨季之前对树池进行封土，防止雨季水涝；如遇强降雨，绿地出现积水，应根据园林树木的种类，在3～5小时内排出绿地内的积水。

3.2 施肥

3.2.1 应根据绿地土壤肥力、植物生理需肥特点（喜肥、中度喜肥和耐瘠薄；喜氮、喜磷、喜钾，或喜特殊微量元素等）、绿地景观需求等，对园林植物进行合理施肥。

3.2.2 施肥方法包括沟施、穴施、撒施或叶面喷施等。树木施肥应与树木根径保持一定距离，靠近树冠投影的外缘，施肥深度应不超过30cm。

3.2.3 施肥应在早春（或秋季树木休眠之后）、初夏、初秋进行，以有机复合肥为主。

3.2.4 胸径15cm以下的乔木，每3cm胸径应施堆肥1.0kg；胸径15cm以上的，每3cm胸径施堆肥1.0～2.0kg；树木旺盛生长的树龄阶段，如欲促进树木的快速生长，提高观花、观果效果，应适当增加施肥量。

3.2.5 针叶树应施用针叶树专用肥，如松属树木施用菌根菌专用肥。

3.2.6 一、二年草花应在高生长季节施肥，营养生长阶段以氮肥为主，生殖生长阶段（花蕾形成阶段）适量增施磷肥。

3.2.7 冷季型草坪应在春季和秋季两个高生长季结合灌溉进行施肥，春季以氮肥为主，秋季施用钾元素含量高的氮、磷、钾复合肥；如施用化肥，施用量为10～20g/m^2。

3.3 修剪

3.3.1 园林植物修剪通常是对乔木、灌木、木本花卉和草坪的修剪。应结合园林植物的生物学特性、生态习性、景观需求、园艺管理需求和树木健康管理等要求，适时适量地进行修剪。

3.3.2 乔木宜在休眠季节修剪；观花灌木、木本花卉在花后及时修剪（秋季形成花芽的花木春季花后及时修剪，春季形成花芽的花木冬季修剪，一年多次开花的花木花后剪新梢、休眠期剪老枝）；整形树木和绿篱根据景观需求在生长季节修剪；宿根花卉在越冬前剪除所有的地上部分的枝叶；草坪应在旺盛生长季节修剪；各种园林植物的病虫枝、折损枝、枯死枝应随时修剪；各种园林植物的萌蘖、不定芽、残花应随时摘除；有些植物，如松、玉兰、槐、丁香等，需要及时疏花、摘果。

3.3.3 乔木应根据其自然分枝习性进行修剪，保持树冠的自然形状，修剪主枝时，不能采取回缩的方法，避免削弱主枝的生长能力；主干明显的树种，修剪时应注意保护中央领导枝。灌木修剪以疏枝修剪为主，内膛徒长枝、交叉枝应及时修剪；外侧丛生枝及小枝应短截，促进多生斜生枝，保持植株内高外低、自然丰满的圆球形状。

3.3.4 同一街路、同一品种行道树应通过修剪等措施保持分枝点高度和树型的基本一致，保持树冠下缘线的高度基本一致，保持邻近道路一侧树冠边缘线基本为一条直线，不影响车辆和行人的通行；通过修剪保持行道树的树冠不遮挡交通信号灯，并与路灯、架空线和其他变电设备等保持足够的安全距离，符合CJJ 75的要求；道路交叉口及分车绿化带中绿篱的修剪也应符合CJJ 75的要求。

3.3.5 为了保持良好的自然生长状态，古树名木不应进行疏枝和整形等修剪。

3.3.6 对绿地、花坛内栽摆的花卉进行掐尖处理，确保花卉不徒长，保持株高的整齐一致。

3.3.7 进行乔木、灌木和草坪的景观性修剪或疏枝修剪时，每次的修剪量不应超过地上部分总生物量的1/3。

3.3.8 进行树木和草坪修剪时，剪、锯等工具要锋利，剪口应平整，以利于伤口的愈合；树木修剪后桩茬应不超过1cm。

3.4 枯死植物处理

3.4.1 枯死树木随时清理，并在适宜季节进行补植。枯死花卉随时清理，及时更换；秋末对一、二年草花植株、地被植物和宿根花卉的地上枯死枝叶及时清除处理。枯死草坪随时清理，及时更换或结合草坪更新措施进行复壮。

3.4.2 古树、名木的枯死植株，可根据具体情况保留树体，并进行防腐处理。

3.5 补植

3.5.1 应根据植物品种、季节特点和景观需求等因素，采取适当的方式，适时对缺失的园林植物进行补植。

3.5.2 行道树补植应在春季和秋季树木修眠后进行，应与原树木种类一致，规格、形态基本相近。

3.5.3 绿地内花卉和其他地被植物少量死亡时，应及时补植，补植品种应与原品种一致；大量死亡时，可以与原品种一致，或根据花卉的时令性特点更换其他品种。

3.5.4 采取播种、栽植或铺植等方法，采用相同品种，在生长季节对草坪随时进行补植。

3.6 草坪更新与复壮

3.6.1 草坪生长势轻度衰弱时，应采取施肥、打孔、梳搂等措施进行复壮。

3.6.2 草坪生长势严重衰弱时，可以采取条状或带状更新的措施进行复壮，或全部更新。

3.6.3 草坪应1～2年打孔一次。冷季型草坪应在春季或秋季打孔，暖季型草坪应在春季打孔。

3.7 杂草清除

3.7.1 应根据绿地类型和景观需求清除绿地杂草。应随时清除或结合其他园艺管理工作流程进行拔除，或使用剪草机、割灌机进行修剪，以不影响树木、草坪和花卉等植物的生长，不影响绿地景观为目的。

3.7.2 行道树树池中的杂草随时清除。

3.7.3 花坛、花境内的杂草随时清除。

3.8 园林有害生物防治

3.8.1 园林有害生物的防治应坚持以预防为主、科学防控的植保方针。应加强园林有害生物的检疫和预测预报，根据有害生物的生物学特性、发生程度、危害大小，采取以生物防治为主，辅以物理防治和化学药剂防治的综合防治方法。

3.8.2 应尽量采取物理手段进行园林植物病虫害的防治，如清理病残体、剪除病虫枝、摘除病虫叶、人工捕杀、灯光诱杀、冬灌杀蛹等。

3.8.3 早春喷洒石硫合剂预防和防治园林植物病虫害。

3.8.4 采用生物制剂等无公害药剂，或无公害防治方法，如钻孔注药等防治病虫害，严格限制高毒农药的使用。

3.8.5 使用化学药剂防治危害较大的园林植物病虫害时，病害应以发病前的预防为主，虫害应以发生初期的防治为主。

3.9 树木的安全防护

3.9.1 树木的安全防护应根据树木根系特点（深根系、浅根系）、树龄、树木体量、树木生长状况、树木位置和气候特点等，在灾害性天气来临前提前进行。

3.9.2 新植树木应设置保护架。

3.9.3 行道树或其他有人群活动绿地周围，树龄较大、枯死枝较多或被蛀干害虫危害的树木，应结合冬季修剪，在春季盛行风来临之前进行枯死枝、虫蛀枝的修剪，树冠较大的浅根性乔木，应在雨季来临之前进行支撑加固，或对树冠进行适度的修剪。

3.9.4 对生长势衰弱老龄树木树干上的孔洞，应及时采用具有弹性的环保材料进行封堵。

3.9.5 及时扶正倒伏及倾斜的树木，踩实根际土壤、加固树木保护架。

3.9.6 及时修剪行道树可能影响车辆及行人的下垂枝条。

3.9.7 重要景区和历史文化名园应安装避雷设备，加强对古树名木的安全保护。

3.9.8 冬季降雪量较大时，及时清除针叶树和树冠浓密的乔木、灌木上的大量积雪。

3.9.9 干旱风大的春季，应采取封山育林、设防火隔离带、加强野外用火管理等措施，防止火灾敏感区绿地及风景林地火灾的发生。

3.10 绿地卫生管理

3.10.1 应及时清除行道树及绿地内树冠和树干上的各种悬挂物，清理树干上的缠绕物、固定物，及时清除绿地内的枯死枝、修剪枝、残土、杂物和白色垃圾等污物。

3.10.2 保持绿地内水体的清洁，及时清理水面的漂浮物，及时清理水体中有害的水草。

3.11 防寒

3.11.1 园林植物防寒应根据植物种类和立地条件等因素，采取物理防寒和生理防寒等措施。

3.11.2 历年发生轻微冻害的低矮灌木、宿根花卉可以采取根部培土防寒和套袋防寒等方法；孤植高大乔木可以采取树干涂白或树干缠绕植物绷带、草绳等方法防寒；群植树木可以采用防风障防寒；美人蕉、大丽花和晚香玉等球根花卉，应采取窖藏法防寒。

3.11.3 春夏季节，园林植物旺盛生长阶段，加强水、肥管理，提高生长势，以提高园林植物的越冬抗寒能力。

3.11.4 通过夏末或秋初增施磷肥、钾肥和浇灌封冻水等措施提高园林植物的抗寒能力。

3.12 融雪剂安全管理

3.12.1 冬季降雪之前，对道路两侧的绿化带及行道树设置挡雪板或挡雪布。

3.12.2 严禁在道路绿化带内及行道树树池内堆放含有融雪剂的残雪，如有发现应及时清理。

3.12.3 每年早春、初夏和入冬季节，结合春灌、旱季浇水和冬灌，对道路绿化带内树木和行道树浇灌酸性有机液态肥。

3.13 园路和绿地设施管理

3.13.1 保持公园、绿地园路平整、无缺损。园林公共建筑及假山、叠石及廊架等建筑小品内外整洁，构件和各项设施完好无损，无安全隐患。

3.13.2 定期对公园和绿地内的园椅、园凳、垃圾箱、标识牌，给水、排水设施和配电、照明等功能性设施进行维修、维护和保养，确保正常的使用功能。

3.13.3 定期对公园游乐设施、设备进行安全检查、维修和保养，确保正常运行和安全运行。

3.13.4 加强对公园、绿地内水体等具有安全隐患场所的安全管理，并在周围设置警示牌等标识。

3.13.5 冬季及时清除公园、绿地园路及广场上的积雪。

3.14 养护技术档案管理

3.14.1 各市各级绿化养护管理部门、单位应建立档案管理制度。应及时收集绿地建设和养护管理资料，并进行分类整理、建立台账、统计汇总，建立单位、部门、区、市不同管理级别的技术档案。

3.14.2 对绿化养护技术档案应每年归档整理、分析与总结。

3.14.3 技术档案的文本文档和电子文档内容应系统、全面，应包括以下内容：

(1) 绿地建设的历史记录，包括建设时间、建设方案、规划设计图纸、施工记录、验收档案和重大绿地调整等历史变化事件。

(2) 绘制部门、区、市不同管理级别的绿地分布及绿地生物资源和绿地设施状况图。

(3) 绿地位置，绿地面积，园林植物种类、规格、数量，绿地土壤理化性状，病虫害种类及发生情况，园林植物健康状况，绿地设施种类、数量及状况。

(4) 绿化养护管理中的重大事件及处理结果，如由于严重的干旱、风雨灾害、冻害等导致园林植物大量死亡的事件等。

(5) 绿化养护中应用新技术、新工艺、新的管理模式取得新成果的单项技术资料。

4 园林绿化养护管理月份工作历

园林绿化养护管理月份工作历是将园林绿化养护管理每月具体从事的工作内容按不同月份进行的编排。由于辽宁省各个城市所处的地理位置不同，气候条件存在差异，园林绿化养护管理工作可按照表4.1的月份工作历内容进行合理安排。

5 规范性引用文件

下列文件中的条款通过本标准的引用而成为本标准的条款。凡是注日期的引用文件，其随后所有的修改单（不包括勘误的内容）或修订版均不适用于本标准，然而，鼓励根据本标准达成协议的各方研究是否可使用这些文件的最新版本。凡是不注日期的引用文件，其最新版本适用于本标准。

《城市道路绿化规划与设计规范》CJJ 75

《城市绿地分类标准》CJJ/T 85—2002

《园林基本术语标准》CJJ/T 91—2002

《公园设计规范》

表 4.1 辽宁省园林绿化养护管理月份工作历

月份	养护管理工作	月份	养护管理工作
1	(1) 树木修剪 (2) 防寒树木管理、防火 (3) 绿地卫生管理 (4) 园路、树冠积雪清理	7	(1) 树木、花卉、草坪的水、肥、杂草管理 (2) 行道树下垂枝条、绿篱、草坪修剪 (3) 防治病虫害 (4) 绿地卫生管理 (5) 树木安全防护
2	(1) 树木修剪 (2) 防寒树木管理、防火 (3) 绿地卫生管理 (4) 园路、树冠积雪清理	8	(1) 树木、花卉、草坪的水、肥、杂草管理 (2) 行道树下垂枝条、绿篱、草坪修剪 (3) 防治病虫害 (4) 绿地卫生管理 (5) 树木安全防护
3	(1) 树木补植 (2) 树木修剪 (3) 树木、宿根花卉等施肥、春灌 (4) 喷洒石硫合剂防治病虫害 (5) 绿地卫生管理、防火、 (6) 树木安全防护	9	(1) 花卉、草坪的水、肥、杂草等管理 (2) 绿篱、草坪修剪 (3) 防治病虫害 (4) 绿地卫生管理
4	(1) 树木补植 (2) 树木、宿根花卉等施肥、春灌 (3) 喷洒石硫合剂防治病虫害 (4) 撤除越冬防寒物及设施 (5) 绿地卫生管理、防火 (6) 园路、绿地设施维修 (7) 树木安全防护	10	(1) 清理枯落叶、消灭越冬虫源和病残体 (2) 喷洒石硫合剂防治病虫害 (3) 绿地卫生管理
5	(1) 树木补植，清理枯死树 (2) 树、花、草的水肥和杂草等管理 (3) 绿篱、草坪修剪 (4) 防治病虫害 (5) 绿地卫生管理 (6) 撤除越冬防寒物及设施 (7) 园路、绿地设施维修	11	(1) 树木、花卉、草坪越冬防寒、防火 (2) 冬季施肥及冬灌 (3) 绿地卫生管理
6	(1) 行道树水分管理 (2) 花卉、草坪的水分、杂草等管理 (3) 绿篱、草坪修剪 (4) 防治病虫害 (5) 绿地卫生管理	12	(1) 树木越冬防寒、防火 (2) 冬灌 (3) 树木修剪 (4) 绿地卫生管理 (5) 园路、树冠积雪清理

参 考 文 献

[1] 陈有民. 园林树木学[M]. 北京：中国林业出版社，1998.

[2] 中国风景园林学会园林工程分会，中国建筑业协会古建筑施工分会. 园林绿化工程施工技术[M]. 北京：中国建筑工业出版社，2007.

[3] 尤伟忠. 园林树木栽植与养护[M]. 北京：中国劳动社会保障出版社，2009.

[4] 王玉凤. 园林树木栽培与养护[M]. 北京：机械工业出版社，2010.

[5] 祝遵凌，王瑞辉. 园林植物栽培养护[M]. 北京：中国林业出版社，2005.

[6] 龚伟红，赖九江. 园林树木栽培与养护[M]. 北京：中国电力出版社，2009.

[7] 郑进，王丹萍. 园林植物病虫害防治[M]. 北京：中国科学技术出版社，2003.

[8] 关继东. 林业有害生物控制技术[M]. 北京：中国林业出版社，2007.

[9] 宋建英. 园林植物病虫害防治[M]. 北京：中国林业出版社，2004.

[10] 郭学望，包满珠. 园林树木栽植养护学(第 2 版)[M]. 北京：中国林业出版社，2004.

[11] 徐公天. 园林植物病虫害防治原色图谱[M]. 北京：中国林业出版社，2002.

[12] 王宇飞，赵淑英，李志武. 园林有害生物[M]. 沈阳：辽宁科学技术出版社，2010.

[13] 丁世民. 园林绿地养护技术[M]. 北京：中国农业大学出版社，2008.

[14] 韩烈保等. 草坪建植与管理手册[M]. 北京：中国林业出版社，1999.

[15] 赵燕. 草坪建植与养护[M]. 北京：中国农业大学出版社，2007.

[16] 赵美琦. 草坪养护技术[M]. 北京：中国林业出版社，2001.

[17] 张青文. 草坪虫害[M]. 北京：中国林业出版社，1999.

[18] 赵美琦. 草坪病害[M]. 北京：中国林业出版社，1999.

[19] 魏岩. 园林植物栽培养护[M]. 北京：中国科学技术出版社，2003.

[20] 苏金乐. 园林苗圃学[M]. 北京：中国农业出版社，2013.

[21] 旁丽萍，苏小惠. 园林植物栽培与养护[M]. 郑州：黄河水利出版社，2012.

[22] 魏岩. 园林技术专业综合实训指导书[M]. 北京：中国林业出版社，2011.

[23] 祝志勇. 园林植物造型技术[M]. 北京：中国林业出版社，2006.

[24] 韩丽文. 园林植物造型技艺[M]. 北京：科学出版社，2011.

[25] 王秀英. 观赏树木整形修剪[M]. 北京：中国农业出版社，2006.

[26] 鲁平. 园林植物修剪与造型造景[M]. 北京：中国林业出版社，2006.

[27] 孙晓刚. 草坪建植与养护[M]. 北京：中国农业出版社，2002.

[28] 郑长艳. 草坪建植与养护[M]. 北京：化学工业出版社，2008.

[29] 董丽 . 园林花卉应用设计[M]. 北京 . 中国林业出版社，2010.

[30] 卢建国 . 花卉学[M]. 南京：东南大学出版社，2004.

[31] 沈其荣. 土壤肥料学通论[M]. 北京：高等教育出版社，2001.

[32] 郭学望. 园林树木栽植养护学[M]. 北京：中国林业出版社，2002.

参考文献

树木栽植

圆形坑

苗木验收

立支架

栽前修剪

苗木运输

垂直绿化

假山绿化

园门绿化

坡面绿化

墙面绿化

棚架绿化

立柱绿化

篱栏绿化

病虫害

国槐尺蠖幼虫

天牛幼虫

杨树锈病

白蜡蚧

美国白蛾幼虫

舞毒蛾幼虫

芳香木蠹蛾幼虫

草坪白粉病

草坪锈病

蚜虫

蛴螬

黄褐天幕毛虫幼虫

树体保护

地面覆盖

树体修补

树干涂白

古树支撑

草绳卷干